普通高等院校计算机基础教育“十三五”规划教材

Access 数据库与 VBA 面向对象程序设计

黎升洪 编著
万常选 主审

中国铁道出版社有限公司
CHINA RAILWAY PUBLISHING HOUSE CO., LTD.

内 容 简 介

本书根据教育部高等教育司组织制定的《高等学校文科类专业大学计算机教学基本要求（2011 年版）》对数据库技术和程序设计方面的要求编写。

本书以 Microsoft Access 2010 中文版为平台，介绍了学习关系数据库的基础知识，阐述了基于数据库模式导航的多表 SQL 查询语句的工作原理，描述了结构化程序设计思想，讨论了面向对象程序设计的核心概念、编程过程，给出了应用实例。本书的特点是强化给定数据库模式的应用，弱化数据库模式设计。

本书内容丰富，层次清晰，讲解深入浅出。全书配有源码，并为教师提供电子课件。本书适合作为高等学校财经管理类专业和其他非计算机专业的数据库应用课程教材，也可作为全国计算机等级考试人员的参考资料，还可供从事办公软件开发的人员使用。

图书在版编目（CIP）数据

Access 数据库与 VBA 面向对象程序设计/黎升洪编著. —北京：中国铁道出版社，2017.2（2021.1 重印）

普通高等院校计算机基础教育“十三五”规划教材

ISBN 978-7-113-22557-5

Ⅰ. ①A… Ⅱ. ①黎… Ⅲ. ①关系数据库系统-程序设计-高等学校-教材 ②BASIC 语言-程序设计-高等学校-教材 Ⅳ. ①TP311.138 ②TP312.8

中国版本图书馆 CIP 数据核字（2016）第 286861 号

书　　名：Access 数据库与 VBA 面向对象程序设计
作　　者：黎升洪

策　　划：曹莉群　　　　编辑部电话：（010）63549501
责任编辑：周海燕　徐盼欣
封面设计：乔　楚
责任校对：王　杰
责任印制：樊启鹏

出版发行：中国铁道出版社有限公司（100054，北京市西城区右安门西街 8 号）
网　　址：http://www.tdpress.com/51eds/
印　　刷：三河市宏盛印务有限公司
版　　次：2017 年 2 月第 1 版　2021 年 1 月第 4 次印刷
开　　本：787mm×1092mm　1/16　印张：15.5　字数：329 千
书　　号：ISBN 978-7-113-22557-5
定　　价：36.50 元

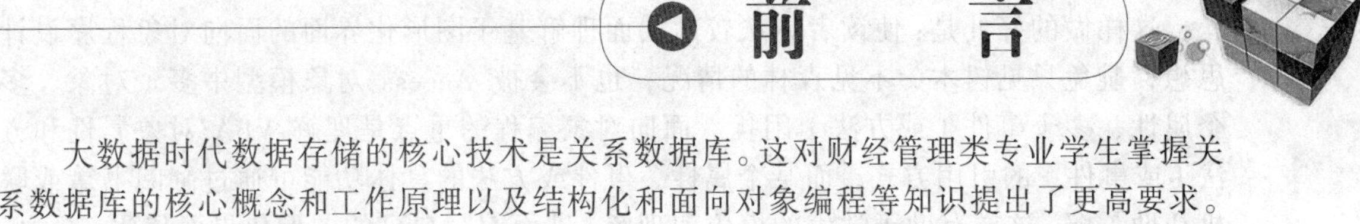

前　言

大数据时代数据存储的核心技术是关系数据库。这对财经管理类专业学生掌握关系数据库的核心概念和工作原理以及结构化和面向对象编程等知识提出了更高要求。Access 作为桌面级数据库是一种易用的关系数据库系统，它具有实体完整性和参照完整性等大型数据库具备的特性。VBA 作为 Access 的自动化编程语言具有简单易学的特性，同时具备当前面向对象程序设计语言的图形化界面、事件驱动等面向对象特性，非常适合财经管理类专业与非计算机专业学生学习关系数据库知识。Access 2010 将关系数据库管理知识、结构化程序设计和面向对象程序设计有机结合，提供了开发简单信息系统所需要的所有功能。Access 的这些特点使其具有使用简单、起点低等特性，是目前流行的关系数据库，也是全国计算机等级考试的可选内容之一。

《Access 数据库与 VBA 面向对象程序设计》的编写围绕教育部高等学校文科计算机基础教学指导委员会制定的《高等学校文科类专业大学计算机教学基本要求（2011 年版）》，吸纳当今计算机学科发展中出现的新技术、新成果，强调理论与应用相结合，注意合理取材和安排，力求重点突出、概念清晰、讲究实效，注重培养学生掌握计算机的基础知识、基本概念和基本操作技能，使学生具有能够应用计算机进行学习、工作以及解决实际问题的能力。本书的主要特色如下：

（1）以学生熟悉的教学管理系统为背景介绍数据库各种相关知识，同时以图书馆管理系统为背景来设置相应的练习，好处是易于理解。

（2）数据库概念部分详细介绍数据库完整性约束思想，通过数据库完整性约束的主键和外键约束，使数据库模式具备数据判定功能，避免垃圾数据进入数据库。

（3）如同地图使用和地图绘制知识是分离的一样，数据库关系模式设计与关系数据库记录的查询、更新、插入、删除等知识也是分离的。数据库关系模式设计需要数据库范式理论知识，通过数据库模式设计，可以定义一个关系数据表。而关系数据库记录的查询、更新、插入、删除等操作是最常见的关系数据库操作。本书将弱化前者，强化后者。这样安排的目的是：使非计算机类专业的学生在具备正确数据库概念的基础上，集中精力更好地掌握关系数据库的操作和使用。

（4）抽象了面向对象程序设计思想框架，以便于学生自主学习面向对象程序设计示例。基于面向对象系统观认为系统由对象和对象间交互构成。具体说，描述和构造一个系统过程为三步：

① 刻画该系统中的各个核心概念——类和它具有的属性和方法（或事件）。

② 将类实例化为对象。对于初次涉及面向对象编程的用户，为简化问题，通常不涉及编写自己的类代码，仅需将系统提供的类实例化为对象。

③ 在所有控件已经命名的基础上，描述这些对象间的交互，即这些对象间的消息关系。

因此，基于这三步，编写图形化窗体程序时的步骤可概括为：

① 设计窗体界面的过程，就是实例化各种控件对象。

② 编写事件过程，就是实现对象间交互。

这样做的好处是：使读者能从较高层面理解基于图形化界面的面向对象程序设计思想，避免只见树木、不见森林的情况，也不会被 Access 对象模型中多个对象、多个属性、多个事件（或方法）困扰。面向对象编程的重点是理解 VBA 对象属性和方法（或事件）的引用方式，而某个属性、事件或方法的具体功能可通过翻阅书籍或联机帮助了解。这样有助于学生的模仿和理解，进而编写自己的图形化界面代码。总之，在事件触发的图形化界面程序设计中，其宏观层面是面向对象程序设计思想，但微观层面是结构化程序设计思想。

为便于学生自学，本书附录中给出了 VBA 函数一览表和 VBA 语言简明手册等实用内容，并附有索引。本书给出了每章例子的（程序）源码，并为教师提供电子课件，可从中国铁道出版社网站下载。

本书内容涵盖以下三部分：

（1）关系数据库基础知识，包括数据库基本概念、数据库角色、主键（外键）和数据库实体（参照）完整性等内容。

（2）结构化编程知识，包括数据类型、常量、变量、函数、表达式和三种基本控制结构等内容。

（3）面向对象程序设计知识，包括面向对象核心概念、面向对象编程的基本步骤、Access 对象模型、Access 控件（窗体）属性和方法（或事件）调用方式、DAO 数据库编程对象模型等内容。

32 课时授课，32 课时上机的参考课时安排如下：第 1 章（2 授课，0 上机）；第 2 章（0 授课，2 上机）；第 3 章（8 授课，8 上机）；第 4 章（0 授课，2 上机）；第 5 章（选讲）；第 6 章（2 授课，2 上机）；第 7 章（8 授课，8 上机）；第 8 章（4 授课，2 上机）；第 9 章（6 授课，8 上机）；机动课时（2 授课，0 上机）。

本教程由黎升洪编著，万常选主审。万常选教授对本书初稿进行了认真审阅，提出了许多宝贵意见和建议。此外，郭勇博士和刘谦副教授为本教程提供了资料，徐升华、吴京慧教授和毛小兵院长对本书编写给予了许多帮助，在此表示衷心的感谢。

虽然本书是关于 Access 和 VBA 的教材，但在编写过程中，力图反映大型数据库和面向对象语言具备的特性，力求反映数据库新技术，以保持其先进性和实用性。由于编者水平有限，疏漏和不足之处在所难免，恳请同行专家和广大读者批评指正。联系邮件 lee.shenghong@gmail.com。

编　者

2016 年 7 月

目　录

第1章

数据库系统概述

计算机已成为信息社会人们日常工作中处理数据的得力助手和工具，渗透到人们生活和工作中的各个领域。数据处理、科学计算、过程控制和辅助设计是计算机四大应用。数据处理的主要技术是数据库技术。本章讲解数据库技术的基本知识和概念，重点是关系数据库、数据完整性和数据库模式的概念。

1.1 数据库技术

信息社会中，信息是一种资源。对企业来说，各种必需的信息是其赖以生存和发展的基石；对一个国家来说，信息决定其如何建设和发展；对一个人来说，信息是其决定如何发展才能适应社会的基本要素。信息是维持生产活动、经济活动和社会活动必不可少的基本资源，它是有价值的，是构成客观世界的三大要素（信息、能源和材料）之一。因此，人们为了获取有价值的信息用于决策，就需要对信息和用于表示信息的数据进行处理和管理。人们用计算机对数据进行处理的应用系统称为计算机信息系统，而计算机信息系统的核心是数据库。

1.1.1 信息与数据

信息和数据是数据处理中的两个核心概念。在一些不是很严格的场合下，对它们没有做严格的区分，甚至当作同义词来使用。这里，**数据**是记录现实世界中各种信息并可以识别的物理符号，是信息的载体，是信息的具体表现形式。数据的表示形式不仅仅只是数字，还包括字符（文字和符号）、图表（图形、图像和表格）及声音（视频）等形式。数据以某种特定格式来表示事实和概念，这种形式有助于通信、解释和处理。数据有两方面的特征：一是客体属性的反映，这是数据的内容；二是记录信息的符号，这是数据的形式。

信息是数据所包含的意义。信息具有如下重要特征：

（1）信息具有表征性。它能够表达事物的属性、运动特性及状态。

（2）信息具有可传播性。信息可以进行获取、存储、传递、共享。

（3）信息具有可处理性。信息可以进行压缩、加工、再生。

（4）信息具有可用性、可增值性、可替代性。

数据与信息是密切关联的。信息是向人们提供有关现实事物的知识，数据则是承载信息的物理符号，二者是不可分离而又有一定区别的两个相关的概念。信息可以用不同形式的数据来表示，也不随它的数据形式不同而改变。例如，张平同学的高考成绩总分为 630 分。这里符号 630 就是数据；630 解释为高考成绩总分，表示的是 630 的含义，即信息。

总之，数据形式是信息内容的表现方式，信息内容是数据形式的实质，即“数据是信息的载体，信息是数据的内涵”。

1.1.2 数据处理

要使获得的信息能够充分地发挥作用，就必须对其进行处理，这种处理称为数据处理。**数据处理**是指利用计算机对各种形式的数据进行一系列的存储、加工、计算、分类、检索、传输等处理。如果稍加扩展就包括数据的采集、整理、编码、输入和输出等数据组织，数据组织过程也应属于数据处理的内容，只不过数据组织过程主要是由人对其进行有效的处理，并把数据组织到计算机中。

1.1.3 数据库系统

下面介绍数据库系统的相关知识。

1. 数据库的概念

在日常工作中，需要处理的数据量往往很大，为便于计算机对其进行有效的处理，可以将采集的数据存放在建立于磁盘、光盘等外存媒介的“仓库”中，这个“仓库”就是**数据库**（DataBase，DB）。数据集中存放在数据库中，便于对其进行处理，提炼出对决策有用的数据和信息。这就如同一个学校采购大量的图书存放在图书馆（书库），供学生借阅。因此，数据库就是在计算机外部存储器中存储的数据仓库。

与书库需要管理员和一套管理制度一样，数据库的管理也需要一个管理系统，这个管理系统就称为**数据库管理系统**（DataBase Management System，DBMS）。以数据库为核心，并对其进行管理的计算机系统称为**数据库系统**（DataBase System，DBS）。那么，什么是数据库呢?数据库是一个复杂的系统，给它下一个确切的定义是困难的，目前还没有一个公认的、统一的定义。

但对一个特定数据库来说，它是集中、统一地保存、管理着某一单位或某一领域内所有有用信息的系统，这个系统根据数据间的自然联系结构而成，数据较少冗余，且具有较高的数据独立性，能为多种应用服务。

2. 数据库的发展

数据管理的发展经历了人工管理、文件系统到数据库系统三个阶段。

在人工管理阶段，由于没有软件系统对数据进行管理和计算机硬件的限制，数据的管理是靠人工进行的，而计算机只能对数据进行计算。当时对数据处理的过程是：先将程序和数据输入计算机，计算机运行结束后，将结果再输出，由人工保存，计算机并不存储数据。

20 世纪 50 年代后期到 60 年代中期，由于计算机外存得到发展，软件又有了操作系统，对数据管理产生了文件系统。在文件系统阶段，是按照数据文件的形式来存

放数据的，在一个文件中包含若干“记录”，一个记录又包含若干“数据项”，用户通过对文件的访问实现对记录的存取。这种数据管理方式称为文件管理系统。文件管理系统的一个致命的不足是：数据的管理没有实现结构化组织，数据与数据之间没有联系，文件与文件之间没有有机的联系，数据不能脱离建立其数据文件的程序，从而也使文件管理系统中的数据独立性和一致性差，冗余度大，限制了大量数据的共享和有效的应用。

20世纪60年代末期，随着计算机技术的发展，为了克服文件管理系统的缺点，人们对文件系统进行了扩充，研制了一种结构化的数据组织和处理方式，即数据库系统。数据库系统建立了数据与数据之间的有机联系，实现了统一、集中、独立地管理数据，使数据的存取独立于使用数据的程序，实现了数据的共享。从20世纪90年代至今，数据库技术得到飞速的发展。

3．数据库的特征

作为信息管理中的核心技术，数据库技术在计算机应用中得到迅速的发展，目前已经成为信息管理的最新、最重要的技术。数据库有以下明显特点：

（1）数据结构化。数据库中的数据不再像文件系统中的数据那样从属特定的应用，而是按照某种数据模型组织成为一个结构化的数据整体。它不仅描述了数据本身的特性，而且描述了数据与数据之间的种种联系，这使数据库具备了复杂的内部组织结构。

（2）实现数据共享。这是数据库技术先进性的重要体现。由于数据库中的数据实现了按某种数据模型组织为一个结构化的数据，实现了多个应用程序、多种语言及多个用户能够共享一个库中的数据，甚至在一个单位或更大的范围内共享，大大提高了数据的利用率，提高了工作效率。

（3）减少数据冗余度。在数据库技术之前，许多应用系统都需要建立各自的数据文件，即使相同的数据也都需要在各自的系统中保留，造成大量的数据重复存储，这一现象称为数据的冗余。由于数据库实现了数据共享，减少了存储数据的重复，节省了存储空间，减少了数据冗余。

（4）数据独立性。数据库技术中的数据与操作这些数据的应用程序相互独立，互不依赖，不因一方的改变而改变另一方，这大大简化了应用程序设计与维护的工作量，同时数据也不会随应用程序的结束而消失，可长期保留在计算机系统中。

（5）统一的数据安全保护。数据共享在提供了多个用户共享数据资源的同时，还需解决数据的安全性、一致性和并发性问题。这里安全性是指只有合法授权的用户才能对数据进行操作；一致性是指当多个用户对同一数据操作时不能互相干扰，从而出现操作结果不确定或不一致的情况；在保证一致性的前提下，数据库系统提供并发功能，使多用户同时对数据库的操作有一致的正确结果。

4．数据库的角色

数据库的系统结构及角色如图1-1所示。

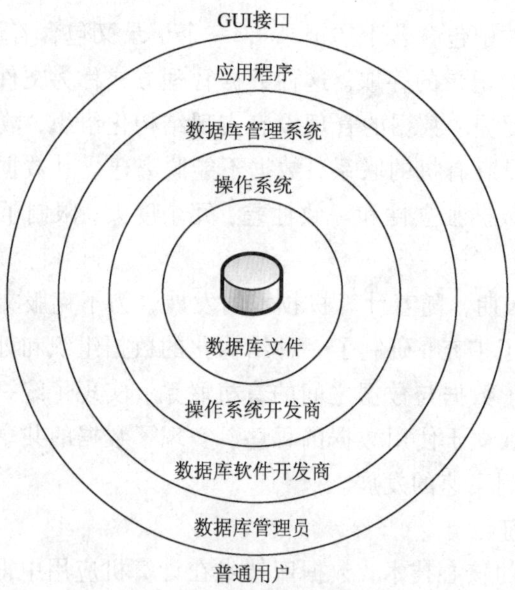

图 1-1　数据库系统结构及角色

由内至外，一个数据库系统角色及其负责功能如下：

（1）数据库软件开发商负责数据库软件开发工作，其编程基础是操作系统提供的各种功能，开发的软件称为数据库管理系统。数据库管理系统功能是完成对数据定义、描述、操作、维护等功能（例如，SQL 语句功能的实现），接受并完成用户程序及终端命令对数据库的不同请求，并负责保护数据免受各种干扰和破坏。数据库软件的核心是数据库管理系统。

（2）**数据库管理员**（DataBase Administrator，DBA）负责应用程序的开发工作。应用程序通常是图形化界面的程序，它封装了数据库操作知识，使得没有数据库知识的普通用户也能够使用数据库操作、存储数据。数据库管理员必须理解数据库管理系统提供的各种功能（如 SQL 语句编写和图形化面向对象编程知识）。数据库管理员负责数据库的设计、建立、执行和维护，以及应用程序开发。

（3）普通用户负责日常事务处理软件的操作。普通用户只要会操作图形化用户界面（Graphic User Interface，GUI）的程序即可，不需要理解数据库的 SQL 和编程等知识。因为图形化用户接口将普通用户对界面的操作最终转换为相应的 SQL 语句等有数据库管理系统提供的功能。

本书介绍成为关系数据库管理员所必须具备的基础知识。

1.2　数据模型

提到模型人们自然会联想到建筑模型、飞机模型等事物。广义地说，模型是现实世界特征的模拟和抽象。在数据库中，用数据模型（Data Model）这个工具来对现实世界进行抽象。**数据模型**是数据库系统中用于提供信息表示和操作手段的形式构架。数据模型应满足三方面要求：一是能比较真实地模拟现实世界；二是容易为人所理解；

三是便于在计算机上实现。数据模型要很好地满足这三方面的要求在目前尚很困难。

在数据库系统中针对不同的使用对象和应用目的，采用不同的数据模型。不同的数据模型是提供给人们模型化数据和信息的不同工具。根据模型应用的目的，可以将数据模型分为两种类型：第一类模型是**概念模型**，也称信息模型，它是独立于计算机之外的模型，如实体—联系模型，这种模型不涉及信息在计算机中如何表示，而是用来描述某一特定范围内人们所关心的信息结构，它是按用户的观点来对数据和信息建模，主要用于数据库设计；另一类模型是数据模型，它是直接面向计算机的，是按计算机系统的观点对数据进行建模，主要用于 DBMS 的实现，常称为**基本数据模型**，数据库中常用的基本数据模型有网状模型、层次模型和关系模型。

数据模型是数据库系统的核心和基础。各种机器上实现的 DBMS 软件都是基于某种数据模型的。

图 1-2 显示了把现实世界中的具体事物抽象、组织为某一 DBMS 支持的数据模型的过程。过程包括：

（1）将现实世界经过信息抽象变成信息模型（也称概念模型）。

（2）信息模型（概念模型）经过数据抽象编程计算机实现。

这里，信息模型使用实体—联系模型描述，计算机实现使用数据模型表示。

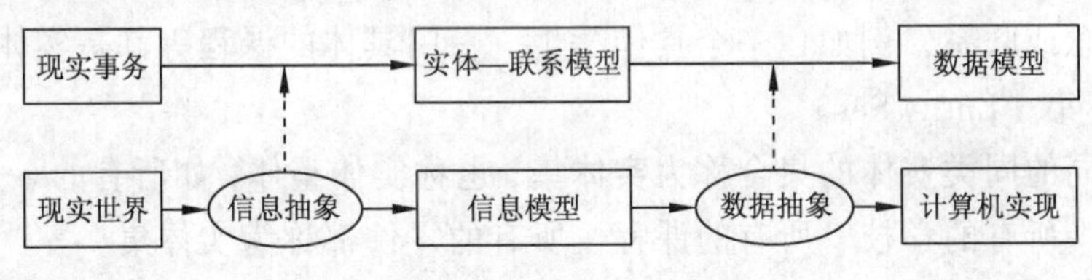

图 1-2　数据抽象过程

1.2.1　数据模型的三要素

数据模型是现实世界中的各种事物及其间的联系用数据和数据间的联系来表示的一种方法。一般地讲，数据模型是严格定义的概念的集合，这些概念精确地描述系统的静态特性、动态特性和完整性约束条件。因此，数据模型通常由数据结构、数据操作和完整性约束三部分组成。

1．数据结构

数据结构是所研究对象和对象具有的特性、对象间的联系的集合，它是对数据静态特性的描述。这些对象是数据库的组成部分。如网状模型中的数据项、记录、系型，关系模型中的域、属性、关系等。

在数据库系统中，通常按照数据结构的类型来命名数据模型，如层次结构、网状结构和关系结构的模型分别命名为层次模型、网状模型和关系模型。

2．数据操作

数据操作是指对数据库中各种对象（型）的实例（值）允许执行的操作的集合，包括操作及有关的操作规则。通常对数据库的操作有检索和更新（包括插入、删除和修改）两大类，这些操作反映了数据的动态特性。现实世界中的实体及实体间的联系是在不断变化的，数据模型应能反映出这种变化。

3．数据的约束条件

数据的约束条件是完整性规则的集合。完整性规则是给定的数据模型中数据及其联系必须满足给定要求。例如，年龄的数据取值一般不能大于 150 岁。

1.2.2 概念模型与实体—联系方法

由图 1-2 可以看出，信息模型（概念模型）实际上是现实世界到机器世界的一个中间层次。

概念模型用于信息世界的建模，是现实世界到信息世界的第一层抽象，是数据库设计人员进行数据库设计的有力工具，也是数据库设计人员和用户之间进行交流的语言，因此，概念模型一方面应该具有较强的表达能力，能够方便、直接地表达不同应用中的各种实际知识，另一方面它还应该简单、清晰，易于用户理解。

1．信息世界中的基本概念

信息世界涉及的概念主要有：

1）实体（Entity）

客观存在并可相互区别的事物称为**实体**。实体可以是具体的人、事、物，也可以是抽象的概念或联系，例如，一个具体学生、一门具体的课程等都是实体。

2）实体集（Entity Set）

性质相同的同类实体的集合称为**实体集**，也称实体整体，如所有的（全体）学生、所有的汽车、所有的学校、所有的课程、所有的零件都称为实体集。

3）实体型（Entity Type）

具有相同属性的实体必然具有共同的特征和性质。用实体名及其属性名的集合来抽象和刻画同类实体，称为**实体型**。例如，学生（学号，姓名，性别，出生年份，系，入学时间）就是一个实体型。

4）属性（Attribute）

实体所具有的某一特性称为**属性**。一个实体可以由若干属性来刻画。例如，学生实体可以由学号、姓名、性别、出生年份、系、入学时间等属性组成。属性有“型”和“值”的区分，如学生实体属性的名称（姓名、性别、年龄等）是属性的型，而属性的值是其型的具体内容，如王源、男、18 分别是姓名、性别、年龄的值。由此可以看到，事物的若干属性值的集合可表征一个实体，而若干属性型所组成的集合可表征一个实体的类型，简称“实体型”。同类型的实体集合组成实体集。

5）关键字（Key）

能唯一标识实体的属性或属性集称为**关键字**（或码）。例如，学号是学生实体的关键字（码）。本书将混用关键字和码这两个概念。

6）域（Domain）

属性的取值范围称为该属性的**域**。例如，学号的域为 8 位数字符号，年龄的域为小于128的整数，性别的域为（男，女）。

7）联系（Relationship）

在现实世界中，事物内部以及事物之间是有联系的，这些联系在信息世界中反映为实体（型）内部的联系和实体（型）之间的联系。实体内部的联系通常是指组成实体的各属性之间的联系。实体之间的联系通常是指不同实体集之间的联系。

两个实体型之间的联系可以分为三类:

1）一对一的联系（1∶1）

如果实体集 *A* 中的一个实体至多与实体集 *B* 中的一个实体相对应（相联系），反之亦然，则称实体集 *A* 与实体集 *B* 的联系为一对一的联系。如一个学校只能有一个校长，一个校长也只能在一个学校任职，则学校与校长的联系即为一对一的联系，还有班长与班、学生与座位之间也都是一对一的联系。

2）一对多联系（1∶*n*）

如果实体集 *A* 中的一个实体与实体集 *B* 中的多个实体相对应（相联系），反之，实体集 *B* 中的一个实体至多与实体集 *A* 中的一个实体相对应（相联系），则称实体集 *A* 与实体集 *B* 的联系为一对多的联系。如一个班级可以有多个学生，而一个学生只会有一个班级，班级与学生的联系即为一对多的联系。

3）多对多联系（*m*∶*n*）

如果实体集 *A* 中的一个实体与实体集 *B* 中的多个实体相对应（相联系），而实体集 *B* 中的一个实体也与实体集 *A* 中的多个实体相对应（相联系），则称实体集 *A* 与实体集 *B* 的联系为多对多的联系。如一门课程可以有多个学生选修，而一个学生同时可以选修多门课程，课程与学生的联系即为多对多的联系。

实际上，一对一联系是一对多联系的特例，而一对多联系又是多对多联系的特例。可以用图形来表示两个实体型之间的这三类联系。

2. 概念模型的表示方法

为了在信息世界中简洁、清晰地描述现实世界的实体模型，通常使用实体—联系图（E-R图）描述。E-R图是P. P. S. Chen于1976年提出的**实体—联系模型**（**E-R模型**）（Entity-Relationship Model）。E-R图提供了实体、属性与联系的方法，其图元符号如图1-3所示。在E-R图中，实体集用矩形框表示，并在矩形框里写上实体名。属性用椭圆框表示，并在椭圆框里写上属性名。联系用菱形框表示，并在菱形框里写上联系方式。

图1-3　E-R图图元符号

在图1-4中，分别是学校与校长（一对一）、班级与学生（一对多）、学生与课程（多对多）的E-R实体模型图。班级、学生和课程对应的E-R图如图1-5所示，由于实体班级、学生和课程属性太多，我们这里只画出部分属性，其中带下画线的属性表示对应实体的关键字。

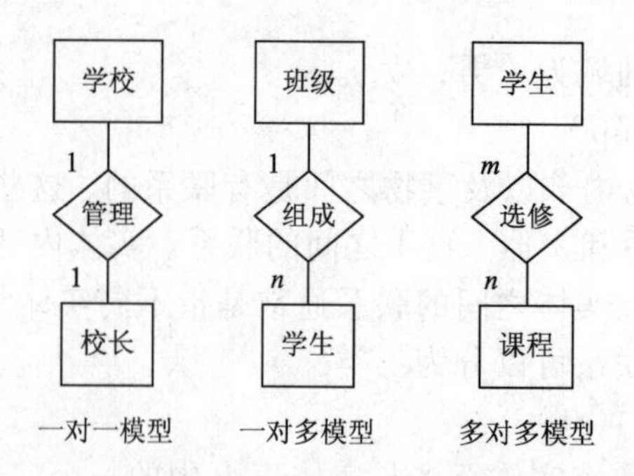

图 1-4　实体间的联系

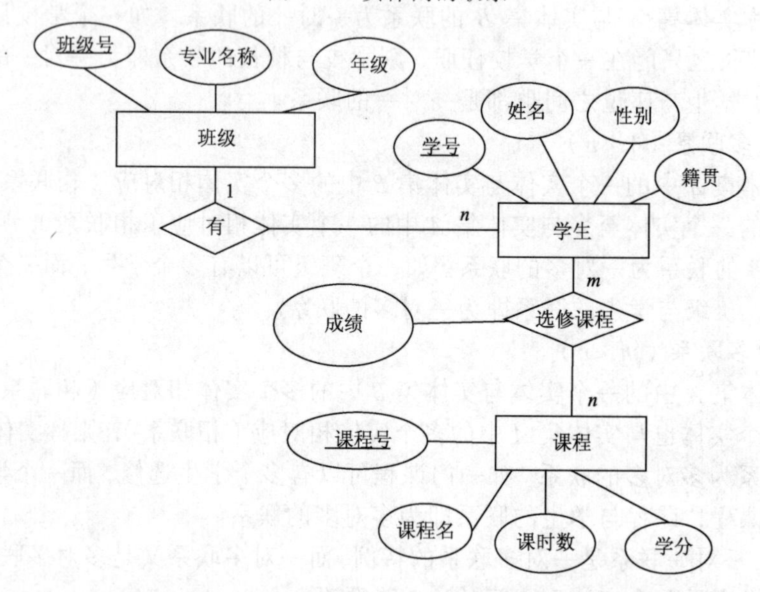

图 1-5　班级、学生和课程对应的 E-R 图（省略了部分属性）

1.2.3　数据模型

目前，数据库领域中最常用的数据模型有四种，它们是层次模型（Hierarchical Model）、网状模型（Network Model）、关系模型（Relational Model）、面向对象模型（Object Oriented Model）。

关系模型是本章的重点，将在 1.3 节中加以介绍。

1. 层次模型

层次模型用树形结构来表示各类实体以及实体间的联系。现实世界中许多实体之间的联系本来就呈现出一种很自然的层次关系，如行政机构、家族关系等。

在层次模型中，每个结点表示一个记录类型，记录（类型）之间的联系用结点之间的连线（有向边）表示，这种联系是父子之间的一对多的联系。这就使得层次数据库系统只能处理一对多的实体联系。

每个记录类型可包含若干字段，这里，记录类型描述的是实体，字段描述的是实体的属性。各个记录类型及其字段都必须命名。各个记录类型、同一记录类型中各个字段不能同名。每个记录类型可以定义一个排序字段，也称码字段，如果定义该排序字段的值是唯一的，则它能唯一地标识一个记录值。图 1-6 所示为一个层次模型示例。

层次模型的优点主要有：

（1）层次数据模型本身比较简单。

（2）对于实体间联系是固定的，且预先定义好的应用系统，采用层次模型来实现，其性能优于关系模型，不低于网状模型。

（3）层次数据模型提供了良好的完整性支持。

层次模型的缺点主要有：

（1）现实世界中很多联系是非层次性的，如多对多联系、一个结点具有多个双亲等，层次模型表示这类联系的方法很笨拙，只能通过引入冗余数据（易产生不一致性）或创建非自然的数据组织（引入虚拟结点）来解决。

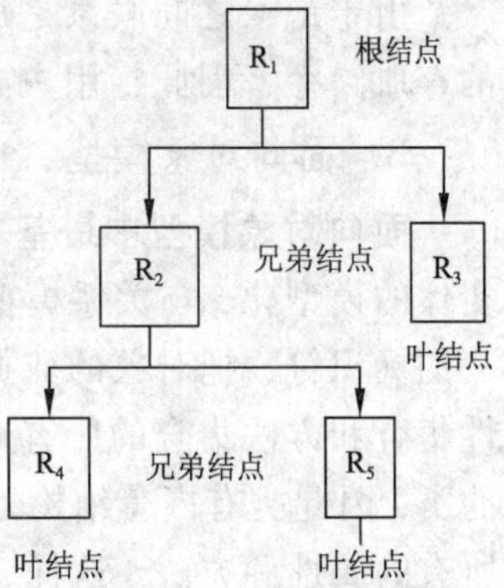

图 1-6　一个层次模型示例

（2）对插入和删除操作的限制比较多。

（3）查询子女结点必须通过双亲结点。

（4）由于结构严密，层次命令趋于程序化。

可见，用层次模型对具有一对多的层次关系的部门描述非常自然、直观。容易理解这是层次数据库的突出优点。

2．网状模型

与层次模型一样，**网状模型**中每个结点表示一个记录类型（实体），每个记录类型可包含若干字段（实体的属性），结点间的连线表示记录类型（实体）之间一对多的父子联系。

层次模型中子女结点与双亲结点的联系是唯一的，而在网状模型中这种联系可以不唯一。因此，要为每个联系命名，并指出与该联系有关的双亲记录和子女记录。两个结点之间有多种联系（称之为复合联系），因此网状模型可以更直接地描述现实世界。而层次模型实际上是网状模型的一个特例。图 1-7 所示为一个网状数据库模型。

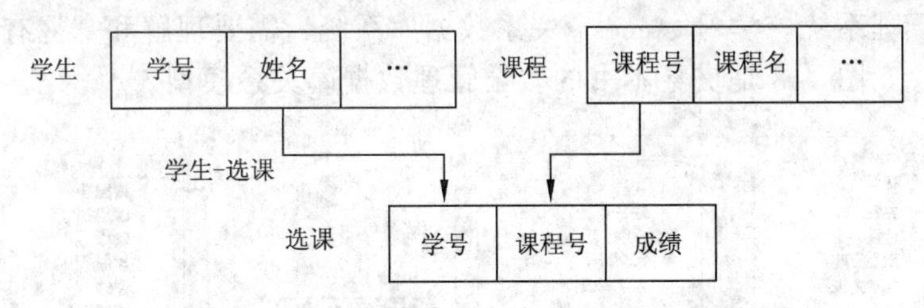

图 1-7　学生/选课/课程的网状数据库模式

网状数据模型的优点主要有：

（1）能够更为直接地描述现实世界，如一个结点可以有多个双亲。

（2）具有良好的性能，存取效率较高。

网状数据模型的缺点主要有：

（1）结构比较复杂，而且随着应用环境的扩大，数据库的结构就变得越来越复杂，不利于最终用户掌握。

（2）其数据定义语言（DDL）、数据操纵语言（DML）复杂，用户不容易使用。

由于记录之间联系是通过存取路径实现的，应用程序在访问数据时必须选择适当的存取路径，因此，用户必须了解系统结构的细节，加重了编写应用程序的负担。

3. 面向对象模型

面向对象模型中最基本的概念是对象（Object）和类（Class）。对象是现实世界实体的模型化，与关系模型中记录的概念相似，但要复杂得多。每个对象都有一个唯一的标识符，把对象的数据（属性的集合）和操作（程序）封装在一起。共享同一属性集合和方法集合的所有对象组合在一起，构成一个类。类的属性定义域可以是任意的类，因此类有嵌套结构。一个类从其类层次中的直接或间接祖先那里继承（Inherit）所有的属性和方法。这样，在已有类的基础上定义新的类时，只需定义特殊的属性和方法，而不必重复定义父类已有的东西，这有利于实现可扩充性。

面向对象模型不但继承了关系数据库的许多优良的性能，还能处理多媒体数据，并支持面向对象的程序设计。

1.3 关系数据库

作为当前数据库系统的主流模型，关系数据库有其许多独特特性。下面从关系概念、关系运算和完整性约束等方面介绍。

1.3.1 关系模型

首先，给出关系模型的概念。

1. 关系模型的基本概念

关系的含义是数据间的联系，例如，学号、姓名、性别、出生日期等组成有意义的学生信息。多条这样的有意义信息组成一个关系，基于这样方式组织信息的技术称为**关系数据模型**的数据库系统，简称关系数据库。现在使用的数据库管理系统通常是关系数据库管理系统。学习 Access 关系数据库系统，需要理解和掌握有关关系数据库的基本概念。图 1-8 是贯穿本书的教学管理数据库关系模型。

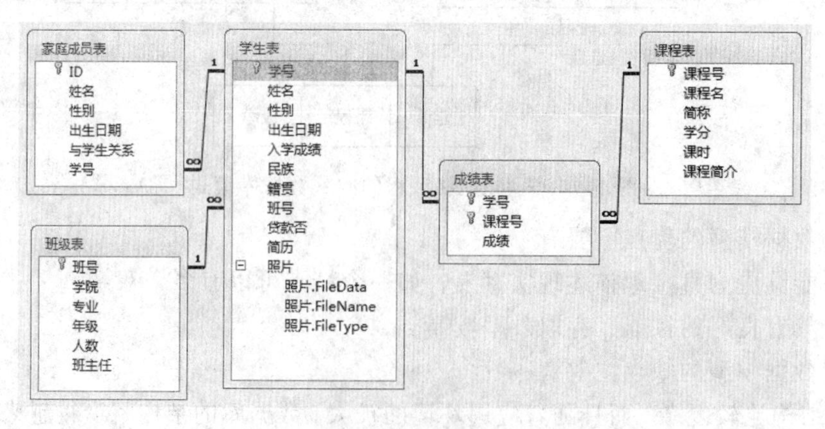

图 1-8 教学管理数据库关系模型

1）关系

一个**关系**就是一张二维表，通常将一个没有重复行、重复列的二维表看成一个关系，每个关系都有一个关系名。

下面给出贯穿本书的五个关系组成的数据表，它们是“班级表”“学生表”“成绩表”“课程表”和“家庭成员表”（此表内容省略），如表 1-1～表 1-4 所示。本书后面所有例子的数据实例与这里列出的相同。

表 1-1 班 级 表

班号	学院	专业	年级	人数	班主任
会计学 081	会计学院	会计学	2008		
会计学 091	会计学院	会计学	2009		
会计学 101	会计学院	会计学	2010		
计算机科学与技术 081	信息管理学院	计算机科学与技术	2008		
计算机科学与技术 091	信息管理学院	计算机科学与技术	2009		
计算机科学与技术 101	信息管理学院	计算机科学与技术	2010		

表 1-2 学 生 表

学号	姓名	性别	出生日期	入学成绩	民族	籍贯	班号	贷款否	简历	照片
S0102590	刘嘉美	女	1991-8-10	670	汉族	北京	会计学 101	TRUE		
S0082581	石茂麟	男	1991-6-20	670	汉族	湖南浏阳	会计学 081	FALSE		
S0100574	王莉莉	女	1992-2-2	642	汉族	福建龙岩	计算机科学与技术 101	FALSE		
S0102589	郭玉坤	男	1991-2-17	642	壮族	广西百色	会计学 101	FALSE		
S0082580	吴静婷	女	1990-3-11	642	汉族	江西南昌	会计学 081	TRUE		
S0080594	叶志威	男	1990-1-13	642	汉族	新疆喀什	计算机科学与技术 081	FALSE		
S0092514	张小东	男	1991-7-25	623	汉族	吉林长春	会计学 091	FALSE		
S0080521	杨小建	男	1990-9-21	623	汉族	江西赣州	计算机科学与技术 081	FALSE		
S0092512	张建强	男	1990-7-17	623	汉族	江西南昌	会计学 091	FALSE		
S0090510	董钧柏	男	1990-12-8	612	汉族	江西南昌	计算机科学与技术 091	FALSE		
S0090511	胡俊强	男	1990-5-3	608	汉族	湖北武汉	计算机科学与技术 091	FALSE		
S0080596	杨意志	男	1990-1-15	608	汉族	江西九江	计算机科学与技术 081	FALSE		
S0080568	张慧媛	女	1991-1-26	608	侗族	云南昆明	计算机科学与技术 081	FALSE		
S0100587	周海芬	女	1991-12-10	608	汉族	浙江金华	计算机科学与技术 101	FALSE		
S0102501	张华	男	1991-4-11	596	汉族	上海	会计学 101	FALSE		
S0090582	程倩茹	女	1990-12-17	596	汉族	上海	计算机科学与技术 091	TRUE		
S0100541	段建皇	男	1991-1-17	596	汉族	四川成都	计算机科学与技术 101	FALSE		
S0082577	万智	男	1989-10-6	580	汉族	吉林松辽	会计学 081	FALSE		
S0080567	蓝翠婷	女	1991-1-25	580	汉族	江苏南京	计算机科学与技术 081	TRUE		
S0092518	何月晓	女	1991-1-29	580	汉族	四川成都	会计学 091	FALSE		

续表

学　号	姓　名	性别	出生日期	入学成绩	民族	籍　贯	班　号	贷款否	简历	照片
S0100586	张毅弘	男	1992-1-22	560	壮族	广西百色	计算机科学与技术 101	FALSE		
S0090508	叶延俊	男	1991-3-12	560	蒙古族	内蒙古呼伦贝尔	计算机科学与技术 091	TRUE		
S0092515	姚梅姝	女	1991-12-22	556	满族	黑龙江哈尔滨	会计学 091	TRUE		
S0092513	孙稳敏	女	1991-2-5	556	汉族	湖北武汉	会计学 091	FALSE		
S0082563	郑廷	男	1991-4-20	556	汉族	辽宁沈阳	会计学 081	FALSE		
S0102502	蓝建宇	男	1991-8-29	540	苗族	湖南张家界	会计学 101	FALSE		
S0090509	欧阳俊杰	男	1991-9-5	540	汉族	吉林长春	计算机科学与技术 091	FALSE		
S0100519	杨建宇	男	1991-10-24	532	汉族	安徽芜湖	计算机科学与技术 101	TRUE		
S0102588	李文宏	男	1991-4-16	532	汉族	湖南长沙	会计学 101	FALSE		
S0082578	郭大雷	男	1989-8-9	532	汉族	湖南岳阳	会计学 081	FALSE		

表 1-3　成　绩　表

学　号	课 程 号	成　绩	学　号	课 程 号	成　绩
S0080521	A0501	63	S0080596	A0501	67
S0080521	C0501	74	S0080596	C0501	52
S0080567	A0501	78	S0082563	B0501	55
S0080567	C0501	70	S0082563	C0501	74
S0080568	A0501	70	S0082577	B0501	92
S0080568	C0501	74	S0082577	C0501	63
S0080594	A0501	75	S0082578	B0501	70
S0080594	C0501	74	S0082578	C0501	88
S0082580	B0501	84	S0092518	B0301	81
S0082580	C0501	66	S0092518	C0301	90
S0082581	B0501	66	S0100519	A0101	84
S0082581	C0501	65	S0100519	C0101	64
S0090508	A0301	70	S0100541	A0101	84
S0090508	C0301	0	S0100541	C0101	78
S0090509	A0301	73	S0100574	A0101	81
S0090509	C0301	66	S0100574	C0101	93
S0090510	A0301	67	S0100586	A0101	60
S0090510	C0301	89	S0100586	C0101	50
S0090511	A0301	80	S0100587	A0101	67
S0090511	C0301	69	S0100587	C0101	71
S0090582	A0301	82	S0102501	B0101	61
S0090582	C0301	73	S0102501	C0101	85
S0092512	B0301	64	S0102502	B0101	64

续表

学号	课程号	成绩	学号	课程号	成绩
S0092512	C0301	60	S0102502	C0101	72
S0092513	B0301	69	S0102588	B0101	74
S0092513	C0301	75	S0102588	C0101	73
S0092514	B0301	74	S0102589	B0101	60
S0092514	C0301	43	S0102589	C0101	87
S0092515	B0301	62	S0102590	B0101	83
S0092515	C0301	83	S0102590	C0101	95

表 1-4 课程表

课程号	课程名	简称	学分	课时	课程简介
A0101	计算机引论	jsjyl	5	32	
A0301	数据结构	sjjg	4	64	
A0501	Java 程序设计	javacxsj	4	64	
B0101	基础会计	jckj	4	48	
B0301	会计电算化	kjdsh	4	64	
B0501	税法	sf	4	64	
C0101	大学英语 I	dxyyI	6	64	
C0301	线性代数	xxds	4	64	
C0501	高等数学 III	gdsxIII	6	64	

2）元组

二维表的每一行在关系中称为一个**元组**。在 Access 中，一个元组对应表中一条记录。

3）属性

二维表的每一列在关系中称为**属性**，每个属性都有一个属性名，属性值则是各个元组属性的取值。在 Access 中，一个属性对应表中一个字段，属性名对应字段名，属性值对应于各个记录的字段值。

数据表操作涉及数据表各个字段的数据类型，一旦字段数据类型确定，则其具有的操作确定，其数据表示的范围确定。Access 中，对“文本”数据类型的给出了文本长度描述，例如，“班号”文本字段的长度为 10。对“数字”数据类型的则给出了整型、长整型、单精度和双精度等进一步的描述。例如，“入学成绩”为单精度类型，小数点后为 2 位。图 1-9～图 1-11 分别给出了班级表、学生表、课程表和成绩表的字段名称和数据类型。

4）域

属性的取值范围称为**域**。域作为属性值的集合，其类型与范围由属性的性质及其所表示的意义具体确定。同一属性只能在相同域中取值。

5）关键字（Key）

关系中能唯一区分、确定不同元组的属性或属性组合，称为该关系的一个**关键字**。

单个属性组成的关键字称为单关键字，多个属性组合的关键字称为组合关键字。需要强调的是，关键字的属性值不能取“空值”。所谓空值就是“不知道”或“不确定”的值，它无法唯一地区分、确定元组，因此关键字不能取空值。

字段名称	数据类型
班号	文本
学院	文本
专业	文本
年级	文本
人数	数字
班主任	文本

图 1-9　班级表字段名称和类型

字段名称	数据类型
学号	文本
姓名	文本
性别	文本
出生日期	日期/时间
入学成绩	数字
民族	文本
籍贯	文本
班号	文本
贷款否	是/否
简历	备注
照片	附件

图 1-10　学生表字段名称和类型

字段名称	数据类型
课程号	文本
课程名	文本
简称	文本
学分	数字
课时	数字
课程简介	备注

字段名称	数据类型
学号	文本
课程号	文本
成绩	数字

图 1-11　课程表和成绩表的字段名称和类型

学生表中，“学号”属性可以作为使用单个属性构成的关键字，因为学号不允许重复。而“姓名”及“出生日期”等则不能作为关键字，因为学生中可能出现重名或出生日期相同。

6）候选关键字

关系中能够成为关键字的属性或属性组合可能不是唯一的。凡在关系中能够唯一区分、确定不同元组的属性或属性组合均为**候选关键字**。

7）主关键字（Primary Key，PK）

在候选关键字中选定一个作为关键字，称为该关系的**主关键字**。关系中主关键字是唯一的。图 1-8 中所示的各表中小钥匙表示该表的主键。

8）外部关键字（Foreign Key，FK）

关系中某个属性或属性组合并非关键字，但却是另一个关系的主关键字，称此属性或属性组合为本关系的**外部关键字**。关系之间的联系是通过外部关键字实现的。例如，“学号”字段是“学生表”与“家庭成员表”联系字段，在“学生表”中是主关键字，但在“家庭成员表”中是外部关键字；同理，“班号”是“班级表”与“学生表”联系字段，它是“班级表”的主关键字，同时又是“学生表”的外部关键字。

思考：“学生表”与“成绩表”的联系字段是什么？指明两个表中的其主键和外键。“成绩表”与“课程表”的联系字段又是什么？指明两个表中的其主键和外键。

9）关系模式

对关系的描述称为**关系模式**，其格式为：

```
关系名（属性名 1，属性名 2，…，属性名 n）
```

关系既可以用二维表格来描述，也可以用数学形式的关系模式来描述。一个关系模式对应一个关系的结构。在 Access 中，也就是表的结构。

如学生表对应的关系模式可以表示为：

学生（学号，姓名，性别，出生日期，入学成绩，民族，籍贯，班号，贷款否，简历，照片）

2. 关系的基本特点

在关系模型中，关系具有以下基本特点：

（1）关系必须规范化，属性不可再分割。规范化是指关系模型中每个关系模式都必须满足一定的要求，最基本的要求是关系必须是一张二维表，每个属性值必须是不可分割的最小数据单元，即表中不能再包含表。

（2）在同一关系中不允许出现相同的属性名。

（3）关系中不允许有完全相同的元组。

（4）在同一关系中元组的次序无关紧要。也就是说，任意交换两行的位置并不影响数据的实际含义。

（5）在同一关系中属性的次序无关紧要。任意交换两列的位置也并不影响数据的实际含义，不会改变关系模式。

以上是关系的基本性质，也是衡量一个二维表格是否构成关系的基本要素。在这些基本要素中，有一点是关键，即属性不可再分割，也即表中不能套表。

3. 关系的运算

关系作为一张二维表，其可进行的**关系运算**包括选择、投影、自然连接。注意：关系运算的输入是一个或多个关系，其输出为一个关系。

1）选择运算

给定一个关系，从中筛选出满足某种条件的记录（或元组）的过程称为**选择**。如图 1-12 所示的选择运算是所有少数民族的学生。选择运算的结果是一个新的关系。

输入一个关系（学生表）

学号	姓名	性别	出生日期	入学成绩	民族	籍贯	班号	贷款否	简历	照片
S0102590	刘嘉美	女	1991-8-10	670	汉族	北京	会计学101	TRUE		
S0082581	石茂麟	男	1991-6-20	670	汉族	湖南浏阳	会计学081	FALSE		
S0100574	王莉莉	女	1992-2-2	642	汉族	福建龙岩	计算机科学与技术101	FALSE		
S0102589	郭玉坤	男	1991-2-17	642	壮族	广西百色	会计学101	FALSE		
S0082580	吴静婷	女	1990-3-11	642	汉族	江西南昌	会计学081	TRUE		
S0080594	叶志威	男	1990-1-13	642	汉族	新疆喀什	计算机科学与技术081	FALSE		
S0092514	张小东	男	1991-7-25	623	汉族	吉林长春	会计学091	FALSE		
S0080521	杨小建	男	1990-9-21	623	汉族	江西赣州	计算机科学与技术081	FALSE		
S0092512	张建强	男	1990-7-17	623	汉族	江西南昌	会计学091	FALSE		
S0090510	董钧柏	男	1990-12-8	612	汉族	江西南昌	计算机科学与技术091	FALSE		
S0090511	胡俊强	男	1990-5-3	608	汉族	湖北武汉	计算机科学与技术091	FALSE		
S0080596	杨意志	男	1990-1-15	608	汉族	江西九江	计算机科学与技术081	FALSE		
S0080568	张慧媛	女	1991-1-26	608	侗族	云南昆明	计算机科学与技术081	FALSE		
S0100587	周海芬	女	1991-12-10	608	汉族	浙江金华	计算机科学与技术101	FALSE		
S0102501	张华	男	1991-4-11	596	汉族	上海	会计学101	FALSE		
S0090582	程倩茹	女	1990-12-17	596	汉族	上海	计算机科学与技术091	TRUE		
S0100541	段建皇	男	1991-1-17	596	汉族	四川成都	计算机科学与技术101	FALSE		
S0082577	万智	男	1989-10-6	580	汉族	吉林松辽	会计学081	FALSE		
S0080567	蓝翠婷	女	1991-1-25	580	汉族	江苏南京	计算机科学与技术081	TRUE		
S0092518	何月晓	女	1991-1-29	580	汉族	四川成都	会计学091	FALSE		
S0100586	张毅弘	男	1992-1-22	560	壮族	广西百色	计算机科学与技术101	FALSE		
S0090508	叶延俊	男	1991-3-12	560	蒙古族	内蒙古呼伦贝尔	计算机科学与技术091	TRUE		
S0092515	姚梅妹	女	1991-12-22	556	满族	黑龙江哈尔滨	会计学091	TRUE		
S0092513	孙稳敏	女	1991-2-5	556	汉族	湖北武汉	会计学091	FALSE		
S0082563	郑廷	男	1991-4-20	556	汉族	辽宁沈阳	会计学081	FALSE		
S0102502	蓝建宇	男	1991-8-29	540	苗族	湖南张家界	会计学101	FALSE		
S0090509	欧阳俊杰	男	1991-9-5	540	汉族	吉林长春	计算机科学与技术091	FALSE		
S0100519	杨建宇	男	1991-10-24	532	汉族	安徽芜湖	计算机科学与技术101	TRUE		
S0102588	李文宏	男	1991-4-16	532	汉族	湖南长沙	会计学101	FALSE		
S0082578	郭大雷	男	1989-8-9	532	汉族	湖南岳阳	会计学081	FALSE		

投影运算输出一个关系（三列）

学号	姓名	入学成绩
S0102590	刘嘉美	670
S0082581	石茂麟	670
S0100574	王莉莉	642
S0102589	郭玉坤	642
S0082580	吴静婷	642
S0080594	叶志威	642
S0092514	张小东	623
S0080521	杨小建	623
S0092512	张建强	623
S0090510	董钧柏	612
S0090511	胡俊强	608
S0080596	杨意志	608
S0080568	张慧媛	608
S0100587	周海芬	608
S0102501	张华	596
S0090582	程倩茹	596
S0100541	段建皇	596
S0082577	万智	580
S0080567	蓝翠婷	580
S0092518	何月晓	580
S0100586	张毅弘	560
S0090508	叶延俊	560
S0092515	姚梅妹	556
S0092513	孙稳敏	556
S0082563	郑廷	556
S0102502	蓝建宇	540
S0090509	欧阳俊杰	540
S0100519	杨建宇	532
S0102588	李文宏	532
S0082578	郭大雷	532

选择运算输出一个关系（少数民族学生）

学号	姓名	性别	出生日期	入学成绩	民族	籍贯	班号	贷款否	简历	照片
S0102589	郭玉坤	男	1991-2-17	642	壮族	广西百色	会计学	FALSE		
S0080568	张慧媛	女	1991-1-26	608	侗族	云南昆明	计算机科	FALSE		
S0100586	张毅弘	男	1992-1-22	560	壮族	广西百色	计算机科	FALSE		
S0090508	叶延俊	男	1991-3-12	560	蒙古族	内蒙古呼	计算机科	TRUE		
S0092515	姚梅妹	女	1991-12-22	556	满族	黑龙江哈	会计学	TRUE		
S0102502	蓝建宇	男	1991-8-29	540	苗族	湖南张家	会计学	FALSE		

图 1-12　学生表关系的选择与投影运算

2）投影运算

给定一个关系，从中只检索期望得到的字段（或属性）的过程称为**投影**。如图 1-12 所示的投影运算是从学生表得到只有三个字段（学号、姓名、入学成绩）的关系。同样投影运算的结果是一个新的关系。

3）自然连接运算

与选择、投影运算只需一个关系参与运算不同，**自然连接**运算（也称内连运算，Inner Join）要求两个关系参与运算，其结果为一个新的关系。参与自然连接运算的两个关系间有一个公共的属性（称为连接属性），在一个关系（称为一表）中它是主键，而在另一个关系（称为多表）中它是外键。这是自然连接运算必须的条件。如图 1-8 所示，"班级表"（一表）中主键是班号，而班号在"学生表"（多表）中是外键。自然连接运算的结果：在属性上是两个参与运算关系的属性叠加；在元组上是在多表元组的记录基础上，扩展连接属性相同时的一表对应的数据值。如图 1-13 所示，左侧深色部分表示在学生表基础上扩展的字段。

班级表.班号	学院	专业	年级	人数	主	学号	姓名	性别	出生日期	入学成绩	民族	籍贯	学生表.班号	贷款否	简历	照片
会计学081	会计学院	会计学	2008			S0082563	郑廷	男	1991-4-20	556	汉族	辽宁沈阳	会计学081	FALSE		
会计学081	会计学院	会计学	2008			S0082577	万智	男	1989-10-6	580	汉族	吉林松辽	会计学081	FALSE		
会计学081	会计学院	会计学	2008			S0082578	郭大雷	男	1989-8-9	532	汉族	湖南岳阳	会计学081	FALSE		
会计学081	会计学院	会计学	2008			S0082580	吴静婷	女	1990-3-11	642	汉族	江西南昌	会计学081	TRUE		
会计学081	会计学院	会计学	2008			S0082581	石茂麟	男	1991-6-20	670	汉族	湖南浏阳	会计学081	FALSE		
会计学091	会计学院	会计学	2009			S0092512	张建强	男	1990-7-17	623	汉族	江西南昌	会计学091	FALSE		
会计学091	会计学院	会计学	2009			S0092513	孙稳敏	女	1991-2-5	556	汉族	湖北武汉	会计学091	FALSE		
会计学091	会计学院	会计学	2009			S0092514	张小东	男	1991-7-25	623	汉族	吉林长春	会计学091	FALSE		
会计学091	会计学院	会计学	2009			S0092515	姚梅姝	女	1991-12-22	556	满族	黑龙江哈尔滨	会计学091	TRUE		
会计学091	会计学院	会计学	2009			S0092518	何月晓	女	1991-1-29	580	汉族	四川成都	会计学091	FALSE		
会计学101	会计学院	会计学	2010			S0102501	张华	男	1991-4-11	596	汉族	上海	会计学101	FALSE		
会计学101	会计学院	会计学	2010			S0102502	蓝建宇	男	1991-8-29	540	苗族	湖南张家界	会计学101	FALSE		
会计学101	会计学院	会计学	2010			S0102588	李文宏	男	1991-4-16	532	汉族	湖南长沙	会计学101	FALSE		
会计学101	会计学院	会计学	2010			S0102589	郭玉坤	男	1991-2-17	642	壮族	广西百色	会计学101	FALSE		
会计学101	会计学院	会计学	2010			S0102590	刘嘉美	女	1991-8-10	670	汉族	北京	会计学101	TRUE		
计算机科学与	信息管理	计算机科学	2008			S0080521	杨小建	男	1990-9-21	623	汉族	江西赣州	计算机科学与技	FALSE		
计算机科学与	信息管理	计算机科学	2008			S0080567	蓝翠婷	女	1991-1-25	580	汉族	江苏南京	计算机科学与技	TRUE		
计算机科学与	信息管理	计算机科学	2008			S0080568	张慧媛	女	1991-1-26	608	侗族	云南昆明	计算机科学与技	FALSE		
计算机科学与	信息管理	计算机科学	2008			S0080594	叶志威	男	1990-1-13	642	汉族	新疆喀什	计算机科学与技	FALSE		
计算机科学与	信息管理	计算机科学	2008			S0080596	杨意志	男	1990-1-15	608	汉族	江西九江	计算机科学与技	FALSE		
计算机科学与	信息管理	计算机科学	2009			S0090508	叶延俊	男	1991-3-12	560	蒙古族	内蒙古呼伦贝尔	计算机科学与技	TRUE		
计算机科学与	信息管理	计算机科学	2009			S0090509	欧阳俊杰	男	1991-9-5	540	汉族	吉林长春	计算机科学与技	FALSE		
计算机科学与	信息管理	计算机科学	2009			S0090510	董钧柏	男	1990-12-8	612	汉族	江西南昌	计算机科学与技	FALSE		
计算机科学与	信息管理	计算机科学	2009			S0090511	胡俊强	男	1990-5-3	608	汉族	湖北武汉	计算机科学与技	FALSE		
计算机科学与	信息管理	计算机科学	2009			S0090582	程倩茹	女	1990-12-17	596	汉族	上海	计算机科学与技	TRUE		
计算机科学与	信息管理	计算机科学	2010			S0100519	杨建宇	男	1991-10-24	532	汉族	安徽芜湖	计算机科学与技	TRUE		
计算机科学与	信息管理	计算机科学	2010			S0100541	段建皇	男	1991-1-17	596	汉族	四川成都	计算机科学与技	FALSE		
计算机科学与	信息管理	计算机科学	2010			S0100574	王莉莉	女	1992-2-2	642	汉族	福建龙岩	计算机科学与技	FALSE		
计算机科学与	信息管理	计算机科学	2010			S0100586	张毅弘	男	1992-1-22	560	壮族	广西百色	计算机科学与技	FALSE		
计算机科学与	信息管理	计算机科学	2010			S0100587	周海芬	女	1991-12-10	608	汉族	浙江金华	计算机科学与技	FALSE		

图 1-13　班级表（一表）和学生表（多表）的自然连接运算

4. 关系模型的优点

关系数据模型具有下列优点：

（1）关系模型与非关系模型不同，它是建立在严格的数学概念的基础上的。

（2）关系模型的概念单一，无论实体还是实体之间的联系都用关系表示。对数据的检索结果也是关系（即表），所以其数据结构简单、清晰，用户易懂易用。

（3）关系模型的存取路径对用户透明（用户无须关心数据存放路径），从而具有更高的数据独立性、更好的安全保密性，也简化了程序员的工作和数据库开发建立的工作。

所以，关系数据模型诞生以后发展迅速，深受用户的喜爱。

1.3.2 关系完整性约束

关系完整性约束是为保证数据库中数据的正确性和相容性，对关系模型提出的某种约束条件或规则。完整性通常包括实体完整性、参照完整性、域完整性和用户定义完整性。其中实体完整性和参照完整性，是关系模型通常必须满足的完整性约束条件。通俗地说，数据库关系完整性约束实际上是定义数据必须满足的基本要求，当数据违反数据库关系完整性约束时，数据库将拒绝违反关系完整性的数据的插入或更新，通过关系完整性可以保证数据库中没有冗余、垃圾数据。或者说通过定义关系的完整性约束，使得数据库有了一定的行为能力。当用户提交那些违背数据库关系完整性约束的数据时，数据库将拒绝用户提交的操作，这样保证数据库中的数据是真实有效的。

1．实体完整性

一个关系对应现实世界中一个实体集，**实体完整性**是指一个关系中不能存在两个完全相同的记录。实体完整性是通过关系的主关键字（PK）来实现的，即主关键字取值不同一定代表两个完全不同的记录，即使它们的其他属性取值相同。在现实世界中的实体是可以相互区分、识别的，也即它们应具有某种唯一性标识。在关系模式中，按实体完整性规则要求，主属性不得取空值，如主关键字是多个属性的组合，则所有主属性均不得取空值。否则，表明关系模式中存在着不可标识的实体（因空值是“不确定”的），这与现实世界的实际情况相矛盾，这样的实体就不具备实体完整性。

例如，一个学校的“学生表”中可能存在姓名相同的人，但他们是两个不同的人，因此用“姓名”作为主关键字是不可取的。而“学号”能唯一标识一个学生，因此“学号”是主关键字。这里学号一定不得取空值，否则无法对应某个具体的学生，这样的表格不完整，对应关系不符合实体完整性规则的约束条件。

2．参照完整性

关系数据库中通常都包含多个存在相互联系的关系（表），关系与关系之间的联系是通过公共属性来实现的。公共属性（连接属性）是一个关系 R（称为**被参照关系**或目标关系，常称为**一表**）的主关键字，同时又是另一关系 K（称为**参照关系**，常称为**多表**）的外部关键字。**参照完整性**是指参照关系 K 中外部关键字的取值必须与被参照关系 R 中某元组主关键字的值相同，否则违反了参照完整性约束。

如图 1-8 中所示的二表之间的连线表示二表之间的参照完整性约束。如果将“成绩表”作为参照关系（多表），“学生表”作为被参照关系（一表），以“学号”作为两个关系进行关联的属性，则“学号”是“学生表”关系的主关键字，是“成绩表”关系的外部关键字。即“成绩表”中的“学号”属性取值必须与“学生表”中的某个“学号”值相同。

总之，参照完整性建立了具有主关键字的关系与具有外部关键字的关系之间引用的约束条件。

3．域完整性

域完整性是指一个或多个列必须满足的约束条件，当用户插入或更新数据时，所插入或更新的数据在指定了域完整性的列上必须满足所施加的约束条件。例如，可以对学生表中的“出生年月”字段使用域完整性约束，要求年龄在 12～70 岁之间，在此范围之外的年龄数据都违反了域完整性要求，数据库将不允许数据进行插入或更新操作。

4. 用户定义完整性

用户定义完整性是指针对某一具体业务规则提出的关系数据库必须满足的约束条件，它反映某一具体应用所涉及的数据必须满足的应用要求（通常也称商业规则）。例如，有两个数据表，其中一个数据表 A 的某个属性 X 存放明细内容；另一个数据表 B 的一个属性存放数据表 A 的属性 X 的求和值，则数据表 B 中存放的求和值必须等于数据表 A 中属性 X 的求和值，否则数据表 B 中的求和值就没有意义。用户定义完整性由于涉及一些复杂的应用领域知识的表示问题，在现有数据库系统中实现功能上不是很完美。

1.4 数据库系统应用模式

数据库作为当前信息系统应用的热门软件，有不同的应用模式，目前流行的有客户/服务器模式和浏览器/服务器模式。

1. 客户/服务器应用模式

客户/服务器应用模式（Client/Server System，C/S）是数据库应用所采用的最重要的技术之一，它将安装数据库服务程序的计算机称为服务器，主要负责数据的存储和关键数据处理，从而提高系统的安全性和可靠性。多台计算机安装负责应用程序界面的客户端程序，称为客户机。服务器与客户机通过计算机网络实现连接，如图 1-14 所示。

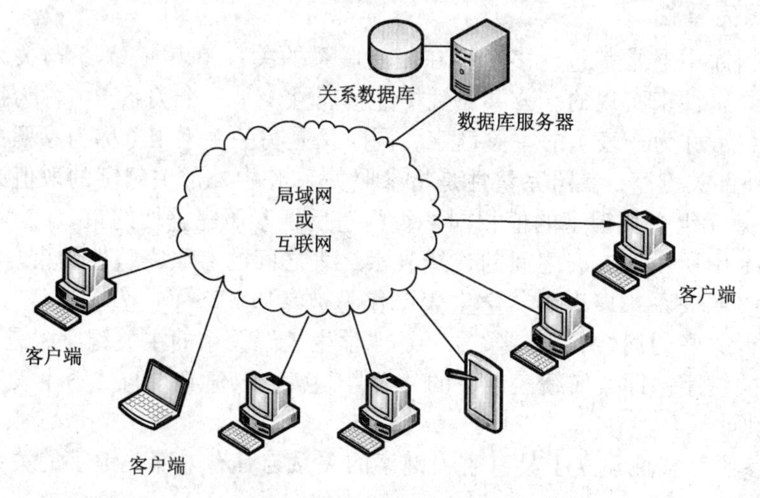

图 1-14　客户/服务器模式示意图

客户/服务器模式的优点：

（1）便于使数据的保存，网络通信过程标准化。

（2）可以同时服务多个客户，实现数据资源的灵活应用。

（3）可以实现信息数据处理的分散化和在使用上集中化。

客户/服务器模式存在的问题：系统客户方软件安装维护困难，数据库系统无法满足对于成百上千的终端同时联机的需求。由于客户/服务器间的大量数据通信不适合远程连接，因此其更适用于局域网应用。

2．浏览器/服务器应用模式（Browser/Server System，B/S）

在 Internet/Intranet 领域，**浏览器/服务器结构**（简称 B/S 结构）是目前流行的模式，如图 1-15 所示。

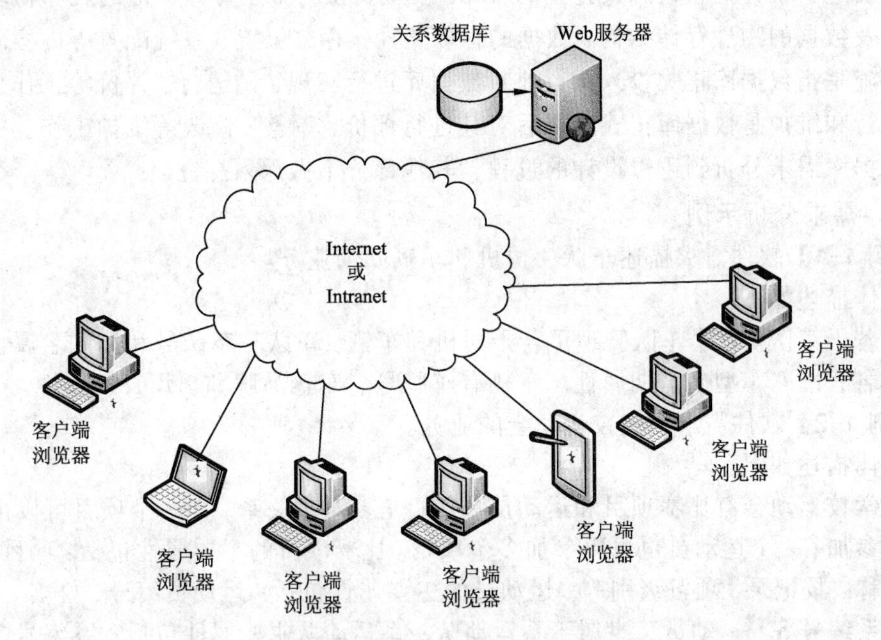

图 1-15　浏览器/服务器模式示意图

这种结构最大的优点是：客户机统一采用浏览器，而服务器端使用 Web 服务器（网页服务器）。这不仅方便用户的使用，而且使得客户机不存在安装维护的问题。当然软件发布和维护的工作不是自动消失了，而是转移到了 Web 服务器端。在 Web 服务器端，程序员使用脚本语言编写响应页面。使用浏览器的另一个好处是可以实现跨平台的应用，客户机可以是 Windows、UNIX 或 Linux 操作系统。当前主流的浏览器包括 Internet Explorer、谷歌浏览器和 FireFox 等，而服务器端脚本语言的编写包括 ASP.NET、JSP 和 PHP 等。

客户机同 Web 服务器之间的通信采用 HTTP。HTTP 是一种非面向连接的协议，其通信原理如下：浏览器只有在接收到请求后才和 Web 服务器进行连接，Web 服务器马上与数据库通信并取得结果，Web 服务器再把数据库返回的结果转发给浏览器，浏览器接收到返回信息后马上断开连接。由于真正的连接时间很短，这样 Web 服务器可以共享系统资源，为更多用户提供服务，达到可以支持几千、几万甚至于更多用户的能力。电子商务网站、大型公司企业网多使用这种模式。

1.5 E-R 图与关系数据库设计

数据库设计是根据用户需求设计数据库结构的过程，涉及需求分析、概念设计、逻辑设计、物理设计、数据库的实施、数据库的运行和维护。

其中，需求分析目的是弄清用户的真实业务需要，将用户的业务需求使用模型或文字的方式表述。概念设计的目的将用户需求转化为 E-R 模型来描述实体和实体间的联系。逻辑设计是将概念设计中的 E-R 模型转换为带主（外）键的表。物理结构设计涉及数据的物理存储结构、数据的存取路径、存放位置、系统配置等内容。数据库的实施是指数据库正式投入运行前对数据库进行实现、试运行、评价等工作。数据库的运行和维护是数据库正式运行后对其进行评价、调整、修改等维护工作。本节将阐述数据库需求分析到逻辑设计的过程，其他部分不做深入探究。

1. 需求分析示例

【例 1-1】软件需求描述车队、司机和车辆间的业务。

具体描述如下：

有若干车队。每个车队管理了若干司机和车辆。车队有车队号和车队名属性。司机有姓名、准驾车型、聘期属性。车辆有车牌号、车辆品牌和出厂日期属性。

【例 1-2】软件需求描述校运动会的业务。

具体描述如下：

大学校运动会有比赛项目和运动员。它们是多对多关系。即一个项目可以由多个运动员参加；一个运动员也可以参加多个项目。比赛项目的主要属性包括：项目编号、项目名称、校记录、项目级别等。运动员的主要属性包括：运动员编号、姓名、性别、年龄、系编号等。运动员又隶属于系运动队，系运动队主要属性包括：系编号、系名称、领队等。比赛项目则抽象到比赛类别，比赛类别主要属性包括：类别编号、类别名称、主管等。

2. 概念模型的特征和 E-R 图设计步骤

概念结构设计的目标是将需求分析阶段得到用户对现实世界的具体要求用信息世界的结构来进行表达。这一阶段要做的工作是将用户需求抽象为反映用户观点的概念模型。

为表达信息世界的结构，概念模型需要具备以下特征：

（1）应具备丰富的语义表达能力，既能表达用户的需求，又能反映现实世界中的各种数据及其复杂的关系，满足用户对数据处理的要求。

（2）应易于理解与交流，成为数据库专业设计人员与普通用户的通用工具。

（3）应易于修改，以适应用户需求与环境的不断变化。

（4）应易于向关系数据模型转换。

基于以上四点考虑，E-R 模型是非常适合表达概念模型的工具。在很多情况下，E-R 图设计就代表了概念结构设计。

E-R 图设计步骤包括下列五步：

1）确定 E-R 图的实体

根据用户需求，将用户的数据需求和处理需求中涉及的数据对象进行归类，指明对象的身份是实体、联系还是属性。将其中的实体逐一识别出来。实体用矩形表示。

2）定义实体的属性

对所有识别出的实体，根据其描述信息来识别其属性。属性用椭圆表示。将属性与实体用实线连接。

3）定义实体间的联系

实体间的联系按照其特点可以分成三种类型，即存在性联系（如学生有所属的班级）、功能性联系（如教师教授学生）、事件性联系（如学生借书）。有时，联系也有属性，需要在这一步进行确定。联系用菱形表示，用实线将联系与实体连接，有属性的也需要用实线将属性与联系连接。

4）确定实体的关键字

实体的某个属性或属性组合能够唯一地确定该实体，这就是实体的关键字。用下画线在属性上标识关键字。

5）确定联系的类型

联系方式分为一对一联系、一对多联系、多对多联系。在实体与联系相连接的实线旁标注 1、n、m，表达联系的不同类型。

图 1-16～图 1-18 是 E-R 图的实例。

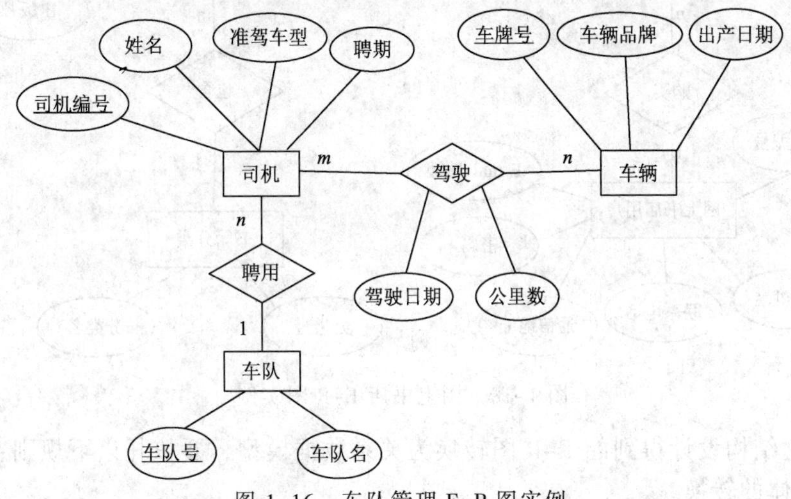

图 1-16　车队管理 E-R 图实例

3. 从 E-R 图到关系表的转换方法

概念结构设计是用户需求的形式表达，独立于数据库管理系统。为了建立满足用户需求的数据库，必须把概念模型转化为某数据库管理系统所支持的数据模型，这是数据库逻辑结构设计的主要任务，也是数据库系统设计的重要阶段。

当前，大部分数据库系统都是关系型数据库，本教材所采用的也是关系型数据库，因此针对本教材的逻辑结构设计可被视为关系数据模型设计。

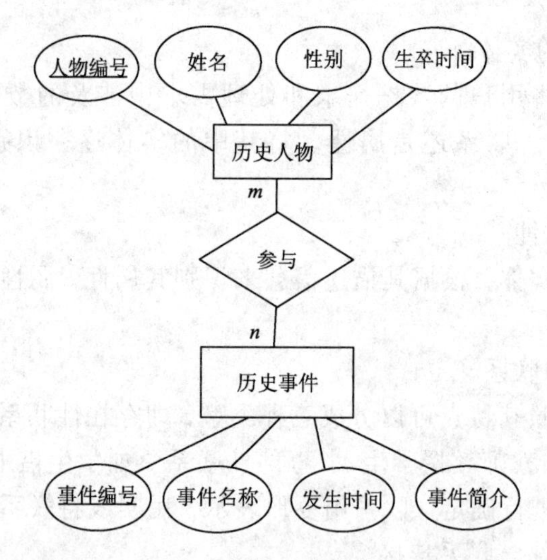

图 1-17　历史人物与历史事件 E-R 图实例

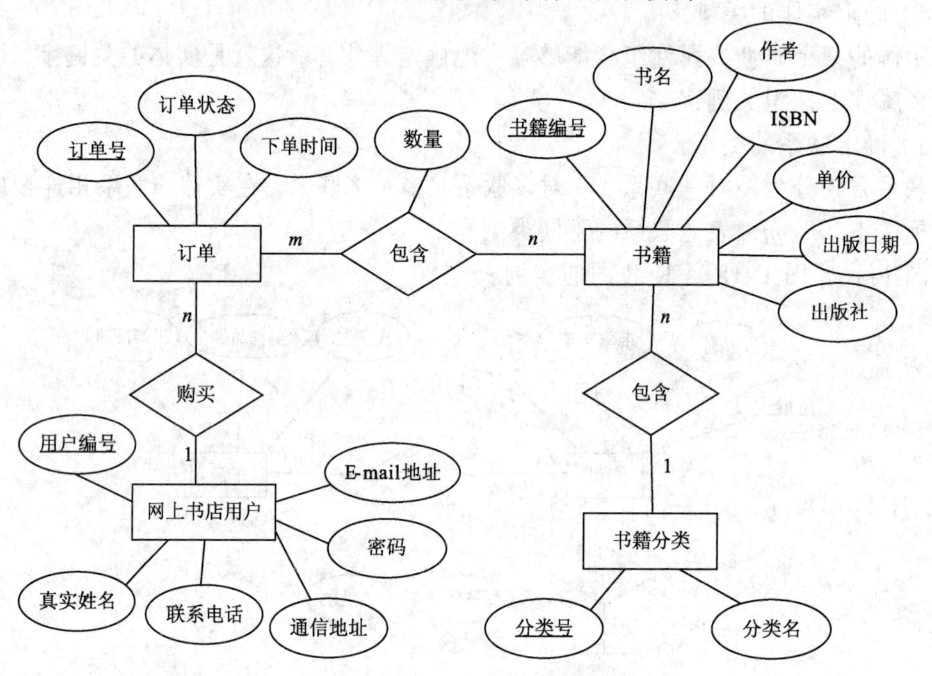

图 1-18　网上书店 E-R 图实例

将概念结构设计得到的 E-R 图转换为关系数据模型，要依托以下规则：

1）实体的转换

对于 E-R 图中的每一个实体，都应该转换为一个关系表。该关系表包括对应实体的全部属性。实体的关键字，对应为关系表的主关键字。如果需要，可以根据关系表所表达的语义，确定一个属性或多个属性组合作为该关系表的主关键字。

2）一对多联系的处理

对于一对多联系，必须将一方实体关键字放在多方实体对应的关系表中，并将其设置为外键。这样便于在多表中实施外键约束。

3）多对多联系的转换

对于多对多联系则必须单独建立一个关系表，用来联系双方实体集。该关系表的属性除包含在 E-R 图中指定的属性外，还需要设置联系所连接的两个实体集关键字的组合构成该关系表的主键。同时每一个实体关键字又是外键。

4）一对一联系的处理

一对一联系在实际应用中意义不大，它主要提高系统处理性能。例如，人员姓名、性别、照片等信息放在一个表中，而其对应的档案照片等放置在另一个表中，这两个表格为一对一关系。平时只要打开姓名、性别、照片的表格即可，不需要打开档案照片等信息。

对于一对一联系有两种处理方式。第一种，参考一对多联系的处理方式，将联系对应的属性放置在两个数据表中，且该属性对应为这两个表的主键。第二种，将两个一对一的关系合并到一个表格中。

【例 1-3】将多对多 E-R 图转换为关系表示例。

图 1-19 所示 E-R 图例转换为关系模式结果为：

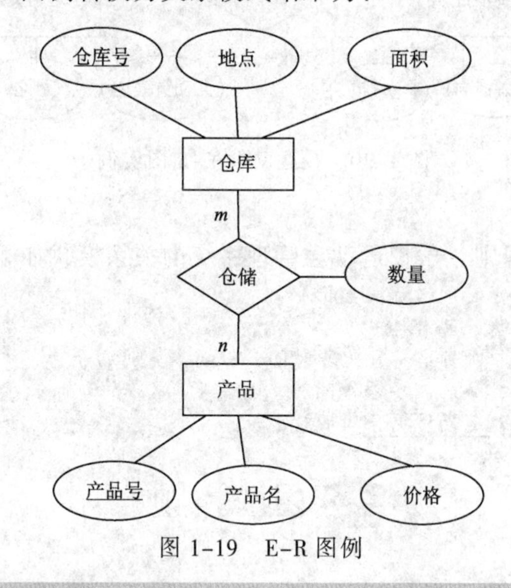

图 1-19　E-R 图例

仓库（<u>仓库号</u>，地点，面积）
产品（<u>产品号</u>，产品名，价格，仓库号）
存储（<u>仓库号</u>，<u>产品号</u>，数量）

【例 1-4】需求分析、概念设计及关系表设计完整示例。

1）需求分析

针对学校各个系参与运动会数据管理这一需求，与用户协商，了解用户的需求，需要哪些数据和操作，确定系统中应包含以下实体：比赛类别、比赛项目、系团队、运动员。

比赛类别的属性确定为类别编号、类别名称、主管；系团队的属性确定为团编号、领队、团名称；比赛项目的属性确定为项目编号、项目名称、比赛时间、级别；运动员的属性确定为运动员编号、姓名、年龄、性别。

其中，每个比赛类别可以包含多个比赛项目；每个系团队包括由多个运动员组成；而每个运动员可以参加多个比赛项目，而每个比赛项目由多个运动员参加，每个运动员参加的每个比赛都能获得一个比赛成绩。

2）概念结构设计

画出学校运动会管理系统的 E–R 图，如图 1–20 所示。

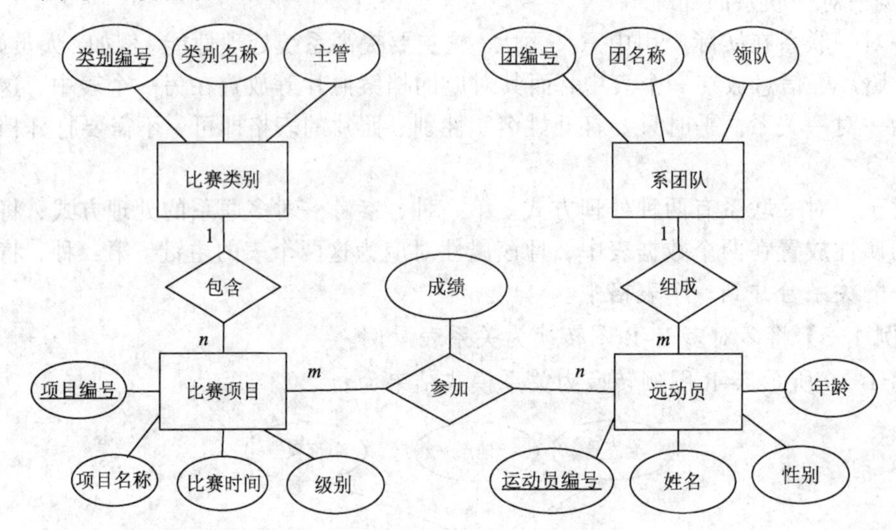

图 1–20 校运动会 E–R 图实例

3）逻辑结构设计

根据前面的转化规则，学校运动会管理系统的关系模式如下所示：

比赛类别（类别编号，类别名称，主管）
系团队（团编号，领队，团名称）
比赛项目（项目编号，项目名称，比赛时间，级别，类别编号）
运动员（运动员编号，姓名，年龄，性别，团编号）
参加比赛（项目编号，运动员编号，成绩）

习 题

1. 问答题

（1）什么是数据？什么是信息？什么是数据处理？

（2）数据模型的三要素是什么？

（3）举例说明实体的一对一、一对多和多对多关系。

（4）试画出现实生活中的一个 E–R 模型。

（5）解释参照完整性的含义，什么是参照关系？什么是被参照关系？

（6）解释选择、投影和自然连接运算的含义。参与自然连接运算的两个关系必须满足什么条件？其生成的结果关系属性满足什么条件？元组满足什么条件？

（7）解释什么是 C/S 结构？什么是 B/S 结构？分析这两种结构的优缺点。

2. E-R 题

（1）已知图书管理系统的关系模型如图 1–21 所示，试标识四张表之间的实体（和

参照）完整性约束，并给出约束的字段名称。

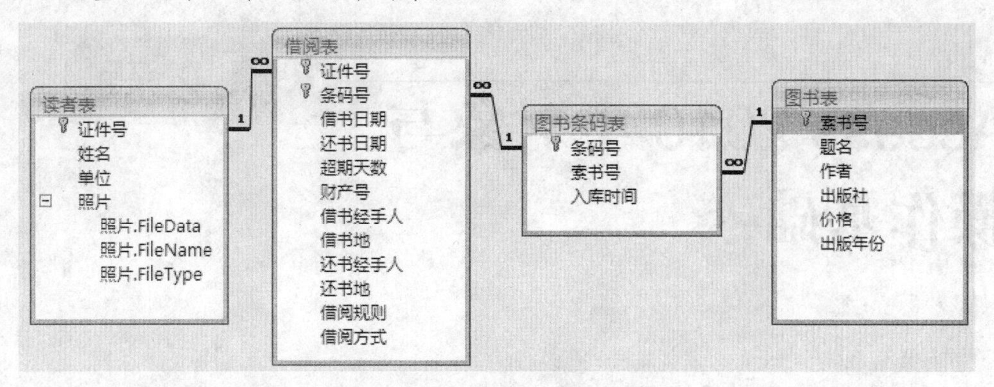

图 1–21　图书管理系统的关系模型

（2）对下列描述的网络竞拍系统绘制 E–R 图，并将 E–R 图绘制对应的数据库表。

网络竞拍系统由卖家、买家和物品三个主要部分构成。其中：

卖家的主要属性包括卖家 id，邮箱地址，姓，名。

物品的主要属性包括物品 id，物品类别，起拍价格。

买家的主要属性包括买家 id，邮箱地址，姓，名。

卖家对物品是拥有关系（一对多）；买家可以对同一件物品多次出价（多对多关系），其每次需要给出竞价时间和价格。

第 2 章

Access 2010 中对象与操作基础 ‹‹‹

Access 2010 数据库由数据表、查询等对象构成。本章将讨论这些对象具备的操作和视图。

2.1 Access 2010 的运行及其工作界面

下面介绍 Access 2010 的运行方式和其工作界面。

2.1.1 运行 Access 2010

存在两种运行 Access 2010 的方式。

（1）通过文件关联方式运行。首先打开“计算机”窗口，找到相应的 Access 2010 数据库文件，这里 Access 2010 数据库文件对应的其扩展名为 accdb。双击数据库文件即可运行 Access 2010，并打开找到的数据库文件。

（2）依次单击“开始”|“所有程序”|“Microsoft Office”|“Microsoft Office Access 2010”，即可运行 Access 2010。通过单击“文件”|“打开”，在出现的对话框中找到数据库文件可以将其打开。

2.1.2 Access 2010 工作界面

Access 2010 用功能区取消了原来的菜单命令，将原来菜单栏转换为相应的选项卡，在每个选项卡的下方都列出了不同功能的组，每个功能组包含了不同命令按钮。用户打开一个数据库后，界面如图 2-1 所示。

1．标题栏

“标题栏”位于窗口的顶端，是 Access 应用程序窗口的组成部分，用来显示当前应用程序名称、编辑的数据库名称和数据库保存的格式。标题栏最右端有三个按钮，分别用来控制窗口的最小化、最大化/还原和关闭应用程序。

2．“文件”按钮和快速访问工具栏

“文件”按钮包括“新建”“打开”“保存”“另存为”“打印”“管理”和“关闭数据”等功能。用户可以通过单击“文件”|“选项”来设置 Access 各种功能。

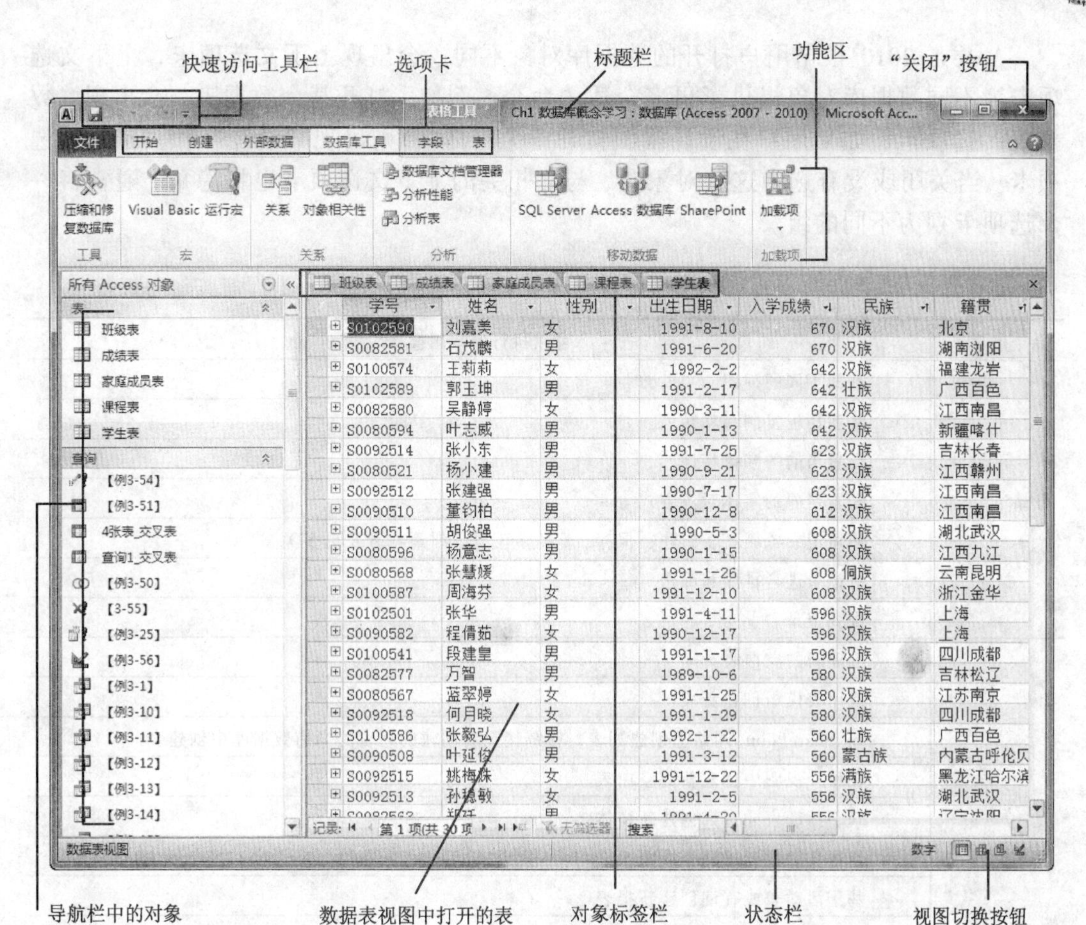

图 2-1　Access 2010 界面

默认情况下，快速访问工具栏是与功能区邻近的小块区域，只需单击其中的按钮即可执行相应的命令。默认命令集包括那些经常使用的命令，如“保存”“撤销”和“恢复”等。用户可以通过“选项”对话框自定义快速访问工具栏，以便将最常使用的命令包括在内。还可以修改快速访问工具栏的位置，并将其从默认的小尺寸更改为大尺寸。小尺寸的快速访问工具栏显示在功能区中命令选项卡的旁边。切换为大尺寸后，快速访问工具栏显示在功能区的下方，并扩展为最大宽度。

3. 功能区及其构成

（1）**选项卡与功能区**是 Access 2010 中主要的命令界面。Access 2010 将常见功能以按钮形式放置到功能区，而不同功能区隶属于不同的选项卡。这样一来，只需要先确定相关命令按钮所在的选项卡，然后再到功能区中查找该命令。注意，功能区中的命令仅涉及当前处于活动状态的对象。

选项卡将相关的命令和功能组合在一起，并放置在一个功能区中。选项卡位于功能区的顶部。当打开一个数据库后，标准的选项卡为开始、创建、外部数据、数据库工具，此时，默认的选项卡为“开始”选项卡，用户可以通过单击不同选项卡来选择相应选项卡。常见选项卡功能如表 2-1 所示。

Access 2010 根据用户打开的数据库对象不同，会出现**上下文选项卡**，上下文选项卡为不同数据库对象提供了更多合适的命令。例如，打开某个数据表，会出现“数据表”选项卡，如果用户在设计视图打开一个窗体[①]，则出现“设计”和“排列”选项卡。当关闭或没有选中这些对象时，与之相关的上下文选项卡也将隐藏。通常将一个选项卡划为不同的组。

表 2-1 常见选项卡功能一览表

命令选项卡	可以执行的常用操作
开始	选择不同的视图
	从剪贴板复制和粘贴
	设置当前的字体特性
	设置当前的字体对齐方式
	使用记录（刷新、新建、保存、删除、汇总、拼写检查及更多）
	对记录进行排序和筛选
	查找记录
创建	创建新的空白表
	使用表模板创建新表
	在 SharePoint 网站上创建列表，在链接至新创建的列表的当前数据库中创建表
	在设计视图中创建新的空白表
	基于活动表或查询创建新窗体
	创建新的数据透视表或图表
	基于活动表或查询创建新报表
	创建新的查询、宏、模块或类模块
外部数据	导入或链接到外部数据
	导出数据
	通过电子邮件收集和更新数据
	使用联机 SharePoint 列表
	创建保存的导入和保存的导出
	将部分或全部数据库移至新的或现有 SharePoint 网站
数据库工具	启动 Visual Basic 编辑器或运行宏
	创建和查看多个表之间的关系
	显示/隐藏对象相关性或属性工作表
	运行数据库文档或分析性能
	将数据移至 Microsoft SQL Server 或 Access（仅限于表）数据库
	管理 Access 加载项
	生成加密的 Access 数据库（扩展名为 Accde）

（2）**组**：Access 2010 的功能区中，每个选项卡都包含多组相关的命令，它们位于某个选项卡内部。例如，“开始”选项卡中包括视图、剪贴板、字体、文本格式、

① 关于窗体设计视图，参见 2.2.3 节。

记录、排序和筛选等组。在功能区中的一些组中，如“剪贴板”和“文本格式”组，其右下角有一个小图标，称为对话框启动器。单击该图标，将打开相关的对话框，允许选择更多的选项。每个组又由不同功能的命令构成。

（3）**命令**：其表现形式有框、菜单或按钮，被安排在某个组内。例如，“开始”选项卡中的“剪贴板”包含了“粘贴”“剪切”“复制”“格式刷”命令。当将鼠标指向某命令时，会出现智能屏幕提示，这些提示包括该命令的名称、快捷键和其详细的功能等。

功能区隐藏和显示方法为：在选项卡栏右击，在弹出的快捷菜单中选择“功能区最小化”命令，可以隐藏功能区。在功能区隐藏状态下，在任一选项卡中右击，在弹出的快捷菜单中取消选中“功能区最小化”命令，可以将功能区恢复显示。显示/隐藏功能区的另一种方法是：双击活动的命令选项卡（突出显示的选项卡即活动选项卡）即隐藏功能区；再次双击活动的命令选项卡，即还原功能区。

4．导航窗格

导航窗格位于窗口左侧的区域，用来显示一个打开数据库对象所包含的数据表、报表、查询、窗体、宏和模块等不同对象名称。用户可以指向需要操作的对象，通过右击弹出的快捷菜单在不同视图下打开该对象。功能键【F11】可以用来显示或隐藏导航窗格。

5．工作区

工作区是 Access 2010 工作界面中最大的部分，它用来显示数据库中的各种对象，是使用 Access 进行数据库操作的主要工作区域。工作区通常使用选项卡方式来显示多个文档。工作区中的每个文档可以有不同视图，具体内容请参见 2.2 节。

6．状态栏

状态栏位于程序窗口的底部，用于显示当前选中对象状态信息，在状态栏右侧包括当前对象多种视图更改按钮。

2.2　Access 中的对象及其视图

Access 2010 由数据表、报表、查询、窗体、宏和模块六个对象构成。每个对象根据其完成功能不同具有不同视图。表 2-2 给出了 Access 不同对象所具备的视图。

表 2-2　Access 不同对象所具备的视图

对象名称	视　图
表	设计视图、数据表视图、数据透视表视图、数据透视图视图
报表	报表视图、布局视图、设计视图、打印预览视图
查询	设计视图、数据表视图、数据透视表视图、数据透视图视图、SQL 视图
窗体	窗体视图、布局视图、设计视图
宏	设计视图
模块	设计视图

2.2.1 表对象

表是 Access 数据库的核心。通常多个表存储在一个数据库中，这些数据表必须满足数据库的完整性约束，即单个数据表通常有通过主键实现的实体完整性，而两个数据表之间有通过外键实现的参照完整性。查询、窗体和报表都是在数据表的基础上加工得到的输出形式。

Access 2010 中，数据表具有四种视图“设计视图”“数据表视图”“数据透视表视图”和“数据透视图视图”。

1）设计视图

表在设计视图下，可以修改表字段名称、类型和主键约束等操作。

2）数据表视图

数据表视图是将原始数据不做任何处理以表格方式显示。在数据表视图下，用户可以录入、修改和删除原始数据。

3）数据透视表视图

数据表视图用于汇总并分析数据表或窗体中数据的视图。可以通过拖动字段和项，或通过显示和隐藏字段的下拉列表中的项，来查看不同级别的详细信息或指定布局。

4）数据透视图视图

数据透视图视图用于显示数据表或窗体中数据的图形分析的视图。可以通过拖动字段和项，或通过显示和隐藏字段的下拉列表中的项，来查看不同级别的详细信息或指定布局。

数据表视图切换方法：

（1）双击导航窗格中的数据表对象，可以将数据表打开。

（2）在工作区选项卡，将鼠标指向该数据表对象，右击，在弹出的快捷菜单中选择所需视图即可，如图 2-2 所示。

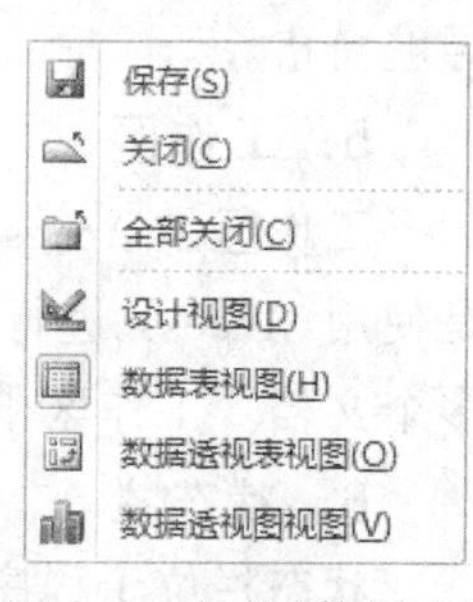

图 2-2　切换“数据表”视图快捷菜单

2.2.2 查询对象

数据库的数据按数据库范式理论进行存储，**查询**的功能就是将数据库存储的数据变成人们易于阅读和理解的格式。例如，“教学管理数据库”中，“成绩”表不含学号、姓名、课程名等信息，通过查询可以得到人们易于理解的结果。

Access 2010 中，查询具有五种视图：“设计视图”“SQL 视图”“数据表视图”“数据透视表视图”和“数据透视图视图”。

（1）设计视图。查询设计视图提供一个图形化界面来帮助用户编写 SQL 语句，在设计视图中用户无须输入数据表名和字段名。

（2）SQL 视图。用户可以在 SQL 视图下直接编写 SQL 语句对数据表进行过滤检索和更新等操作。详见第 3 章。

查询对象的数据表视图、数据透视表视图和数据透视图视图是用来显示查询结果的，其功能同数据表对象。

查询视图切换方法：

（1）双击导航窗格中的查询对象，可以将查询打开。

（2）在工作区选项卡，将鼠标指向该查询对象，右击，在弹出的快捷菜单中选择所需视图即可，如图 2-3 所示。

保存(S)
关闭(C)
全部关闭(C)
设计视图(D)
SQL 视图(Q)
数据表视图(H)
数据透视表视图(O)
数据透视图视图(V)

图 2-3　切换“查询”视图快捷菜单

2.2.3　窗体对象

Access 2010 中，窗体具有三种视图：“窗体视图”“布局视图”和“设计视图”。

1．窗体视图

窗体视图是一个窗体实际运行时看到的视图，用户必须在窗体视图下检验窗体设计效果。

2．布局视图

布局视图是用于修改窗体的最直观的视图，可用于在 Access 2010 中对窗体进行几乎所有需要的更改。在布局视图中，窗体实际正在运行，因此布局视图看到的数据与它们在窗体视图中的显示外观非常相似。然而，布局视图可以对窗体设计进行更改。由于布局视图可以在修改窗体的同时看到数据，因此，它是非常有用的默认视图，可用于设置控件大小或执行几乎所有其他影响窗体的外观和可用性的任务。

3．设计视图

在设计视图中，可以添加、编辑窗体中需要显示的任何元素，包括需要显示的文本及其样式、控件的添加和删除及图片的插入等；还可以编辑窗体的页眉和页脚，以及页面的页眉和页脚等。另外，还可以绑定数据源和控件。

在窗体设计视图可以完成下列工作：

（1）向窗体添加更多类型的控件，例如标签、图像、线条和矩形。

（2）在文本框中编辑文本框控件来源，而不使用属性表。

（3）调整窗体节（如窗体页眉或主体节）的大小。

（4）更改某些无法在布局视图中更改的窗体属性（如“默认视图”或“允许窗体视图”）。

窗体视图切换方法：

（1）双击导航窗格中的窗体对象，可以将窗体打开。

（2）在工作区选项卡，将鼠标指向该窗体对象，右击，在弹出的快捷菜单中选择所需视图即可。也可将鼠标指向导航窗格中的窗体对象，右击，在弹出的快捷菜单中选择所需视图即可，如图 2-4 所示。

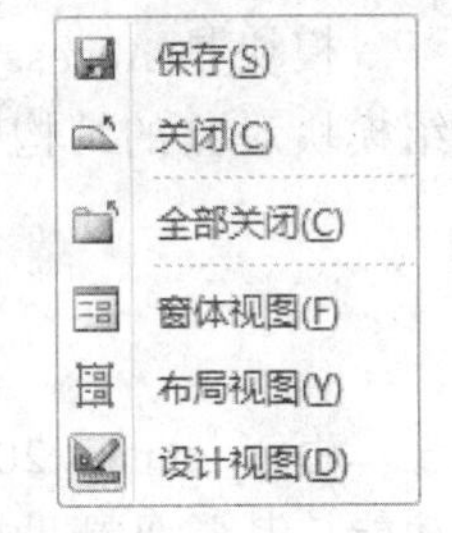

图 2-4　切换“窗体”视图快捷菜单

2.2.4　报表对象

报表用来将数据打印输出，通过报表可以设计数据输出的格式。报表的数据来源可以是表，也可以是查询。Access 2010 中，报表具有四种视图：“报表视图”“布局视图”“设计视图”和“打印预览视图”。

1. 报表视图

报表视图就是报表的输出形式。用户设计的报表最终必须在报表视图下验证设计效果。

2. 布局视图

报表布局视图有两个特性：

（1）报表实际正在运行。

（2）可以修改报表，同时可以看到报表实际效果。

布局视图是报表的默认视图数据。

3. 设计视图

在报表设计视图中，可以编辑报表中需要显示的任何元素，包括需要显示的文本及其样式、控件的添加和删除及图片的插入等；还可以编辑报表的页眉和页脚，以及页面的页眉和页脚等。另外，还可以绑定数据源和控件。

4. 打印预览视图

打印预览视图可以实现打印前实际效果的预览功能。

报表视图切换方法：

（1）双击导航窗格中的报表对象，可以将报表打开。

（2）在工作区选项卡，将鼠标指向该报表对象，右击，在弹出的快捷菜单中选择所需视图即可，如图 2-5 所示。

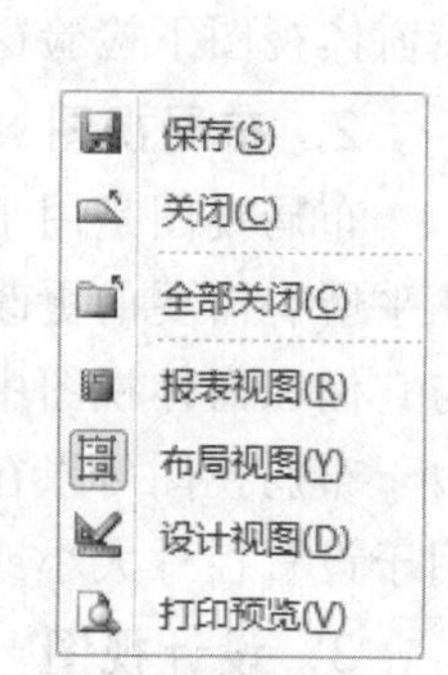

图 2-5 切换“报表”视图快捷菜单

2.2.5 宏和模块对象

宏是 Access 数据库中一个或多个操作（命令）的集合。这里操作实现一个特定功能，无须编写查询，可以通过宏将多个操作合并来完成功能更复杂的操作。宏对象只有设计视图。

模块是 Access 数据库存放 VBA 程序代码的对象。本书第 7 章和第 8 章将详细介绍模块对象的结构化编程方法。模块对象只有设计视图。

2.3 Access 2010 帮助使用

由于 Access 2010 功能强大，为方便用户使用其功能，Access 2010 具有联机帮助功能，其常见帮助使用方法有四种。

（1）在启动 Access 后，按【F1】键，打开帮助。然后在帮助中，输入关键字后搜索，这样可以得到与关键字相关的帮助条目。在选择关键字时要尽量使用微软文档中常用的术语，例如窗体使用 form 等。

（2）在 Access 界面相应位置按【F1】键查看联机帮助。例如，当焦点在某个属性上时（即该属性处于高亮状态）按【F1】键，Access 将打开与属性相关的帮助条目。通过这个方法可以方便地查阅中文描述的属性名所对应的英文属性名。例如，组合框对象 ComboBox 的“名称”属性是 Name。

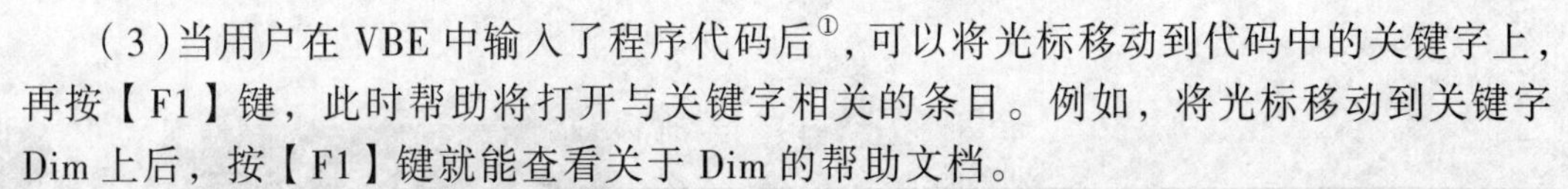

(3)当用户在VBE中输入了程序代码后[1]，可以将光标移动到代码中的关键字上，再按【F1】键，此时帮助将打开与关键字相关的条目。例如，将光标移动到关键字Dim上后，按【F1】键就能查看关于Dim的帮助文档。

(4)在VBE中使用对象浏览器来查找需要的帮助。首先在VBE中，打开"对象浏览器"，然后找到需要帮助的类，并将焦点放置到该类后，按【F1】键，即可得到关于该类的帮助，进而获得该类某个属性或方法(事件)的帮助。例如，对ComboBox类，可以直接在类名上获得帮助，也可以获得其某个特定属性、方法(事件)的帮助。

习　题

问答题

(1) Access 2010的界面包括哪些部分？

(2) Access 2010由哪些对象构成？

(3) Access 2010的对象都有哪些视图？这些视图的功能分别是什么？

(4) 如何使用Access 2010帮助？

① 关于VBE内容请参见第7章。

第 3 章

SQL 查询与操纵语句的使用 «

SQL 全称是 Structured Query Language（结构化查询语言），SQL 具有结构简洁、功能强大、简单易学等特点。当前，Oracle、Sybase、Informix、SQL Server 等这些企业级的数据库管理系统，和 Access、Visual FoxPro 这些运行在微机上的桌面级数据库管理系统，都支持 SQL。

如同地图使用和地图绘制知识是分离的一样，数据库模式的查询（操纵）语句与数据库关系模式设计知识也是分离的。数据库关系模式设计需要数据库范式理论知识。通过数据库模式设计，可以确定一个关系表的字段，及其主键和外键，即定义一个关系数据表。而数据库模式的查询（操纵）语句是最常见的关系数据库操作。本章以教学管理数据库为背景，讲解 SQL 中的查询、更新、删除等操作是常见的关系数据库操作。

3.1　SQL 历史和优点

SQL 最早是 IBM 的圣约瑟研究实验室为其关系数据库管理系统 SYSTEM R 开发的一种查询语言，它的前身是 SQUARE 语言。目前，SQL 是关系数据库的标准语言，这就使大多数数据库均用 SQL 作为共同的数据存取语言和标准接口，使不同数据库系统之间的互操作有了共同的基础。这个意义十分重大。因此，有人把确立 SQL 为关系数据库语言标准及其后的发展称为一场革命。

SQL 语句分成三类，各类所包含的语句如下：

（1）数据操纵语言（Data Manipulation Language，DML）：SELECT、INSERT、UPDATE 和 DELETE。

（2）数据定义语言（Data Definition Language，DDL）：CREATE、ALTER 和 DROP。

（3）数据控制语言（Data Control Language，DCL）：相关的权限分配。

3.1.1　SQL 的历史和标准

在 20 世纪 70 年代初，E. F. Codd 首先提出了关系模型。70 年代中期，IBM 公司在研制 SYSTEM R 关系数据库管理系统中实现了 SQL，最早的 SQL（名为 SEQUEL2）

是在 1976 年 11 月的 IBM Journal of R & D 上公布的。1979 年，ORACLE 公司首先提供商用的 SQL，IBM 公司在 DB2 和 SQL/DS 数据库系统中也实现了 SQL。1986 年 10 月，美国 ANSI 采用 SQL 作为关系数据库管理系统的标准语言（ANSI X3. 133—1986），后为国际标准化组织（ISO）在 1987 年采纳为国际标准。1989 年，美国 ANSI 发布了修订后 SQL 标准语言，称为 SQL 89（也称 SQL1）。由于该标准与部分商业数据库软件相冲突，该标准存在不一致的问题。为增强该标准 ANSI 发布了 SQL 92（也称 SQL2）。1999 年，ANSI 和 ISO 发布了 SQL 99（也称 SQL3）。

目前，所有主要的关系数据库管理系统支持某些形式的 SQL，大部分数据库遵守 ANSI SQL 89 标准。

3.1.2 SQL 的优点

SQL 广泛地被采用正说明了它的优点。它使全部用户，包括应用程序员、DBA（DataBase Administrator，数据库管理员）和终端用户受益匪浅。

1. 非过程化语言

SQL 是高级、非过程化编程语言，它允许用户在高层数据结构上操作数据库。SQL 不要求用户指定对数据的存放方法，也不需要用户了解具体的数据存放方式。SQL 作为用户在高层界面上对数据库的操作方式，能使具有完全不同底层实现结构的数据库系统使用相同的 SQL 语句实现相同的数据输入、查询与管理功能。它以元组的集合作为操纵对象（即记录集为操作对象），所有 SQL 语句的输入是记录集，其输出同样是记录集，记录集特性允许一条 SQL 语句的输出作为另一条 SQL 语句的输入，所以，SQL 语句可以嵌套，这使它拥有极大的灵活性和强大的功能。通常，在 SQL 中只需一个语句就可以表达出来在其他编程语言中需要用一大段程序才可实现的一个单独事件，这意味着用 SQL 语句可以写出非常复杂的功能。

2. 统一的查询语言

SQL 适用于所有的关系数据库用户，包括系统管理员、数据库管理员、应用程序员、决策支持系统人员及许多其他类型的终端用户。基本的 SQL 命令只需很少时间就能学会，最高级的命令在几天内便可掌握。SQL 为许多任务提供了命令，包括：

（1）查询数据。

（2）在表中插入、修改和删除记录。

（3）建立、修改和删除数据对象。

（4）控制对数据和数据对象的存取。

（5）保证数据库一致性和完整性。

以前的数据库管理系统为上述各类操作提供单独的语言，而 SQL 将全部任务统一在了同一种语言中。

3. 所有关系数据库的公共语言

由于所有主要的关系数据库管理系统都支持 SQL，用户可将使用 SQL 的技能从一个关系数据库管理系统转到另一个，所有用 SQL 编写的程序都是可以移植的。

关系数据库管理系统（DBMS）使得一般用户不必关心存储文件的具体结构，所以说关系数据库的存储文件的结构对一般用户是透明的。

3.2 数据查询

下面以 1.3 节定义的教学管理数据库为背景，首先讲解 SELECT 查询语句的使用。

3.2.1 数据查询建立与保存的方法

在 2.2 节，我们知道“查询”是 Access 数据库的对象之一，这里我们给出“查询向导”“查询设计器”和“SQL 语句”三种创建查询的方法。

1. 使用查询向导建立查询

这里给出使用“查询向导”建立查询的方法。

【例 3-1】使用“查询向导”建立查询。

具体操作步骤如下：

（1）打开 Access“教学管理数据库”文件。

（2）单击功能区“创建”选项卡“查询”组中的“查询向导”按钮，在出现的“新建查询”对话框中选择“简单查询向导”后，单击“确定”按钮，如图 3-1 和图 3-2 所示。

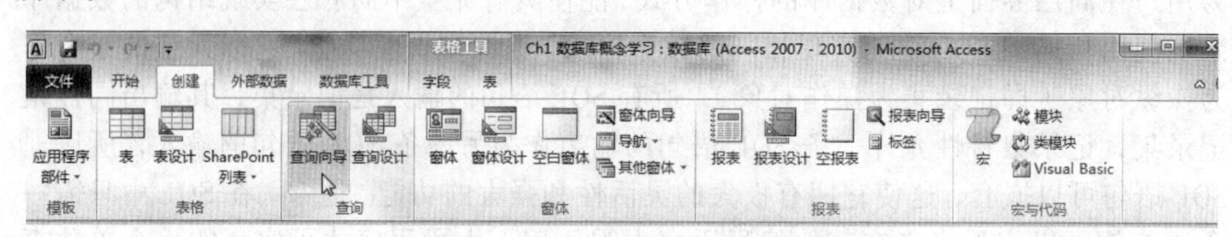

图 3-1 单击“查询向导”按钮

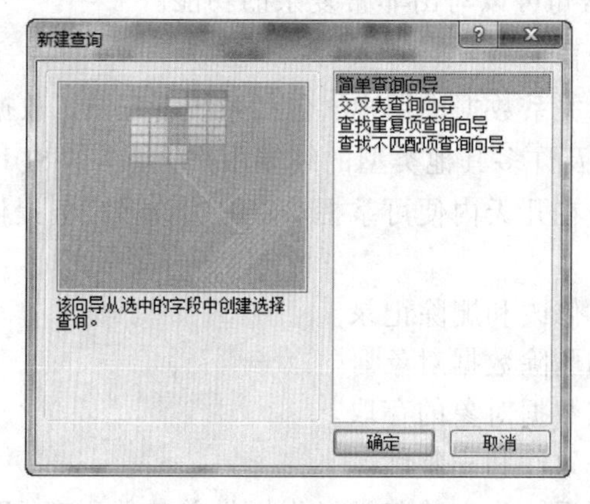

图 3-2 “新建查询”对话框

（3）在出现的向导中，表选择为“学生表”，并将“可用字段”中的“学号”“姓名”“性别”加入“选定字段”列表框中，单击“下一步”按钮，如图 3-3 所示。

（4）在文本框中输入查询名称，选择“打开查询查看信息”单选按钮，单击“完成”按钮，如图 3-4 所示。

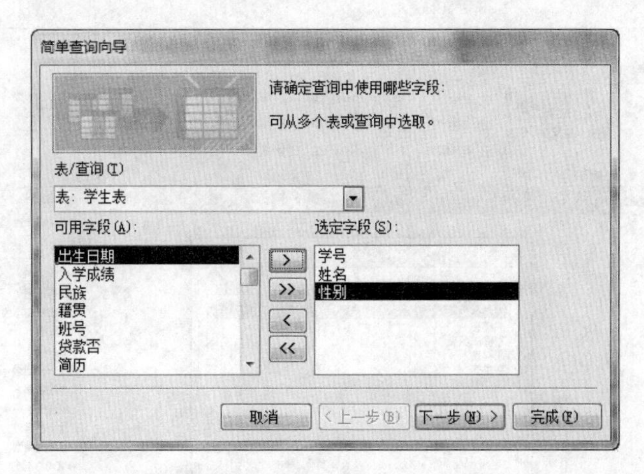

图 3-3 “简单查询向导”对话框一

（5）部分查询结果如图 3-5 所示。

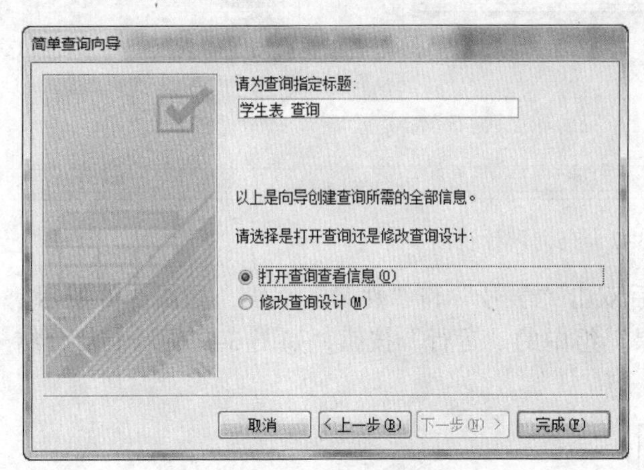

图 3-4 “简单查询向导”对话框二

学号	姓名	性别
S0080521	杨小建	男
S0080567	蓝翠婷	女
S0080568	张慧媛	女
S0080594	叶志威	男
S0080596	杨意志	男
S0082563	郑廷	男
S0082577	万智	男

图 3-5 例 3-1 部分查询结果

2. 使用查询设计器建立查询

这里给出“查询设计器”建立查询的方法。

【例 3-2】使用“查询设计器”建立 SQL 查询。

具体操作步骤如下：

（1）打开 Access“教学管理数据库”文件。

（2）在功能区“创建”命令选项卡单击“查询设计”按钮，出现“查询设计”视图，如图 3-6 和图 3-7 所示。

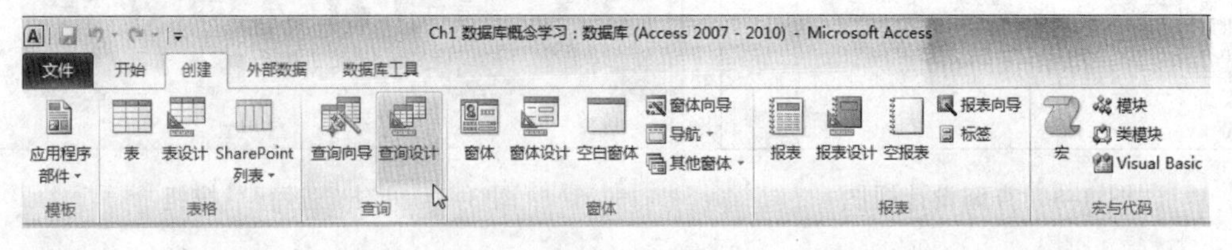

图 3-6 单击“查询设计”按钮

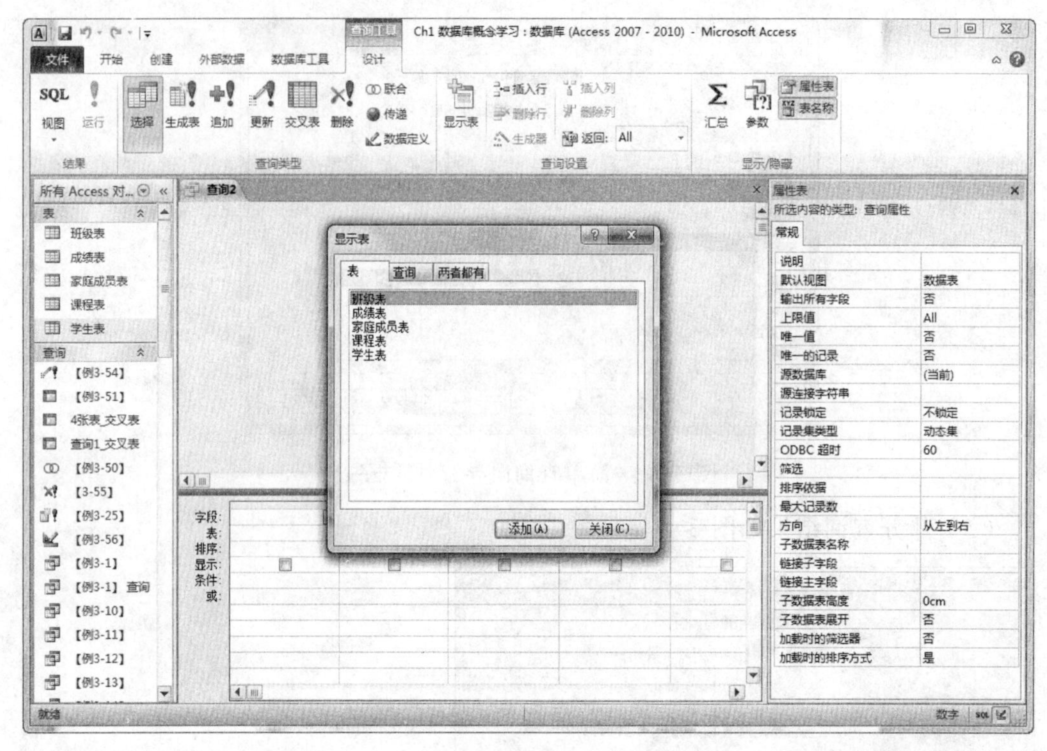

图 3-7　查询设计视图

（3）选择学生表进行添加，然后双击“学号”和“姓名”字段，如图 3-8 所示。

（4）单击“设计”选项卡“结果”组中的“运行”按钮，如图 3-9 所示。部分结果如图 3-10 所示。

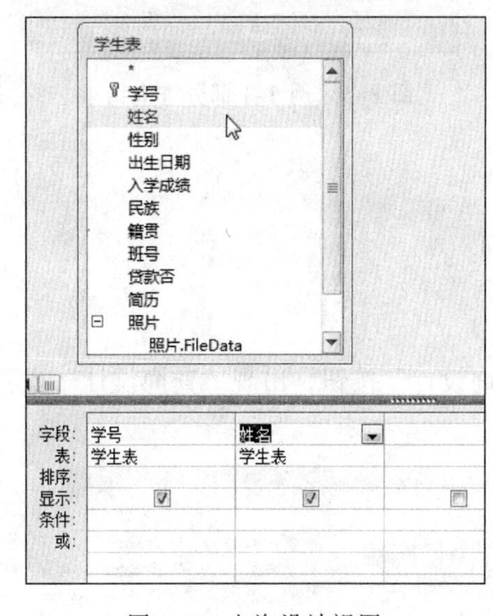

图 3-8　查询设计视图

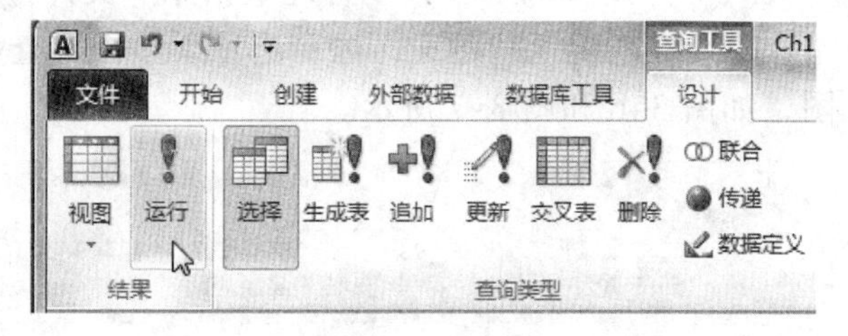

图 3-9　单击“运行”按钮

至此，使用查询设计器建立 SQL 查询语句并运行方法介绍完成。

3. 使用 SQL 语句建立查询

这里给出“SQL 语句编写”建立查询的方法。

【例 3-3】使用“SQL 语句编写”建立 SQL 查询。

具体操作步骤如下：

（1）打开 Access“教学管理数据库”文件。

（2）单击功能区中“创建”选项卡“查询组”中的“查询设计”按钮，如图 3-11 所示。

学号	姓名
S0080521	杨小建
S0080567	蓝翠婷
S0080568	张慧媛
S0080594	叶志威
S0080596	杨意志
S0082563	郑廷
S0082577	万智
S0082578	郭大雷

图 3-10　例 3-2 部分结果

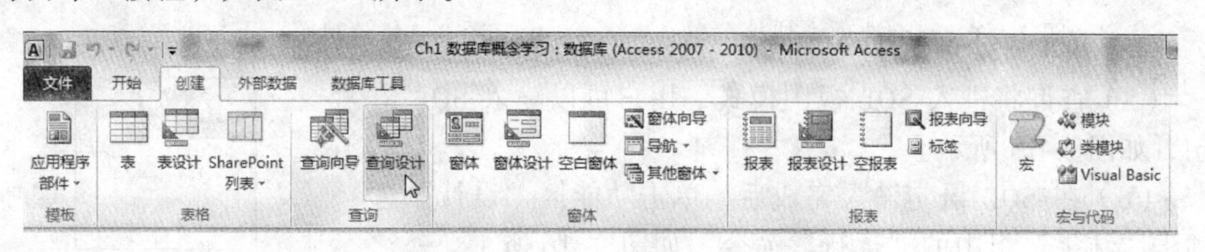

图 3-11　单击“查询设计”按钮

（3）在打开的查询设计视图中，单击“显示表”对话框的“关闭”按钮，如图 3-12 所示。

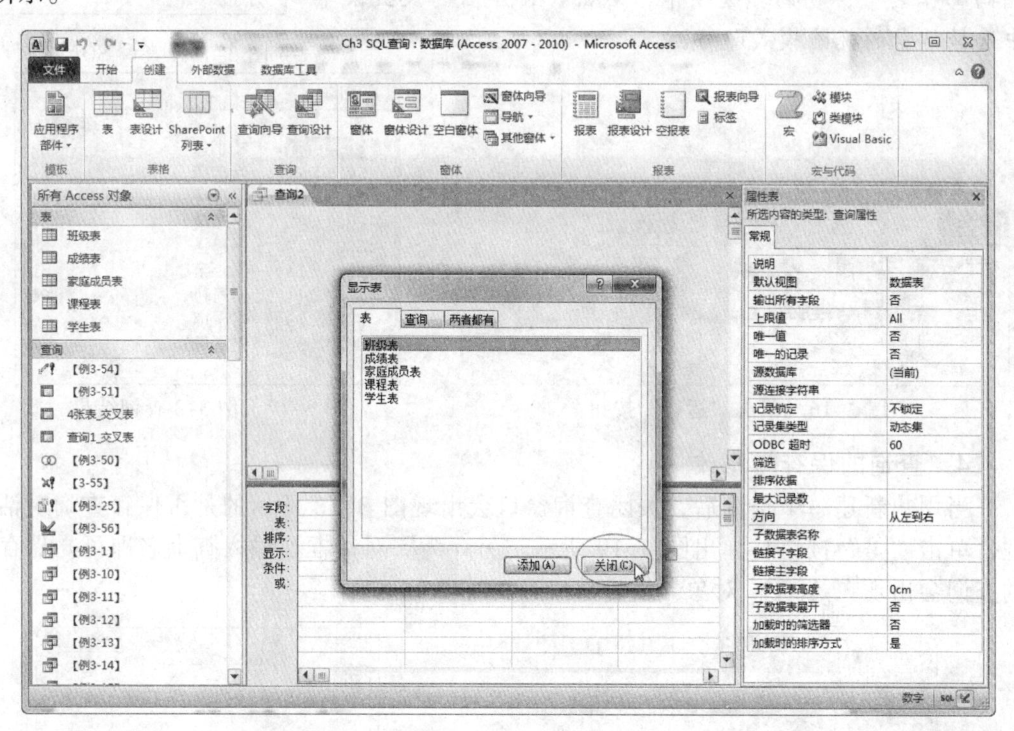

图 3-12　查询设计视图

（4）将鼠标指向工作区中“查询”选项卡，右击，在弹出的快捷菜单中选择“SQL 视图”命令，如图 3-13 所示。或单击功能区“设计”选项卡“结果”组中的“视图”下拉列表框，选择“SQL 视图”，如图 3-14 所示。

图 3-13　查询选项卡快捷菜单

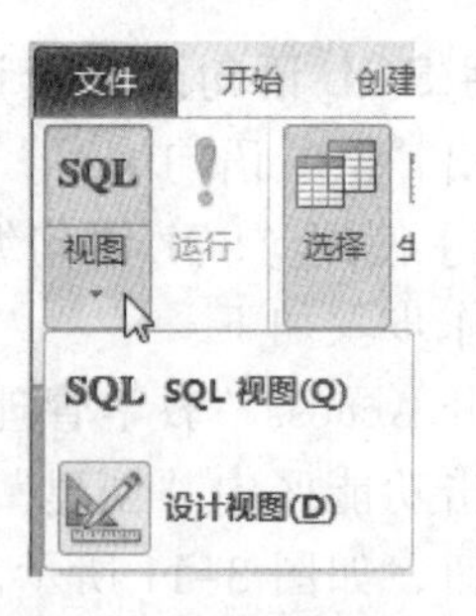

图 3-14　“视图”下拉列表

（5）查询将进入 SQL 视图模式，用户可以输入 SQL 语句，如图 3-15 所示。

（6）在 SQL 语句输入完成后，单击功能区“设计”选项卡“结果”组中的“运行”命令，如图 3-16 所示。

（7）SQL 语句运行结果如图 3-17 所示。

提示：要在设计视图和 SQL 视图间切换，只需将鼠标指向工作区中“查询”选项卡，右击，在弹出的快捷菜单中选择所需的视图模式即可。

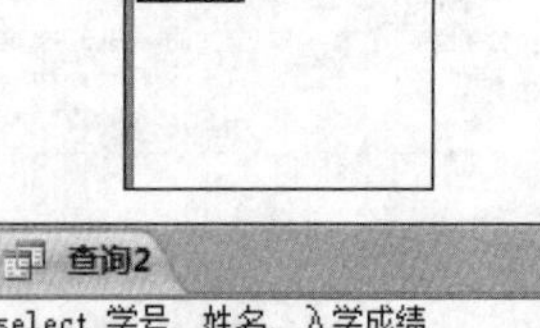

图 3-15　查询 SQL 视图

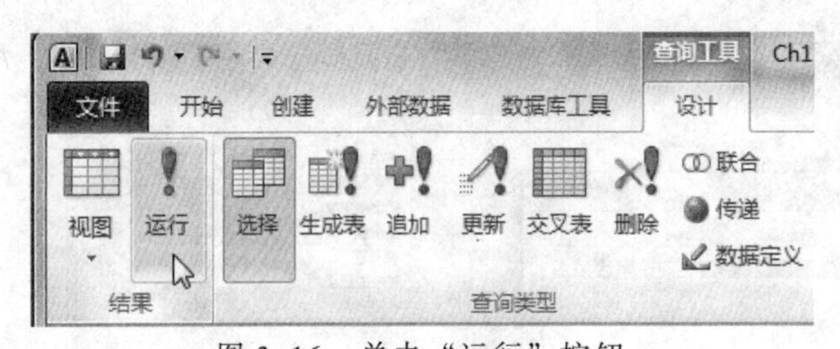

图 3-16　单击“运行”按钮

查询2

学号	姓名	入学成绩
S0080521	杨小建	623
S0080594	叶志威	642
S0082580	吴静婷	642
S0082581	石茂麟	670
S0092512	张建强	623
S0092514	张小东	623
S0100574	王莉莉	642
S0102589	郭玉坤	642
S0102590	刘嘉美	670
*		

图 3-17　例 3-3 查询结果

4．查询的保存与修改

当用户新建一个查询后，关闭查询窗口会出现图 3-18 所示的是否保存查询对话框，单击“是”按钮，弹出图 3-19 所示“另存为”对话框，输入查询名即可。保存的查询会出现在 Access 对象导航窗口中。

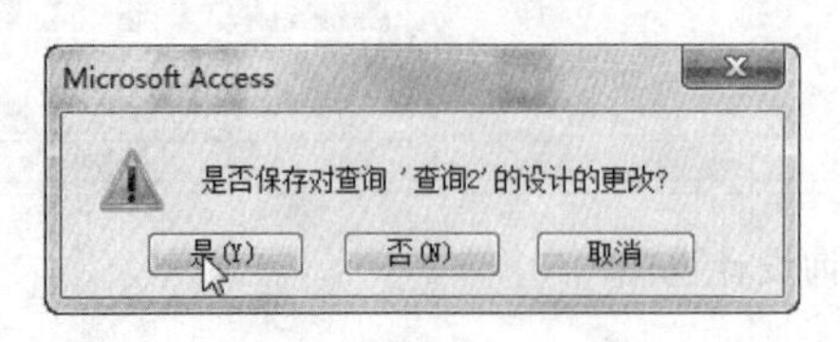

图 3-18　是否保存查询对话框

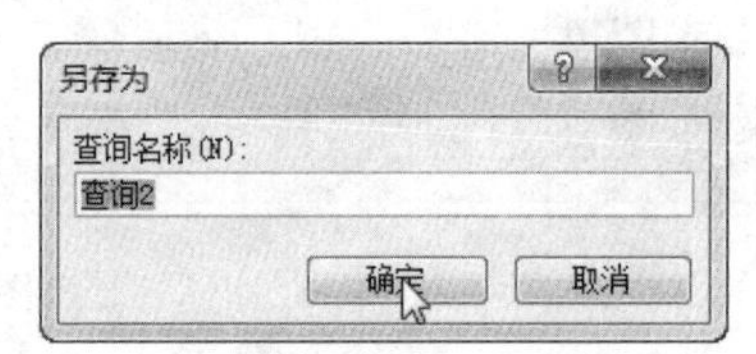

图 3-19　“另存为”对话框

要修改已经保存的查询，只要在 Access 对象导航窗口中指向需要修改的查询，右击，在弹出的快捷菜单中选择“设计视图”命令即可，如图 3-20 所示。如果选择“打开”命令则直接运行查询。

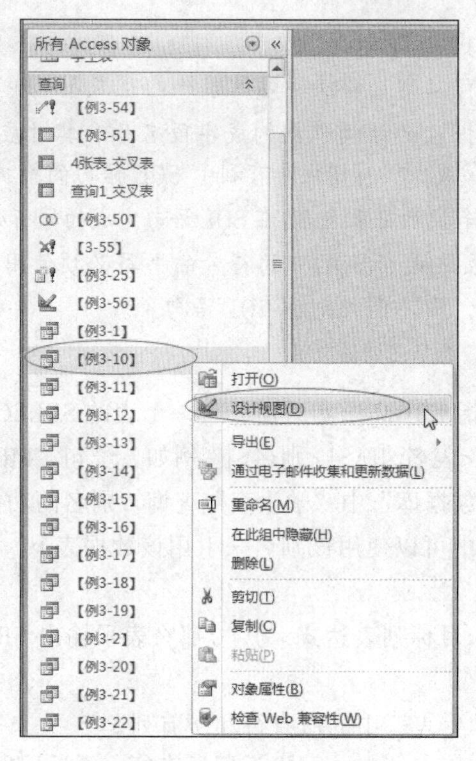

图 3-20　修改已保存的查询

可以看到，通过在查询选项卡上右击，可以在 SQL 视图和设计视图间切换。

在后续 SQL 例子中，将只给出基于 SQL 视图的 SQL 编写方法。

3.2.2　单表查询

在完成数据库设计，且数据已经录入了数据库后，数据库查询是数据库的核心操作。SQL 提供了 **SELECT 语句**进行数据库的查询，该语句具有灵活的使用方式和丰富的功能。其一般格式为：

```
SELECT [ALL | DISTINCT] <目标列表达式> [,<目标列表达式>, …]
    FROM <表名或视图名> [, <表名或视图名>, …]
    [WHERE <条件表达式>]
    [GROUP BY <表达式 >
        [HAVING <条件表达式>] ]
    [ORDER BY <表达式> [ASC |DESC]];
```

整个 SELECT 语句的含义是：根据 WHERE 子句的<条件表达式>从 FROM 子句指定的基本表或视图中选择满足条件的元组。再按 SELECT 子句中的<目标列表达式>投影出结果表。如果有 GROUP 子句，则将结果按<表达式>的值进行分组，该<表达式>值相等的所有元组为一个组。通常会在 GROUP BY 子句中使用聚合函数。如果 GROUP 子句带 HAVING 短语，则只有满足 HAVING <条件表达式>条件的分组才可输出。如果有 ORDER 子句，则输出结果还要按 ORDER BY <表达式>的值排升序或降序。

SELECT 语句既可以完成简单的单表查询，也可以完成复杂的连接查询和嵌套查询。

注意：

（1）在编写 SQL 语句之前，必须知道数据库的模式，即知道各个数据表的结构和数据表之间的联系。数据表的结构包括构成字段名称和其对应的类型。

（2）为提高可读性，减少编写错误和有利于 SQL 语句的维护，SQL 必须写成多行。Access 中，续行符使用回车换行符来表示，在 SQL 语句完成的那行必须加上语句结束符(;)。

（3）SQL 语句中，表达式和 SQL 中的符号的书写必须使用半角符号，如果使用全角符号会产生语法错误，即不能识别该 SQL 语句。

1．单表基本查询

所谓单表查询，是指 FROM 子句后面只有一个表的 SELECT 语句。这里 FROM 子句后面的格式是 FROM <表名>[[AS] <别名>]。例如，子句“FROM 学生表”表示从打开的数据库“教学管理数据库”中“学生表”查询。别名的功能是给数据表取一个别名，这样在后面的语句中可以使用该别名来引用该数据表。

1）查询所有的列

如果 SELECT 中的<目标列表达式>为 *，那么表示输出 FROM 子句指定的数据表中的所有的列。

【例 3-4】返回“学生表”中的所有行和所有列。

SELECT 不需要 WHERE 子句，可以返回所有行；要返回所有列，则在<目标列表达式>使用 * 即可。

SQL 语句如下：

```
SELECT *
   FROM 学生表;
```

查询结果如图 3-21 所示。

学号	姓名	性别	出生日期	入学	民族	籍贯	班号	贷款否	简历	
S0102590	刘嘉美	女	1991-8-10	670	汉族	北京	会计学101	☑	菜市口小学毕	(1)
S0082581	石茂麟	男	1991-6-20	670	汉族	湖南浏阳	会计学081	☐	湖南浏阳一中	(1)
S0100574	王莉莉	女	1992-2-2	642	汉族	福建龙岩	计算机科学与	☐	福建龙岩一中	(1)
S0102589	郭玉坤	男	1991-2-17	642	壮族	广西百色	会计学101	☐	广西百色中学	(1)
S0082580	吴静婷	女	1990-3-11	642	汉族	江西南昌	会计学081	☑	江西南昌三中	(1)
S0080594	叶志威	男	1990-1-13	642	汉族	新疆喀什	计算机科学与	☐	新疆喀什中学	(1)
S0092514	张小东	男	1991-7-25	623	汉族	吉林长春	会计学091	☐	吉林长春中央	(1)
S0080521	杨小建	男	1990-9-21	623	汉族	江西赣州	计算机科学与	☐	江西赣州一中	(1)
S0092512	张建强	男	1990-7-17	623	汉族	江西南昌	会计学091	☐	江西师范大学	(1)
S0090510	董钧柏	男	1990-12-8	612	汉族	江西南昌	计算机科学与	☐	江西南昌二中	(1)
S0090511	胡俊强	男	1990-5-3	608	汉族	湖北武汉	计算机科学与	☐	武汉东湖中学	(1)
S0080596	杨意志	男	1990-1-15	608	汉族	江西九江	计算机科学与	☐	江西九江一中	(1)
S0080568	张慧媛	女	1991-1-26	608	侗族	云南昆明	计算机科学与	☐	云南昆明一中	(1)
S0100587	周海芬	女	1991-12-10	608	汉族	浙江金华	计算机科学与	☐	浙江师范大学	(1)
S0102501	张华	男	1991-4-11	596	汉族	上海	会计学101	☐	上海25中毕业	(1)
S0090582	程倩茹	女	1990-12-17	596	汉族	上海	计算机科学与	☑	上海英培中学	(1)
S0100541	段建皇	男	1991-1-17	596	汉族	四川成都	计算机科学与	☐	成都7中毕业	(1)
S0082577	万智	男	1989-10-6	580	汉族	吉林松辽	会计学081	☐	吉林松辽一中	(1)
S0080567	蓝翠婷	女	1991-1-25	580	汉族	江苏南京	计算机科学与	☑	江苏南京26中	(1)
S0092518	何月晓	女	1991-1-29	580	汉族	四川成都	会计学091	☐	四川成都都江	(1)
S0100586	张毅弘	男	1992-1-22	560	壮族	广西百色	计算机科学与	☐	广西百色3中	(1)
S0090508	叶延俊	男	1991-3-12	560	蒙古族	内蒙古呼伦贝	计算机科学与	☑	内蒙古呼伦贝	(1)
S0092515	姚梅姝	女	1991-12-22	556	满族	黑龙江哈尔滨	会计学091	☑	黑龙江哈尔滨	(1)
S0092513	孙稳敏	女	1991-2-5	556	汉族	湖北武汉	会计学091	☐	湖北武汉六渡	(1)
S0082563	郑廷	男	1991-4-20	556	汉族	辽宁沈阳	会计学081	☐	辽宁沈阳铁西	(1)
S0102502	蓝建宇	男	1991-8-29	540	苗族	湖南张家界	会计学101	☐	湖南张家界中	(1)
S0090509	欧阳俊杰	男	1991-9-5	540	汉族	吉林长春	计算机科学与	☐	吉林长春8中	(1)
S0100519	杨建宇	男	1991-10-24	532	汉族	安徽芜湖	计算机科学与	☑	安徽芜湖3中	(1)
S0102588	李文宏	男	1991-4-16	532	汉族	湖南长沙	会计学101	☐	湖南长沙铜铺	(1)
S0082578	郭大雷	男	1989-8-9	532	汉族	湖南岳阳	会计学081	☐	湖南岳阳一中	(1)

图 3-21　例 3-4 查询结果

【例 3-5】查询成绩表中的所有记录。

SQL 语句如下：

```
SELECT *
   FROM 成绩表;
```

查询结果略。

2）查询指定的列

给定一个数据表，要查询指定的多个列，必须在 SELECT 的<目标列表达式>中指定列名并使用逗号（,）分隔多个列名。这个操作为对该表实行**投影操作**。

【例 3-6】检索“学生表”中的学号、姓名、性别和籍贯字段。

SQL 语句如下：

```
SELECT 学号,姓名,性别,籍贯
   FROM 学生表;
```

查询结果略。

3）查询经过计算的值或更改列标题名

SELECT 语句中，可以使用运算符来对列进行计算得到结果。要注意的是，这些运算只针对检索后的结果，不会影响保存在数据库中的数值。此外，SELECT 语句提供了<AS 字段名>用于更改字段名。

【例 3-7】将“学生表”的“入学成绩”除以 600，求相对成绩，其显示的字段名为“相对成绩”。

SQL 语句如下：

```
SELECT 学号, 姓名, 入学成绩/600 AS 相对成绩
   FROM 学生表;
```

部分查询结果如图 3-22 所示。

学号	姓名	相对成绩
S0080521	杨小建	1.03833333333333
S0080567	蓝翠婷	.966666666666667
S0080568	张慧媛	1.01333333333333
S0080594	叶志威	1.07
S0080596	杨意志	1.01333333333333

图 3-22　例 3-7 部分查询结果

【例 3-8】求所有学生在 2010 年的年龄。

SQL 语句如下：

```
SELECT 学号,姓名, 2010 - year(出生日期) AS 年龄
   FROM 学生表;
```

SELECT 语句使用的 year 函数是非标准的 SQL 语句，部分查询结果如图 3-23 所示。

学号	姓名	年龄
S0080521	杨小建	20
S0080567	蓝翠婷	19
S0080568	张慧媛	19
S0080594	叶志威	20
S0080596	杨意志	20

图 3-23　例 3-8 部分查询结果

2. 选择表中的若干元组（选择操作）

选择一个表中满足某种条件的若干元组（或记录）操作，是对该表实行**选择操作**。其方法是使用 SELECT 语句的 WHERE 子句中的条件。

1）消除取值重复的行

通常一个数据表中不存在两个完全相同的元组，但在投影某些列后，可能变成完全相同。如果指定 **DISTINCT** 短语，则表示在计算时要**去除重复行**。如果不指定 DISTINCT 短语或指定 ALL 短语（ALL 为默认值），则表示不去除重复值。

【例 3-9】输出学生表中所有的籍贯。

SQL 语句如下：

```
SELECT 籍贯
    FROM 学生表
    ORDER BY 籍贯;
```

从查询结果可以看到有籍贯重复行，结果为 30 条记录。要消除重复的行，必须使用 DISTINCT 短语。

【例 3-10】显示学生表中的学生来自全国哪些地方，即有哪些不同的籍贯。

```
SELECT DISTINCT 籍贯
    FROM 学生表
    ORDER BY 籍贯;
```

查询结果为去除了重复籍贯的 23 条记录，而原学生表中有 30 位同学。

2）查询满足条件的元组

查询满足指定条件的元组可以通过 **WHERE 子句**实现，即实现选择操作。WHERE 子句常用的**查询条件**如表 3-1 所示。

表 3-1　WHERE 子句中的条件

操作符类型	操　作　符	含　　义
关系运算符	=	等于
	< >	不等于
	>	大于
	>=	大于等于
	<	小于
	<=	小于等于
	BETWEEN...AND	确定范围
逻辑运算符	NOT	非运算，用于条件取非
	AND	与运算，用于两个条件同时发生
	OR	或运算，用于两个条件中的一个发生
属于（不属于）	[NOT] IN	确定集合
通配运算符	LIKE	字符通配运算

（1）用关系运算符构造条件。在 WHERE 子句中可以使用**关系运算符**来构成条件。关系运算符包括>、>=、=、<、<=、< >。下面给出针对数据表不同数据类型构造 WHERE

条件的例子。

【例 3-11】查找所有入学成绩大于等于 600 分的同学的学号、姓名和入学成绩。

SQL 语句如下：

```
SELECT 学号,姓名,入学成绩
    FROM 学生表
    WHERE 入学成绩 >= 600;
```

由于“入学成绩”字段是数值类型，其常量写法不添加引号。其查询结果略。

【例 3-12】查找学生表中的贷款的学生学号和姓名。

SQL 语句如下：

```
SELECT 学号, 姓名, 贷款否
    FROM 学生表
    WHERE 贷款否 = TRUE;
```

由于“贷款否”字段是逻辑类型，其常量写法为 TRUE 或 FALSE。查询结果如图 3-24 所示。另一种等价写法是“WHERE 贷款否”。

学号	姓名	贷款否
S0080567	蓝翠婷	☑
S0082580	吴静婷	☑
S0090508	叶延俊	☑
S0090582	程倩茹	☑
S0092515	姚梅姝	☑
S0100519	杨建宇	☑
S0102590	刘嘉美	☑
*		

图 3-24　例 3-12 查询结果

【例 3-13】求 1991 年 7 月以后出生的学生学号和姓名。

SQL 语句如下：

```
SELECT 学号,姓名,出生日期
    FROM 学生表
    WHERE 出生日期>=#1991/07/01#;
```

由于“出生日期”字段是日期时间类型，其常量写法为：#年/月/日　时:分.秒#或#年-月-日　时:分.秒#。日期时间类型按数值大小进行比较。其查询结果略。

SELECT 提供谓词 **BETWEEN...AND...**用来查找属性值在指定范围内的元组，其中 BETWEEN 后是范围的下限（即低值），AND 后是范围的上限（即高值）。

【例 3-14】查询入学成绩在 550～630 分间的学生学号、姓名和入学成绩。

SQL 语句如下：

```
SELECT 学生表.学号, 学生表.姓名, 学生表.入学成绩
    FROM 学生表
    WHERE 学生表.入学成绩 BETWEEN 550 AND 630;
```

上述 SQL 语句等价于如下 SQL 语句。

```
SELECT 学生表.学号, 学生表.姓名, 学生表.入学成绩
    FROM 学生表
    WHERE 学生表.入学成绩 >= 550
        AND 学生表.入学成绩 <= 630;
```

如果要求查询入学成绩不在 550～630 间的学生学号、姓名和入学成绩，则可使用下列 SQL 语句。

```
SELECT 学生表.学号, 学生表.姓名, 学生表.入学成绩
    FROM 学生表
    WHERE 学生表.入学成绩 NOT BETWEEN 550 AND 630;
```

（2）用逻辑运算符构造多重条件。SELECT 语句提供逻辑运算符 NOT、AND 和 OR。NOT 运算表示非运算。

【例 3-15】查询所有贷款的学生。

SQL 语句如下：

```
SELECT *
    FROM 学生表
    WHERE 贷款否 = TRUE;
```

要查找所有未贷款的学生，可以对前面的条件取非操作。

```
SELECT *
    FROM 学生表
    WHERE NOT(贷款否 = TRUE);
```

AND 和 OR 运算符可用来组合两个查询条件。AND 的含义是表示两个条件间的“与”“同时”或“并且”关系，OR 的含义是表示两个条件间的“或”关系。这里 AND 的优先级高于 OR，但我们可以用括号改变优先级。

【例 3-16】查询入学成绩在 550 分以上的少数民族学生的学号、姓名和少数民族否。

SQL 语句如下：

```
SELECT 学号,姓名,民族,入学成绩
    FROM 学生表
    WHERE 入学成绩 >= 550 AND 民族 <> "汉族";
```

例中的运算优先级为：先做关系运算，再做逻辑运算。查询结果略。

【例 3-17】查询入学成绩在 570 分以上的女性学生，显示学号、姓名、性别和入学成绩。

SQL 语句如下：

```
SELECT 学号,姓名,性别,入学成绩
    FROM 学生表
    WHERE 入学成绩 >= 570
        AND 性别 = '女';
```

查询结果略。

（3）确定集合。

SELECT 提供 **IN 谓词**用来查找属性值在指定集合的方法。而 NOT IN 表示属性值不在指定集合。

【例 3-18】查询籍贯为“江西南昌”或“四川成都”的学生学号、姓名和籍贯。

SQL 语句如下：

```
SELECT 学生表.学号, 学生表.姓名, 学生表.籍贯
    FROM 学生表
    WHERE 学生表.籍贯 IN ("四川成都","江西南昌");
```

上述 SQL 语句等价于如下 SQL 语句。

```
SELECT 学生表.学号, 学生表.姓名, 学生表.籍贯
    FROM 学生表
    WHERE 学生表.籍贯 = "四川成都"
        OR 学生表.籍贯 = "江西南昌";
```

查询结果略。

【例 3-19】查询籍贯不为“江西南昌”和“四川成都”的学生学号、姓名和籍贯。

SQL 语句如下：

```
SELECT 学生表.学号, 学生表.姓名, 学生表.籍贯
   FROM 学生表
   WHERE 学生表.籍贯 NOT IN ("四川成都","江西南昌");
```

上述 SQL 语句等价于如下 SQL 语句。

```
SELECT 学生表.学号, 学生表.姓名, 学生表.籍贯
   FROM 学生表
   WHERE 学生表.籍贯 <> "四川成都"
      AND 学生表.籍贯 <> "江西南昌";
```

（4）字符匹配。谓词 LIKE 可以用来进行**字符串的匹配**。其一般语法格式如下：

```
[NOT] LIKE ' <匹配串> ' [ESCAPE ' <换码字符> ' ]
```

其含义是查找指定的属性列值与<匹配串>相匹配的元组。<匹配串>可以是一个完整的字符串，也可以含有通配符*和?。其中：

① *（星号）代表在任意位置（长度可以为 0）上的任意字符。例如，a*b 表示以 a 开头、以 b 结尾的任意长度的字符串。如 acb、addgb、ab 等都满足该匹配串。

② ?（问号）代表一个位置上任意字符。例如，a?b 表示以 a 开头、以 b 结尾的长度为 3 的任意字符串。如 acb、afb 等都满足该匹配串。

【例 3-20】查询以“杨”开头的学生学号和姓名。

SQL 语句如下：

```
SELECT 学号,姓名
   FROM 学生表
   WHERE 姓名 LIKE "杨*";
```

查询结果略。

【例 3-21】查询以“慧”为最后一个字符的学生学号和姓名。

SQL 语句如下：

```
SELECT 学号,姓名
   FROM 学生表
   WHERE  姓名 LIKE "*慧";
```

查询结果略。

【例 3-22】查询第二个字符为“建”的学生学号和姓名。

SQL 语句如下：

```
SELECT 学号,姓名
   FROM 学生表
   WHERE  姓名 LIKE "?建*";
```

查询结果略。

思考：下列 SQL 语句与上面的有何不同？

```
SELECT 学号,姓名
   FROM 学生表
   WHERE  姓名 LIKE "*建*";
```

【例 3-23】查询江西籍的男性学生的学号和姓名。

SQL 语句如下：

```
SELECT 学号,姓名,性别,籍贯
    FROM 学生表
    WHERE  籍贯 LIKE "江西*"
        AND 性别 = "男";
```

查询结果略。

【例 3-24】查询江西和湖南籍的学生学号、姓名、性别和籍贯。

SQL 语句如下：

```
SELECT 学号,姓名,性别,籍贯
    FROM 学生表
    WHERE  籍贯 like "江西*"
        OR 籍贯 like "湖南*";
```

查询结果略。

【例 3-25】查询非江西和湖南籍的学生学号、姓名、性别和籍贯。

SQL 语句如下：

```
SELECT 学号,姓名,性别,籍贯
    FROM 学生表
    WHERE NOT (籍贯 LIKE "江西*")
        AND NOT (籍贯 LIKE "湖南*");
```

查询结果略。

3）对查询结果排序

用户可以用 **ORDER BY** 子句对查询结果按照一个或多个属性列的升序（ASC）或降序（DESC）排列，默认为升序。

【例 3-26】查询所有学生的入学成绩，查询结果按入学成绩降序排列。

SQL 语句如下：

```
SELECT 学号,姓名,入学成绩
    FROM 学生表
    ORDER BY 入学成绩 DESC;
```

部分查询结果如图 3-25 所示。

学号	姓名	入学
S0082581	石茂麟	670
S0102590	刘嘉美	670
S0102589	郭玉坤	642
S0080594	叶志威	642
S0082580	吴静婷	642

图 3-25　例 3-26 部分查询结果

【例 3-27】查询所有学生的入学成绩，查询结果按入学成绩升序排列。

SQL 语句如下：

```
SELECT 学号,姓名,入学成绩
    FROM 学生表
    ORDER BY 入学成绩;
```

查询结果略。

SELECT 语句支持多个关键字的排序。

【例 3-28】对所有学生按入学成绩排降序和出生日期排降序输出学号、姓名、入学成绩和出生日期。

SQL 语句如下：

```
SELECT 学号,姓名,入学成绩,出生日期
    FROM 学生表
    ORDER BY 入学成绩 DESC, 出生日期 DESC;
```

其部分查询结果如图 3-26 所示。

学号	姓名	入学成:	出生日期
S0102590	刘嘉美	670	1991-8-10
S0082581	石茂麟	670	1991-6-20
S0100574	王莉莉	642	1992-2-2
S0102589	郭玉坤	642	1991-2-17
S0082580	吴静婷	642	1990-3-11
S0080594	叶志威	642	1990-1-13

图 3-26　例 3-28 部分查询结果

4）使用聚合函数

为了进一步方便用户，增强检索功能，SQL 提供了许多聚合函数。所谓**聚合函数**，是指对一个关系进行求和（SUM）、求平均值（AVG）等运算。SQL 提供的聚合函数如表 3-2 所示。

表 3-2　SQL 提供的聚合函数

函　　数	含　　义
AVG(<表达式>)	计算查询的指定字段中所包含的一组值的算术平均值（Average）。<表达式>包含了要求平均值的数字数据的字段，或者代表一个使用该字段中的数据执行计算的表达式。<表达式>中的操作数可以包括表字段、常量或者函数（可以是固有函数或用户定义的函数，但不能是其他 SQL 聚合函数）的名称
COUNT(*)	统计元组个数
COUNT(<表达式>)	计算查询所返回的记录数
MIN(<表达式>)	返回查询的指定字段中包含的一组值的最小值
MAX(<表达式>)	返回查询的指定字段中包含的一组值的最大值
SUM(<表达式>)	返回查询的指定字段中包含的一组值的总和

【例 3-29】查询学生表中入学成绩在 600 分以上的人数。

SQL 语句如下：

```
SELECT COUNT(*)
    FROM 学生表
    WHERE 入学成绩 >= 600;
```

结果为 14 人。

思考：求江西籍学生人数。

【例 3-30】求学生表中入学成绩的平均成绩。

SQL 语句如下：

```
SELECT AVG(入学成绩)
    FROM 学生表;
```

结果为 593.7667 分。

5）对查询结果分组

SELECT 使用 **GROUP BY 子句**进行分组。下面通过例子来说明分组的功能。

【例 3-31】按籍贯分类，求不同籍贯的学生人数。

SQL 语句如下：

```
SELECT 籍贯,COUNT(*)
    FROM 学生表
    GROUP BY 籍贯
    ORDER BY COUNT(*) DESC;
```

输出结果按籍贯取值相同的归为一个组。就是说，如果在 SELECT 语句的字段列表部分同时写了字段和聚合函数，则这些字段必须出现在 GROUP BY 子句中。这些字段取值相同则归为同一个组，不同则归为不同组。查询结果如图 3-27 所示。

籍贯	Expr1001
江西南昌	3
吉林长春	2
四川成都	2
上海	2
广西百色	2
湖北武汉	2
北京	1
福建龙岩	1

图 3-27　例 3-31 结果

通过例子可以看到，当“籍贯”相同时，它们属于同一组，即求得具有相同籍贯的学生人数。

【例 3-32】求各个年级的班数。

SQL 语句如下：

```
SELECT 年级,COUNT(*)
    FROM 班级表
    GROUP BY 年级;
```

查询结果略。

注意：使用 GROUP BY 子句时，在 SELECT 的字段列表中，凡没有出现在聚合函数中的字段，必须出现在 GROUP BY 子句中。例如，“年级”字段出现在字段列表中，但它没有出现在聚合函数中，故字段“年级”必须出现在 GROUP BY 子句中。

有关使用分组和聚合函数更复杂的例子请参阅本章的多表查询示例。

3.2.3　多表自然连接查询

前面的所有示例都是单表查询，即 FROM 语句中仅有一个数据表的查询。本小节讲解 FROM 语句中有多个数据表的多表查询。

1. 多表自然连接查询的工作原理

所谓**多表查询**，是指 FROM 子句包括多个数据表，这些数据表使用逗号（,）分

隔。在介绍多表查询的工作原理之前，先看个例子。

【例 3-33】多表查询中不使用 WHERE 子句的示例。

SQL 语句如下：

```
SELECT *
    FROM 班级表，学生表；
```

可以看到，语句“SELECT * FROM 班级表，学生表”的结果非常庞大，有 17 个字段，180 条记录。这是因为如果 SELECT 从两表检索结果，且不带 WHERE 子句时，首先从前一个表（此处为“班级表”）中取一条记录，然后与后面的表（此处为“学生表”）中的每条记录进行逐一匹配。结果是“班级表”的 6 个字段，与“学生表”的 11 个字段结合得到 17 个字段，注意到由于“班级表”和“学生表”均含有“班号”字段，故结果中分为“班级表.班号”和“学生表.班号”；结果的记录数是“班级表”（共 6 条记录）与“学生表成绩表”（共 30 条记录）相乘得到 180 条记录。简单地说，如果 SELECT 从两表检索结果且不带 WHERE 子句的关键字相等约束，则结果为在横向上（字段数）是两表的字段数相加，在纵向上（记录数）是两表的记录数相乘。即如果 SELECT 从两表检索结果，且不带 WHERE 子句的关键字相等约束，则结果存在组合爆炸的问题，这会产生很多垃圾数据。

下面就**二表自然连接**（内连）与主键、外键约束的关系加以讨论。SELECT 从两表检索结果时，要得到有效的数据必须带 WHERE 子句，通常两个表之间必须有主外键的约束，即两个表中有共同的字段（或字段集），这个字段或字段集在一个表中为主键，在另一个表中为外键。如果二表是多对多的关系，也可以转化为两个一对多的关系。我们使用自然连接对二表进行查询。

【例 3-34】将学生表和班级表进行自然连接，求结果集。

SQL 语句如下：

```
SELECT *
    FROM 班级表，学生表
    WHERE 班级表.班号 = 学生表.班号；
```

上述 SELECT 语句的等价 SQL 语句如下[①]：

SQL 语句如下：

```
SELECT *
    FROM 班级表 INNER JOIN 学生表
        ON 班级表.班号 = 学生表.班号；
```

结果如图 3-28 所示。

例 3-33 中的子句“FROM 班级表，学生表 WHERE 班级表.班号 = 学生表.班号”（或“FROM 班级表 INNER JOIN 学生表 ON 班级表.班号 = 学生表.班号”）表示的是“班级表”和“学生表”进行自然连接操作。它的含义是判断“班级表”中的“班号”与“学生表”中的“班号”，当它们相等时，这条记录才加入最终的输出结果集中。或者说，先进行不带 WHERE 子句的运算，得到一个大的结果集后，再判断“班

① 使用 Access 的查询设计向导的多表查询将默认使用 INNER JOIN 来连接多个表格。但三个和三个以上的多表 INNER JOIN 查询使用括号非常容易出错。为此，本书示例使用了 WHERE 子句中的主外键相等的方法，这样更便于手工书写。

级表.班号”是否等于“学生表.班号”，如果相等才认为是所要的结果。需要注意的是，先进行不带 WHERE 子句的运算，得到一个大的结果集后，再进行相等判断的方法在效率上非常低，实际并不进行这样的操作，这里只是从概念上加强对如何得到结果集的理解。

班级表.班号	学	专	年级			学号	姓名	性	出生日期	入学	民族	籍贯	学生表.班号	贷	简历	
会计学081	会计	会计	2008			S0082563	郑廷	男	1991-4-20	556	汉族	辽宁沈阳	会计学081	☐	辽宁沈阳铁西	(1)
会计学081	会计	会计	2008			S0082577	万智	男	1989-10-6	580	汉族	吉林松辽	会计学081	☐	吉林松辽一中	(1)
会计学081	会计	会计	2008			S0082578	郭大雷	男	1989-8-9	532	汉族	湖南岳阳	会计学081	☐	湖南岳阳一中	(1)
会计学081	会计	会计	2008			S0082580	吴静婷	女	1990-3-11	642	汉族	江西南昌	会计学081	☑	江西南昌三中	(1)
会计学081	会计	会计	2008			S0082581	石茂麟	男	1991-6-20	670	汉族	湖南浏阳	会计学081	☐	湖南浏阳一中	(1)
会计学091	会计	会计	2009			S0092512	张建强	男	1990-7-17	623	汉族	江西南昌	会计学091	☐	江西师范大学	(1)
会计学091	会计	会计	2009			S0092513	孙稳敏	女	1991-2-5	556	汉族	湖北武汉	会计学091	☐	湖北武汉六渡	(1)
会计学091	会计	会计	2009			S0092514	张小东	男	1991-7-25	623	汉族	吉林长春	会计学091	☐	吉林长春中央	(1)
会计学091	会计	会计	2009			S0092515	姚梅姝	女	1991-12-22	556	满族	黑龙江哈尔滨	会计学091	☑	黑龙江哈尔滨	(1)
会计学091	会计	会计	2009			S0092518	何月晓	女	1991-1-29	580	汉族	四川成都	会计学091	☐	四川成都都江	(1)
会计学101	会计	会计	2010			S0102501	张华	男	1991-4-11	596	汉族	上海	会计学101	☐	上海25中毕业	(1)
会计学101	会计	会计	2010			S0102502	蓝建宇	男	1991-8-29	540	苗族	湖南张家界	会计学101	☐	湖南张家界中	(1)
会计学101	会计	会计	2010			S0102588	李文宏	男	1991-4-16	532	汉族	湖南长沙	会计学101	☐	湖南长沙铜铺	(1)
会计学101	会计	会计	2010			S0102589	郭玉坤	男	1991-2-17	642	壮族	广西百色	会计学101	☐	广西百色中学	(1)
会计学101	会计	会计	2010			S0102590	刘嘉美	女	1991-8-10	670	汉族	北京	会计学101	☑	菜市口小学毕	(1)
计算机科学与技	信息	计算	2008			S0080521	杨小建	男	1990-9-21	623	汉族	江西赣州	计算机科学与	☐	江西赣州一中	(1)
计算机科学与技	信息	计算	2008			S0080567	蓝翠婷	女	1991-1-25	580	汉族	江苏南京	计算机科学与	☑	江苏南京26中	(1)
计算机科学与技	信息	计算	2008			S0080568	张慧媛	女	1991-1-26	608	侗族	云南昆明	计算机科学与	☐	云南昆明一中	(1)
计算机科学与技	信息	计算	2008			S0080594	叶志威	男	1990-1-13	642	汉族	新疆喀什	计算机科学与	☐	新疆喀什中学	(1)
计算机科学与技	信息	计算	2008			S0080596	杨意志	男	1990-1-15	608	汉族	江西九江	计算机科学与	☐	江西九江一中	(1)
计算机科学与技	信息	计算	2009			S0090508	叶延俊	男	1991-3-12	560	蒙古族	内蒙古呼伦贝	计算机科学与	☑	内蒙古呼伦贝	(1)
计算机科学与技	信息	计算	2009			S0090509	欧阳俊杰	男	1991-9-5	540	汉族	吉林长春	计算机科学与	☐	吉林长春8中	(1)
计算机科学与技	信息	计算	2009			S0090510	董钧柏	男	1990-12-8	612	汉族	江西南昌	计算机科学与	☐	江西南昌二中	(1)
计算机科学与技	信息	计算	2009			S0090511	胡俊强	男	1990-5-3	608	汉族	湖北武汉	计算机科学与	☐	武汉东湖中学	(1)
计算机科学与技	信息	计算	2009			S0090582	程倩茹	女	1990-12-17	596	汉族	上海	计算机科学与	☑	上海英培中学	(1)
计算机科学与技	信息	计算	2010			S0100519	杨建宇	男	1991-10-24	532	汉族	安徽芜湖	计算机科学与	☑	安徽芜湖3中	(1)
计算机科学与技	信息	计算	2010			S0100541	段建皇	男	1991-1-17	596	汉族	四川成都	计算机科学与	☐	成都7中毕业	(1)
计算机科学与技	信息	计算	2010			S0100574	王莉莉	女	1992-2-2	642	汉族	福建龙岩	计算机科学与	☐	福建龙岩一中	(1)
计算机科学与技	信息	计算	2010			S0100586	张毅弘	男	1992-1-22	560	壮族	广西百色	计算机科学与	☐	广西百色3中	(1)
计算机科学与技	信息	计算	2010			S0100587	周海芬	女	1991-12-10	608	汉族	浙江金华	计算机科学与	☐	浙江师范大学	(1)

图 3-28　例 3-34 结果

自然连接操作是数据库 SQL 检索语句中最常用的操作。要求参与自然连接操作的两个关系表间存在一对多的约束，即两个关系表间存在外键约束，这样的自然连接才有意义。

在数据库中，使用最多的是一对多的关联，如图 3-29 所示。这里关联有一端为参照表（称为多表），另一端为被参照表（称为一表），如“班级表”与“学生表”的关联中，“班级表”为一表，而“学生表”为多表。同理，“学生表”与“成绩表”的关联为一对多关联；“课程表”与“成绩表”的关联也为一对多关联。

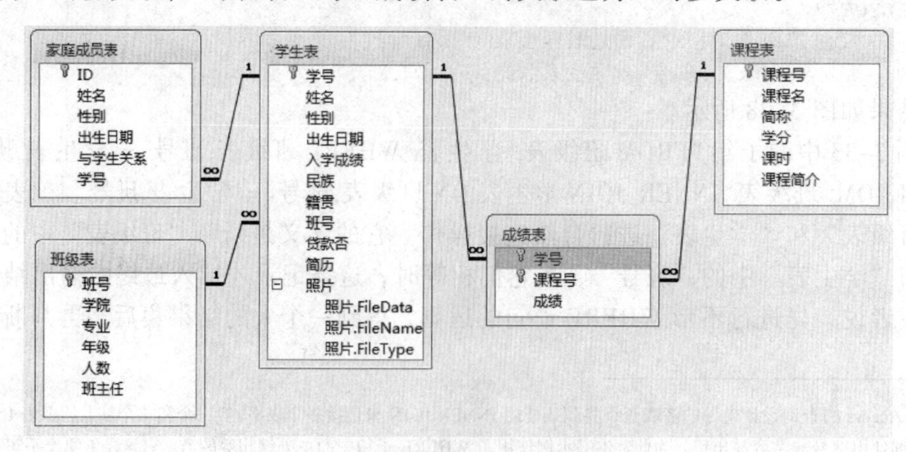

图 3-29　教学管理数据库模式

一对多的自然连接的结果是一个关系表，关系表的结果为：横向上（字段数）为两表的字段相叠加；纵向上（记录数）以多表的记录为最终结果。以“学生表”与“成绩表”的关联为例，由于“成绩表”中有 60 条记录，故使用 SELECT 中的子句“WHERE 学生表.学号 = 成绩表.学号”表示将两表进行自然连接操作，其结果中字段为 13 个（3 个在班级表，11 个在学生表），记录为 60 条。

【例 3-35】不关心课程，求成绩在 85 分以上人的学号、姓名和成绩。

SQL 语句如下：

```
SELECT 学生表.学号,姓名,成绩
    FROM 学生表,成绩表
    WHERE 学生表.学号 = 成绩表.学号
         AND 成绩>=85;
```

结果如图 3-30 所示。

学号	姓名	成绩
S0082577	万智	92
S0082578	郭大雷	88
S0090510	董钧柏	89
S0092518	何月晓	90
S0100574	王莉莉	93
S0102501	张华	85
S0102589	郭玉坤	87
S0102590	刘嘉美	95

图 3-30　例 3-35 结果

注意：“学生表.学号”表示学生表的学号，因为如果只写“学号”，对 Access 来说，不知道是“学生表”的学号，还是“成绩表”的学号。

为简化 SELECT 的书写，SQL 中允许使用表的别名。**表别名**的含义是给表取个小名。例如，上例中可以写成如下 SELECT 语句。

```
SELECT A.学号, 姓名, 成绩
    FROM 学生表 A, 成绩表 B
    WHERE A.学号 = B.学号
        AND 成绩 >= 85;
```

这里 a 是数据表“学生表”的别名，b 是数据表“成绩表”的别名。表别名是熟练后减少书写字符的技巧，不推荐使用。例中，可以理解为先在自然连接的基础上，求得一个大的二维表，然后筛选出成绩在 85 分以上的学号、学生姓名和课程成绩。这样多表查询可以理解为在自然连接后，其变成单表查询。

下面的例子，将二表之间的自然连接扩展到了三表。

【例 3-36】将“学生表”“成绩表”和“课程表”进行自然连接，求结果。

SQL 语句如下：

```
SELECT *
    FROM 学生表,成绩表,课程表
    WHERE 学生表.学号 = 成绩表.学号
        AND 课程表.课程号 = 成绩表.课程号;
```

结果如图 3-31 所示。

该条语句的功能是，先将“学生表”和“成绩表”自然连接，得到一个关系表。这里“学生表”为一表，“成绩表”为多表，结果以多表为准，即得到的关系表有 60 条记录，字段是“学生表”和“成绩表”字段的叠加。再将得到的关系表与“课程表”进行自然连接。这里“课程表”是一表，而前面得到的关系表为多表。因此，最终的结果为 60 条，即以“成绩表”的记录为准，最终的结果是将三个表的字段叠加，但记录是在“成绩表”的基础上扩展相关字段得到。本例也可以理解为先进行“课程表”与“成绩表”的自然连接，然后再用得到的关系与“学生表”进行自然连接。

学生表	姓名	性别	@	出生日期	入学成	民族	籍贯	班号	贷款否	简历	成绩表	成绩表	成绩	课程名	课程表	简称	学分	课时	课程简
S008059	叶建龙	男	@(1)	1990-1-13	642	汉族	新疆喀	计算机	☐	就读于	S008059	A0501	75	Java程	A0501	javacxs			
S008059	叶建龙	男	@(1)	1990-1-13	642	汉族	新疆喀	计算机	☐	就读于	S008059	C0501	74	高等数	C0501	gdsxIII			
S008059	杨志强	男	@(1)	1990-1-15	608	汉族	江西九	计算机	☐	就读于	S008059	A0501	67	Java程	A0501	javacxs			
S008059	杨志强	男	@(1)	1990-1-15	608	汉族	江西九	计算机	☐	就读于	S008059	C0501	52	高等数	C0501	gdsxIII			
S008056	蓝翠萍	女	@(1)	1991-1-25	580	汉族	江苏南	计算机	☑	就读于	S008056	A0501	78	Java程	A0501	javacxs			
S008056	蓝翠萍	女	@(1)	1991-1-25	580	汉族	江苏南	计算机	☑	就读于	S008056	C0501	70	高等数	C0501	gdsxIII			
S008056	张慧慧	女	@(1)	1991-1-26	608	侗族	云南昆	计算机	☐	就读于	S008056	C0501	74	高等数	C0501	gdsxIII			
S008056	张慧慧	女	@(1)	1991-1-26	608	侗族	云南昆	计算机	☐	就读于	S008056	A0501	70	Java程	A0501	javacxs			
S008257	万齐智	男	@(1)	1989-10-6	580	汉族	吉林松	会计学0	☐	就读于	S008257	B0501	92	税法	B0501	sf	3		
S008257	万齐智	男	@(1)	1989-10-6	580	汉族	吉林松	会计学0	☐	就读于	S008257	C0501	63	高等数	C0501	gdsxIII			
S008257	郭洪雷	男	@(1)	1989-8-9	532	汉族	湖南岳	会计学0	☐	就读于	S008257	C0501	88	高等数	C0501	gdsxIII			
S008257	郭洪雷	男	@(1)	1989-8-9	532	汉族	湖南岳	会计学0	☐	就读于	S008257	B0501	70	税法	B0501	sf	3		
S008258	吴诗慧	女	@(1)	1990-3-11	642	汉族	江西南	会计学0	☑	就读于	S008258	B0501	84	税法	B0501	sf	3		
S008258	吴诗慧	女	@(1)	1990-3-11	642	汉族	江西南	会计学0	☑	就读于	S008258	C0501	66	高等数	C0501	gdsxIII			
S008258	石恒麟	男	@(1)	1991-6-20	670	汉族	湖南浏	会计学0	☐	就读于	S008258	B0501	66	税法	B0501	sf	3		
S008258	石恒麟	男	@(1)	1991-6-20	670	汉族	湖南浏	会计学0	☐	就读于	S008258	C0501	65	高等数	C0501	gdsxIII			
S008052	杨小亭	男	@(1)	1990-9-21	623	汉族	江西赣	计算机	☐	就读于	S008052	C0501	74	高等数	C0501	gdsxIII			
S008052	杨小亭	男	@(1)	1990-9-21	623	汉族	江西赣	计算机	☐	就读于	S008052	A0501	63	Java程	A0501	javacxs			
S008256	郑劼诚	男	@(1)	1991-4-20	556	汉族	辽宁沈	会计学0	☐	就读于	S008256	C0501	74	高等数	C0501	gdsxIII			
S008256	郑劼诚	男	@(1)	1991-4-20	556	汉族	辽宁沈	会计学0	☐	就读于	S008256	B0501	55	税法	B0501	sf	3		
S009058	程倩	女	@(1)	1990-12-17	596	汉族	上海	计算机	☑	就读于	S009058	A0301	82	数据结	A0301	sjjg			
S009058	程倩	女	@(1)	1990-12-17	596	汉族	上海	计算机	☑	就读于	S009058	C0301	73	线性代	C0301	xxds			
S009050	叶遥	男	@(1)	1991-3-12	560	蒙古族	内蒙古	计算机	☑	就读于	S009050	A0301	70	数据结	A0301	sjjg			
S009050	叶遥	男	@(1)	1991-3-12	560	蒙古族	内蒙古	计算机	☑	就读于	S009050	C0301	0	线性代	C0301	xxds			
S009050	欧阳明	男	@(1)	1991-9-5	540	汉族	吉林长	计算机	☐	就读于	S009050	A0301	73	数据结	A0301	sjjg			
S009050	欧阳明	男	@(1)	1991-9-5	540	汉族	吉林长	计算机	☐	就读于	S009050	C0301	66	线性代	C0301	xxds			
S009051	董松柏	男	@(1)	1990-12-8	612	汉族	江西南	计算机	☐	就读于	S009051	C0301	89	线性代	C0301	xxds			

图 3-31　三表关联的结果记录以多表为准

对于使用 INNER JOIN 书写的 SELECT 语句，由于涉及复杂的括号嵌套，不推荐使用。

通过示例可以知道，在知道各个数据表的字段和它们表间的关联后才能进行 SQL 语句的编写，即必须首先知道数据库模式，才能编写正确的 SQL 语句。这里得到一个**多表数据库导航**的概念，就是根据给出的已知条件，求需要的数据。这里已知条件是在一个表中的某个字段取值，所求数据是我们感兴趣的字段，要从已知的数据表出发，通过表间的关联到达目的表，最后根据题目要求筛选相关的字段和记录。下面给出多表导航查询示例。

2. 多表的自然连接查询示例

【例 3-37】求“杨小建”的成绩表。

根据给出的数据库模式，我们知道已知条件为“学生表”的“姓名”字段，其内容等于“杨小建”，待求的是“课程表”中的“课程号”“课程名”和“成绩表”中的“成绩”。因此使用三表的自然连接。

SQL 语句如下：

```
SELECT 课程表.课程号, 课程名, 成绩
   FROM 学生表, 成绩表, 课程表
   WHERE 学生表.学号 = 成绩表.学号
      AND 成绩表.课程号 = 课程表.课程号
      AND 姓名 = "杨小建";
```

结果如图 3-32 所示。

课程号	课程名	成绩
A0501	Java程序设计	63
C0501	高等数学III	74

图 3-32　例 3-37 结果

【例 3-38】求会计学 081 班的所有成绩单。

分析：已知条件为“班级表”中的“专业名称”，待求为“学生表”的“姓名”；

“课程”表的“课程号”“课程名”；“成绩表”的“成绩”。

SQL 语句如下：

```
SELECT 学生表.学号, 姓名, 课程表.课程号, 课程名, 成绩, 班级表.班号
    FROM 班级表, 学生表, 成绩表, 课程表
    WHERE 班级表.班号 = 学生表.班号
        AND 学生表.学号 = 成绩表.学号
        AND 成绩表.课程号 = 课程表.课程号
        AND 班级表.班号="会计学 081";
```

结果如图 3-33 所示。

学号	姓名	课程号	课程名	成绩	班号
S0082563	郑廷	B0501	税法	55	会计学081
S0082563	郑廷	C0501	高等数学III	74	会计学081
S0082577	万智	B0501	税法	92	会计学081
S0082577	万智	C0501	高等数学III	63	会计学081
S0082578	郭大雷	B0501	税法	70	会计学081
S0082578	郭大雷	C0501	高等数学III	88	会计学081
S0082580	吴静婷	B0501	税法	84	会计学081
S0082580	吴静婷	C0501	高等数学III	66	会计学081
S0082581	石茂麟	B0501	税法	66	会计学081
S0082581	石茂麟	C0501	高等数学III	65	会计学081

图 3-33　例 3-38 的结果

如果使用下列等价的 SQL 语句：

```
SELECT 学生表.学号, 学生表.姓名, 课程表.课程号, 课程表.课程名, 成绩表.成绩,
班级表.班号
    FROM (班级表 INNER JOIN 学生表 ON 班级表.班号 = 学生表.班号)
    INNER JOIN (课程表 INNER JOIN 成绩表 ON 课程表.课程号 = 成绩表.课程号)
        ON 学生表.学号 = 成绩表.学号
    WHERE (((班级表.班号)="会计 081"));
```

则上述 SQL 语句对应的设计视图如图 3-34 所示。

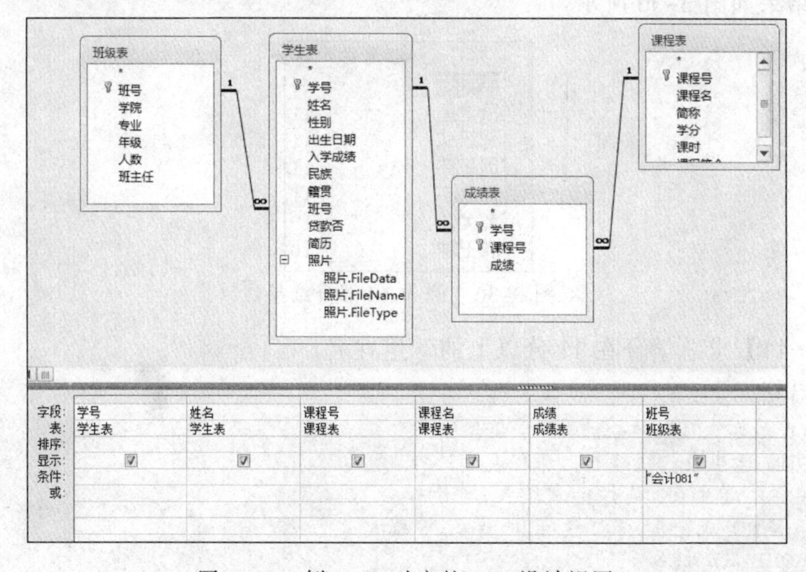

图 3-34　例 3-38 对应的 SQL 设计视图

【例 3-39】求“会计学 081”的高等数学 III 成绩单。

SQL 语句如下：

```
SELECT 学生表.学号, 姓名, 课程表.课程号, 课程名, 成绩, 班级表.班号
    FROM 班级表, 学生表, 成绩表, 课程表
    WHERE 班级表.班号 = 学生表.班号
        AND 学生表.学号 = 成绩表.学号
        AND 成绩表.课程号 = 课程表.课程号
        AND 班级表.班号 = "会计学 081"
        AND 课程名 = "高等数学 III";
```

结果如图 3-35 所示。

学号	姓名	课程号	课程名	成绩	班号
S0082563	郑廷	C0501	高等数学III	74	会计学081
S0082577	万智	C0501	高等数学III	63	会计学081
S0082578	郭大雷	C0501	高等数学III	88	会计学081
S0082580	吴静婷	C0501	高等数学III	66	会计学081
S0082581	石茂麟	C0501	高等数学III	65	会计学081

图 3-35　例 3-39 结果

下面给出多表查询中使用 GROUP BY 子句的示例。

【例 3-40】求每个学生所修的总学分数，并按总学分降序输出。

SQL 语句如下：

```
SELECT 姓名,SUM(学分) AS 学分合计
    FROM 学生表, 成绩表, 课程表
    WHERE 学生表.学号 = 成绩表.学号
        AND 成绩表.课程号 = 课程表.课程号
    GROUP BY 姓名
    ORDER BY SUM(学分) DESC;
```

部分结果如图 3-36 所示。

姓名	学分合计
王莉莉	11
段建皇	11
张毅弘	11
周海芬	11
杨建宇	11
郭大雷	10
郭玉坤	10

图 3-36　例 3-40 部分结果

【例 3-41】求总学分在 11 分以上的学生姓名。

SQL 语句如下：

```
SELECT 姓名,SUM(学分) AS 学分合计
    FROM 学生表, 成绩表, 课程表
    WHERE 学生表.学号 = 成绩表.学号
        AND 成绩表.课程号 = 课程表.课程号
    GROUP BY 姓名
        HAVING SUM(学分)>= 11
    ORDER BY SUM(学分) DESC;
```

查询结果略。

不难看出，HAVING 子句的功能是过滤 GROUP BY 子句的结果。

3.2.4 参数查询

前面编写的查询运行时直接返回结果，即所有的数据已经编写在 SQL 语句中。所谓参数查询，是指在运行该查询时，系统会要求用户输入所需的参数值。

【例 3-42】用户随机输入入学成绩，使用参数查询求大于该入学成绩的学生学号、姓名和入学成绩。

SQL 语句如下：

```
SELECT 学号, 姓名, 入学成绩
   FROM 学生表
   WHERE 入学成绩 >= [请输入入学成绩];
```

运行该查询时，首先弹出一个对话框，在其文本框中输入 620，单击“确定”按钮后，得到所需的结果，如图 3-37 所示。下次运行，根据用户随机输入的值，返回不同结果。

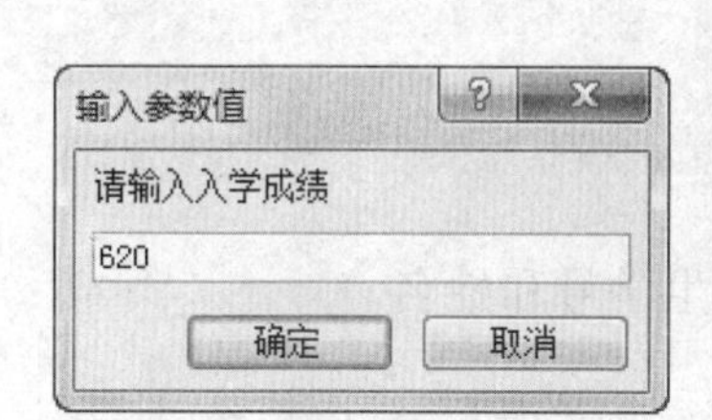

学号	姓名	入学成绩
S0080521	杨小建	623
S0080594	叶志威	642
S0082580	吴静婷	642
S0082581	石茂麟	670
S0092512	张建强	623
S0092514	张小东	623
S0100574	王莉莉	642
S0102589	郭玉坤	642
S0102590	刘嘉美	670

图 3-37 例 3-42 结果

【例 3-43】用户随机输入学生姓氏，输出该姓氏的所有学生学号和姓名。

SQL 语句如下：

```
SELECT 学号, 姓名
   FROM 学生表
   WHERE 姓名 LIKE [请输入姓氏] & "*";
```

输出结果略。

【例 3-44】随机输入入学成绩的下限和上限，输出入学成绩在下限和上限之间的所有学生学号、姓名和入学成绩。

SQL 语句如下：

```
SELECT 学号, 姓名, 入学成绩
   FROM 学生表
   WHERE 入学成绩 BETWEEN [请输入入学成绩下限] AND [请输入入学成绩上限];
```

输出结果略。

3.2.5 SQL 子查询与合并查询

1. SQL 子查询

子查询是一个 SELECT 语句，它嵌套在一个 SELECT 语句（也可是 INSERT 语句、

DELETE 语句或 UPDATE 语句）WHERE 子句部分，子查询的 SELECT 查询总是使用圆括号括起来。子查询也可嵌套在另一子查询中。有三种语法创建子查询：

（1）WHERE 表达式 [NOT] IN（子查询语句）

（2）WHERE 表达式 关系运算符 [ANY | ALL]（子查询语句）

（3）WHERE [NOT] EXISTS（子查询语句）

我们仅讲解前两种子查询，关于 EXISTS 子查询语句请读者参阅有关书籍。

1）带 IN 子查询

IN 子查询语法结构：

```
WHERE 表达式 [NOT] IN (子查询语句)
```

【例 3-45】求“会计学”专业的所有的学生学号、姓名和班号。

针对已知的教学管理数据库模式，这显然是一个自然连接。即用 INNER JOIN 语句可实现该功能操作，也可以借助子查询来完成。

可以先查班级表中“会计学”专业对应的班级号，再对学生表中查找相应班级号的学生学号、姓名和班号。

SQL 语句如下：

```
SELECT 学号,姓名,班号
    FROM 学生表
    WHERE 班号 IN (SELECT 班号
                    FROM 班级表
                    WHERE 专业 = "会计学");
```

查询结果略。

【例 3-46】求没有修“高等数学 III”的学生学号和姓名。

SQL 语句如下：

```
SELECT 学号, 姓名
     FROM 学生表
     WHERE 学号 NOT IN
         (SELECT 学号
             FROM 成绩表, 课程表
             WHERE 成绩表.课程号 = 课程表.课程号
                 AND 课程名 = "高等数学 III");
```

查询结果略。

2）带关系运算符子查询

带关系运算符子查询语法结构：

```
WHERE 表达式 关系运算符 [ANY | ALL] (子查询语句)
```

当子查询返回单值时，符号 ANY 或 ALL 可以省略。其他情况下，必须使用 ANY 或 ALL 修饰，其含义如表 3-3 所示。

表 3-3　关系子查询 ANY 与 ALL 含义

ANY 与 ALL	含　义
> ANY	大于子查询结果中的某个最小值
< ANY	小于子查询结果中的某个最大值
>= ANY	大于等于子查询结果中的某个最小值
<= ANY	小于等于子查询结果中的某个最大值

续表

ANY 与 ALL	含　义
= ANY	WHERE 表达式在子查询结果中的某个值中
<> ANY	无意义
> ALL	大于子查询结果中的某个最大值
< ALL	小于子查询结果中的某个最小值
>= ALL	大于等于子查询结果中的某个最大值
<= ALL	小于等于子查询结果中的某个最小值
= ALL	无意义
<> ALL	WHERE 表达式不在子查询结果中的某个值中

【例 3-47】求入学成绩高于平均入学成绩的“计算机科学与技术 081”的学生学号和姓名。

求解步骤分为两步：先求“计算机科学与技术 081”平均入学成绩；再求“计算机科学与技术 081”入学成绩大于平均入学成绩的学号和姓名。

SQL 语句如下：

```
SELECT 学号,姓名
    FROM 学生表
    WHERE 班号="计算机科学与技术 081"
        AND 入学成绩 >= (SELECT AVG(入学成绩)
                        FROM 学生表
                        WHERE 班号 = "计算机科学与技术 081");
```

查询结果略。

为说明限定词 ANY 和 ALL 的功能，我们给出学生表中所有学生的班号和入学成绩，如表 3-4 所示。同时给出班号为“会计学 091”的学生的姓名和入学成绩，如表 3-5 所示。

表 3-4　所有学生的班号和入学成绩

学　号	姓　名	班　号	入学成绩
S0080521	杨小建	计算机科学与技术 081	623
S0080567	蓝翠婷	计算机科学与技术 081	580
S0080568	张慧媛	计算机科学与技术 081	608
S0080594	叶志威	计算机科学与技术 081	642
S0080596	杨意志	计算机科学与技术 081	608
S0082563	郑廷	会计学 081	556
S0082577	万智	会计学 081	580
S0082578	郭大雷	会计学 081	532
S0082580	吴静婷	会计学 081	642
S0082581	石茂麟	会计学 081	670
S0090508	叶延俊	计算机科学与技术 091	560
S0090509	欧阳俊杰	计算机科学与技术 091	540
S0090510	董钧柏	计算机科学与技术 091	612
S0090511	胡俊强	计算机科学与技术 091	608

续表

学　　号	姓　　名	班　　号	入 学 成 绩
S0090582	程倩茹	计算机科学与技术 091	596
S0092512	张建强	会计学 091	623
S0092513	孙稳敏	会计学 091	556
S0092514	张小东	会计学 091	623
S0092515	姚梅姝	会计学 091	556
S0092518	何月晓	会计学 091	580
S0100519	杨建宇	计算机科学与技术 101	532
S0100541	段建皇	计算机科学与技术 101	596
S0100574	王莉莉	计算机科学与技术 101	642
S0100586	张毅弘	计算机科学与技术 101	560
S0100587	周海芬	计算机科学与技术 101	608
S0102501	张华	会计学 101	596
S0102502	蓝建宇	会计学 101	540
S0102588	李文宏	会计学 101	532
S0102589	郭玉坤	会计学 101	642
S0102590	刘嘉美	会计学 101	670

表 3-5　会计学 091 班的姓名和入学成绩

学　　号	姓　　名	班　　号	入 学 成 绩
S0092512	张建强	会计学 091	623
S0092513	孙稳敏	会计学 091	556
S0092514	张小东	会计学 091	623
S0092515	姚梅姝	会计学 091	556
S0092518	何月晓	会计学 091	580

我们知道班号为“会计学 091”的最高入学成绩为 623 分，最低入学成绩为 556 分。

下面通过例子来说明限定词 ANY 和 ALL 功能。

【例 3-48】求入学成绩小于等于班号为“会计学 091”学生的任一入学成绩的学生学号、姓名和入学成绩。

SQL 语句如下：

```
SELECT 学号, 姓名, 班号,入学成绩
    FROM 学生表
    WHERE 入学成绩 <= ANY
         (SELECT 入学成绩
             FROM 学生表
             WHERE 班号 = "会计学 091")
    AND 班号 <> "会计学 091"
    ORDER BY 入学成绩 DESC;
```

可以看到，结果为小于等于“会计学 091”班最大成绩 623 分的所有非“会计学 091”学生，如图 3-38 所示。

学号	姓名	班号	入学
S0080521	杨小建	计算机科学与	623
S0090510	董钧柏	计算机科学与	612
S0080568	张慧媛	计算机科学与	608
S0080596	杨意志	计算机科学与	608
S0090511	胡俊强	计算机科学与	608
S0100587	周海芬	计算机科学与	608
S0100541	段建皇	计算机科学与	596
S0090582	程倩茹	计算机科学与	596
S0102501	张华	会计学101	596
S0082577	万智	会计学081	580
S0080567	蓝翠婷	计算机科学与	580
S0100586	张毅弘	计算机科学与	560
S0090508	叶延俊	计算机科学与	560
S0082563	郑廷	会计学081	556
S0102502	蓝建宇	会计学101	540
S0090509	欧阳俊杰	计算机科学与	540
S0100519	杨建宇	计算机科学与	532
S0102588	李文宏	会计学101	532
S0082578	郭大雷	会计学081	532

图 3-38　例 3-48 结果

也可以使用带聚合函数的子查询完成上述功能，由于带聚合函数的子查询仅返回单个结果，因此无须限定词 ANY。

```
SELECT 学号, 姓名, 班号,入学成绩
   FROM 学生表
   WHERE 入学成绩 <=
       (SELECT MAX(入学成绩)
          FROM 学生表
          WHERE 班号 = "会计学 091")
   AND 班号 <> "会计学 091"
   ORDER BY 入学成绩 DESC;
```

【例 3-49】求小于等于所有班号为“会计学 091”学生入学成绩的学生学号、姓名和入学成绩。

SQL 语句如下：

```
SELECT 学号, 姓名, 班号,入学成绩
   FROM 学生表
   WHERE 入学成绩 <= ALL
       (SELECT 入学成绩
          FROM 学生表
          WHERE 班号 = "会计学 091")
   AND 班号 <> "会计学 091"
   ORDER BY 入学成绩 DESC;
```

可以看到，结果为小于等于“会计学 091”班最小成绩 556 分的所有非“会计学 091”同学，如图 3-39 所示。

学号	姓名	班号	入学
S0082563	郑廷	会计学081	556
S0102502	蓝建宇	会计学101	540
S0090509	欧阳俊杰	计算机科学与	540
S0102588	李文宏	会计学101	532
S0100519	杨建宇	计算机科学与	532
S0082578	郭大雷	会计学081	532

图 3-39　例 3-49 结果

思考：在子查询中使用聚合函数完成上述功能。

2. SQL 合并查询

SQL **合并查询**就是将两个 SELECT 语句的查询结果通过并运算（UNION）合并为一个查询结果。SQL 合并查询要求两个查询的字段个数相同，且对应字段的数据类型相同。

【例 3-50】使用 SQL 合并查询运算求“会计学 081”班和“会计学 091”的学号、姓名和班号。

虽然该查询操作可以使用集合包含条件描述，但也可使用 SQL 合并查询完成。

SQL 语句如下：

```
SELECT 学号, 姓名, 班号
    FROM 学生表
    WHERE 班号 = "会计学 081"
UNION
SELECT 学号, 姓名, 班号
    FROM 学生表
    WHERE 班号 = "会计学 091";
```

查询结果略。

3.2.6 交叉表查询

交叉表查询是 Access 特有的查询语句，下面通过示例说明交叉表查询功能，最后给出交叉表查询语法。

1. 交叉表查询引例

交叉表查询是 Access 特有的 SQL 查询语句。下面通过一个示例来说明其应用。

【例 3-51】求给定课程选修总人数，但要给出各班级的人数明细。

具体操作步骤如下：

（1）新建一个查询，编写如下代码，并将其保存为“4 张表”查询。SQL 语句如下：

```
SELECT *
    FROM 班级表, 学生表, 成绩表, 课程表
    WHERE 班级表.班号 = 学生表.班号
        AND 学生表.学号 = 成绩表.学号
        AND 成绩表.课程号 = 课程表.课程号
```

（2）新建一个查询，对应的交叉查询 SQL 语句如下：

```
TRANSFORM COUNT([4 张表].学院) AS 学院之计算
    SELECT [4 张表].课程名, COUNT([4 张表].学院) AS [选课总人数]
        FROM 4 张表
        GROUP BY [4 张表].课程名
PIVOT [4 张表].班级表.班号;
```

（3）运行结果如图 3-40 所示。

课程名	选课总人数	会计学081	会计学091	会计学101	计算机科学与技术081	计算机科学与技术091	计算机科学与技术101
Java程序设计	5				5		
大学英语I	10			5			5
高等数学III	10	5			5		
会计电算化	5		5				
基础会计	5			5			
计算机引论	5						5
数据结构	5					5	
税法	5	5					
线性代数	10		5			5	

图 3-40 例 3-51 结果

2. 交叉查询语法

这里给出交叉表查询语法。

```
TRANSFORM 聚合函数
    SELECT 语句
    PIVOT PIVOTFIELD [IN (VALUE1[, VALUE2[, ...]])]
```

TRANSFORM 语句各部分含义如表 3-6 所示。

表 3-6 TRANSFORM 语句各部分含义

部　　分	说　　明
聚合函数	对所选数据进行计算的 SQL 聚合函数
SELECT 语句	指定条件下的查询语句
PIVOTFIELD	希望用于创建查询结果集中列标题的字段或表达式
VALUE1、VALUE2	用于创建列标题的固定值

3.3 数据操纵

数据操纵语句功能是插入、删除或修改数据表的记录值。由于插入、删除和修改操作有可能导致数据违背数据库完整性约束，操作时必须细心。例如，本书教学管理数据库中，如果成绩表中有某个同学的成绩，学生表和成绩表之间有外键约束，则不能先删除学生表中的学生记录。同样，插入数据记录也存在先后顺序问题。数据操纵语句包括插入（INSERT）、删除（DELETE）和更新（UPDATE）三种。

1. 插入记录

语句格式：

```
INSERT INTO <表名> [(<字段名 1> [, <字段名 2>, ...])]
       VALUES (<表达式 1> [, <表达式 2>, ...])
```

INSERT INTO 命令功能：向表中插入一条记录。

【例 3-52】向学生表中插入一条记录。

SQL 语句如下：

```
INSERT INTO 学生表(学号,姓名,性别,出生日期,入学成绩,民族,籍贯,班号,贷款否)
    VALUES ("S0082999", "李莉", "女", #1989/06/01#, 588, "汉","江西南昌
", "会计学 081",FALSE);
```

插入语句也可指定需插入数据的字段名。使用该语句时不能违反数据表的约束（即表中要求不能为空的或主键冲突的数据不能插入数据表中）。

2. 更新记录

语句格式：

```
UPDATE  <表名 1>
    SET <字段名 1> = <表达式 1>
        [, <字段名 2> = <表达式 2> ...]
    WHERE <条件 1> [AND | OR <条件 2> ...]
```

UPDATE 命令功能：更新表中满足条件的记录。

【例 3-53】将学号为 S0082999 的学生入学成绩改为 612 分。

SQL 语句如下：

```
UPDATE 学生表
    SET 入学成绩 = 612
    WHERE 学号 = 'S0082999';
```

注意：由于 UPDATE 语句对数据表更新是不可逆的，所以 UPDATE 语句中的 WHERE 条件必须写对。

3. 删除记录

语句格式：

```
DELETE [table.*]
    FROM table
    WHERE <条件 1> [AND | OR <条件 2> ...]
```

DELETE FROM 命令的功能是从表中删除满足条件的记录。

【例 3-54】删除学号为 S0082999 的学生。

SQL 语句如下：

```
    DELETE
        FROM 学生表
        WHERE 学号 = "S0082999";
```

注意：由于 DELETE 删除语句同样不可逆，使用时需细心。

此外，Access 支持 SQL 中的数据定义语言（DDL），用来定义数据库模式。它包括建立表（CREATE TABLE）、删除表（DROP TABLE）和修改表结构语句（ALTER TABLE）。限于篇幅，此处不再介绍，有兴趣的读者可以参考有关书籍。

3.4 数据库与数据表建立

数据库与数据表的建立是数据查询（操纵）的基础，本节首先给出 Access 数据库和数据表建立过程，再给出使用 SQL 语句的方法创建数据表和数据表间主、外键约束的示例。本节内容读者可以选学。

3.4.1 Access 数据库和数据表建立

在关系数据库中，数据库模式设计是核心基础部分，它设计的好坏直接影响数据库使用效率，如存在数据存储冗余、数据修改不能够同步等若干问题。数据库设计遵循数据库范式理论，主要是对数据库施加完整性约束。这里给出数据库和数据表设计的一般过程。

1. 设计数据库模式

对数据库应用需求调查，根据数据库范式理论绘制数据库模式图。数据库模式中包括所有数据表的字段名称、字段类型、主键和数据表间的外键约束。

2. 建立数据库

(1)单击"开始"|"所有程序"|"Microsoft Office"|"Microsoft Office Access 2010"，启动Access。在"可用模板"单击"空数据库"按钮，如图3-41所示。

图3-41 单击"空数据库"按钮

(2)在界面右侧进行设置，将数据库文件存放于D盘根目录，并数据库名称改为"My教学管理数据库.accdb"，单击"创建"按钮，如图3-42所示。此时新建的数据库处于打开状态，并选中数据表选项卡，如图3-43所示。

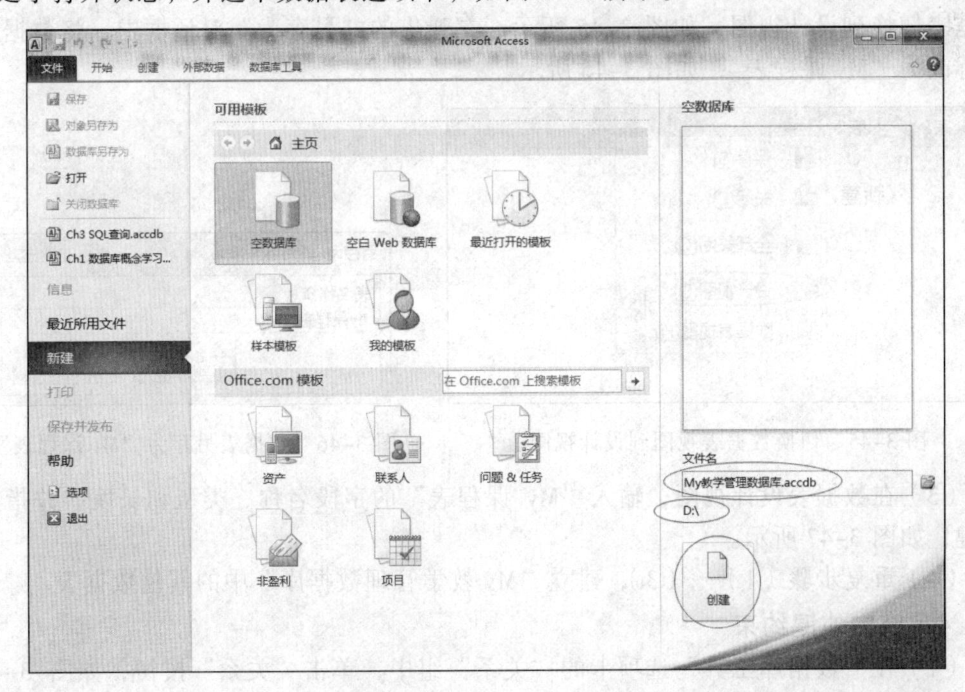

图3-42 指定数据库存放路径和名称

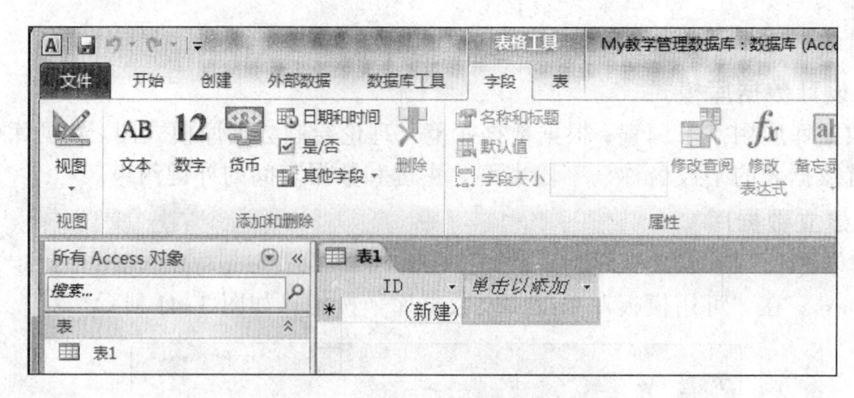

图 3-43　部分数据表选项卡

3．建立数据表和主键约束

（1）在“创建”选项卡的“表格”组中，单击“表”按钮，新建一个空白数据表（名称为“表 2”），如图 3-44 所示。

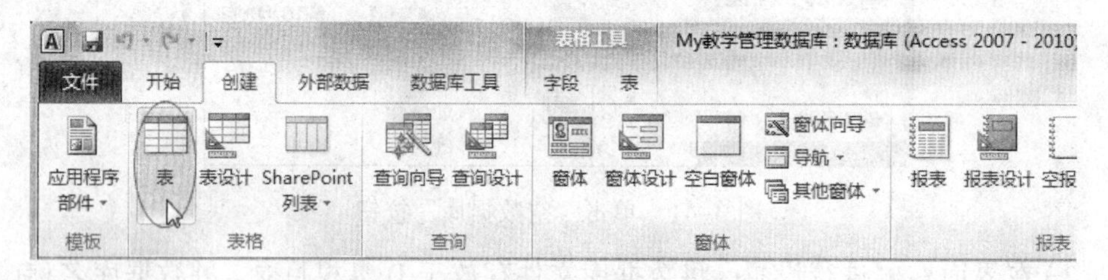

图 3-44　单击“创建”选项卡中的“表”按钮

（2）在“表 2”选项卡上右击，在弹出的快捷菜单中选择“设计视图”命令，将数据表切换到设计视图，如图 3-45 所示。在弹出的“另存为”对话框中，将数据表名称改为“My 课程表”，如图 3-46 所示。

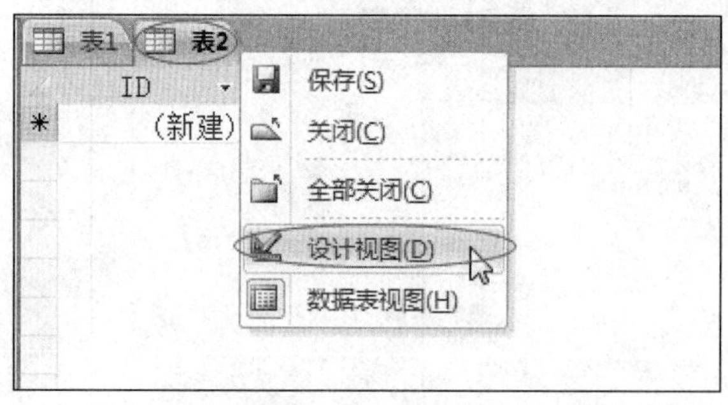

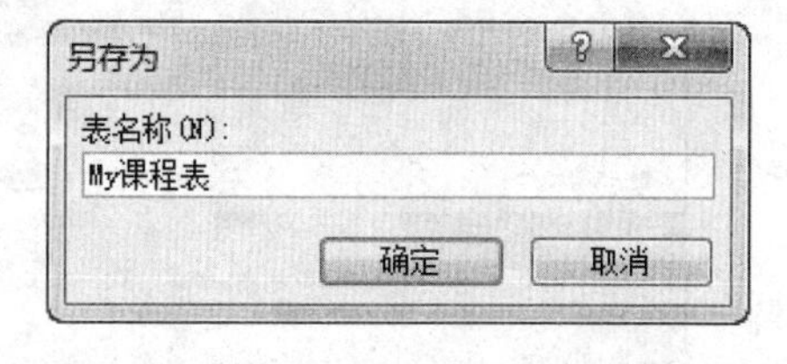

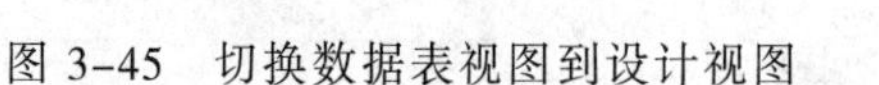
图 3-45　切换数据表视图到设计视图

图 3-46　数据表另存为“My 课程表”

（3）在数据表设计视图，输入“My 课程表”的字段名称、类型和长度，并指定主键，如图 3-47 所示。

（4）重复步骤（1）～（3），建立“My 教学管理数据库”中的其他数据表。

4．施加外键约束

（1）在“数据库工具”选项卡的“关系”组中，单击“关系”按钮，如图 3-48 所示。

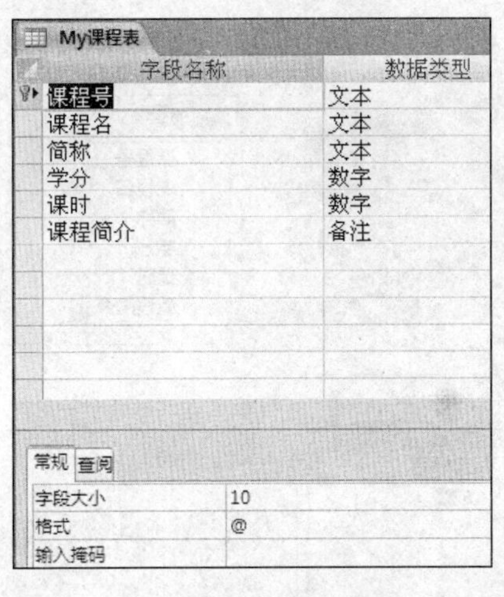

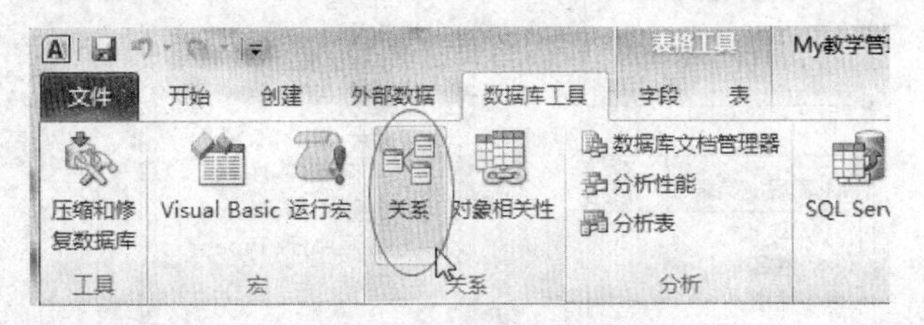

图 3-47 “My 课程表”字段名称、类型和长度

图 3-48 单击“关系”按钮

（2）在出现的“关系”工作区空白处右击，在弹出的快捷菜单中选择“显示表”命令，如图 3-49 所示，弹出“显示表”对话框，如图 3-50 所示。

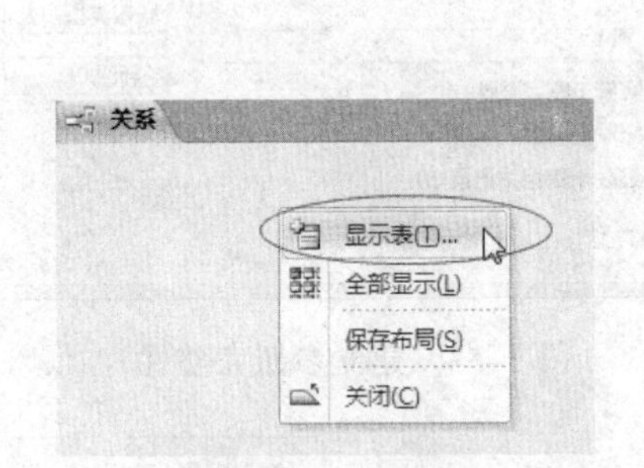

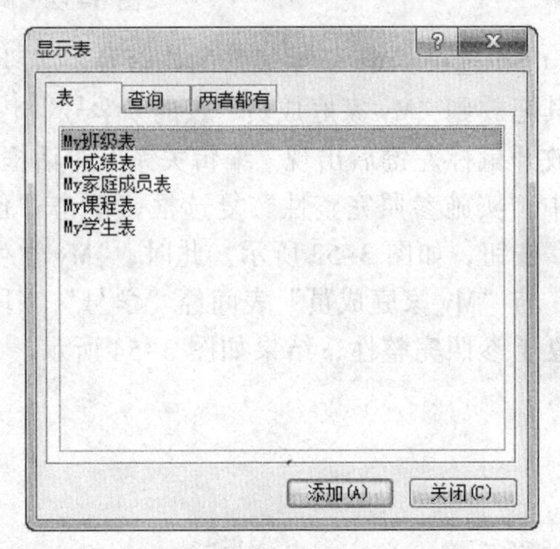

图 3-49 选择“显示表”快捷菜单

图 3-50 “显示表”对话框

（3）在“显示表”对话框中，选中“My 班级表”，按住【Shift】键单击“My 学生表”选中所有数据表，然后单击“添加”按钮，将所有数据表添加完成后，单击“关闭”按钮，效果如图 3-51 所示。

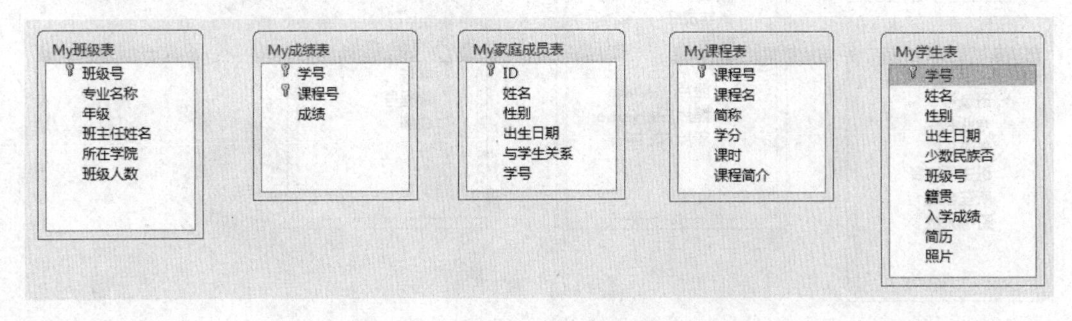

图 3-51 添加所有数据表

（4）调整数据表位置和大小，如图 3-52 所示。

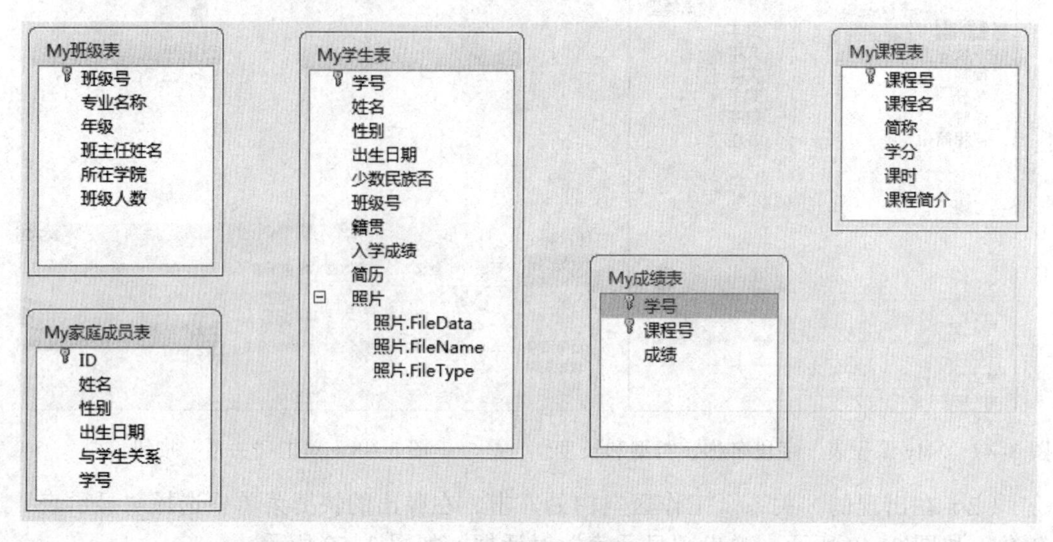

图 3-52 调整数据表

（5）选中“My 学生表”的“学号”字段，将其拖放到“My 家庭成员”表的“学号”上，在放开鼠标左键后出现“编辑关系”对话框，选中“实施参照完整性”复选框，单击“创建”按钮，如图 3-53 所示。此时，“My 学生表”与“My 家庭成员”表间经“学号”字段建立了参照完整性，结果如图 3-54 所示。

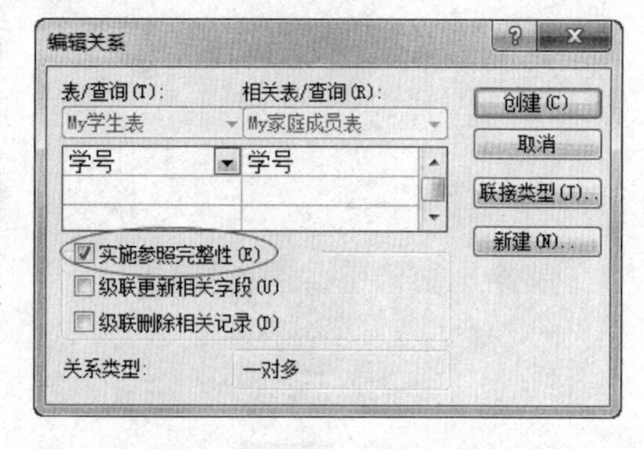

图 3-53 建立参照完整性

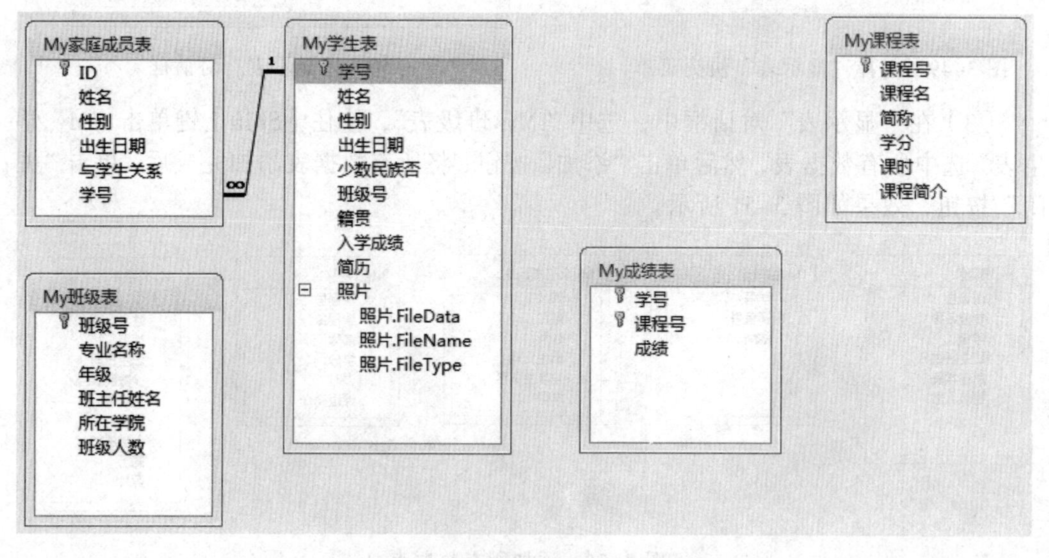

图 3-54 施加外键约束的结果

（6）重复步骤（5），建立其他数据表间的外键约束，最终结果如图 3-55 所示。

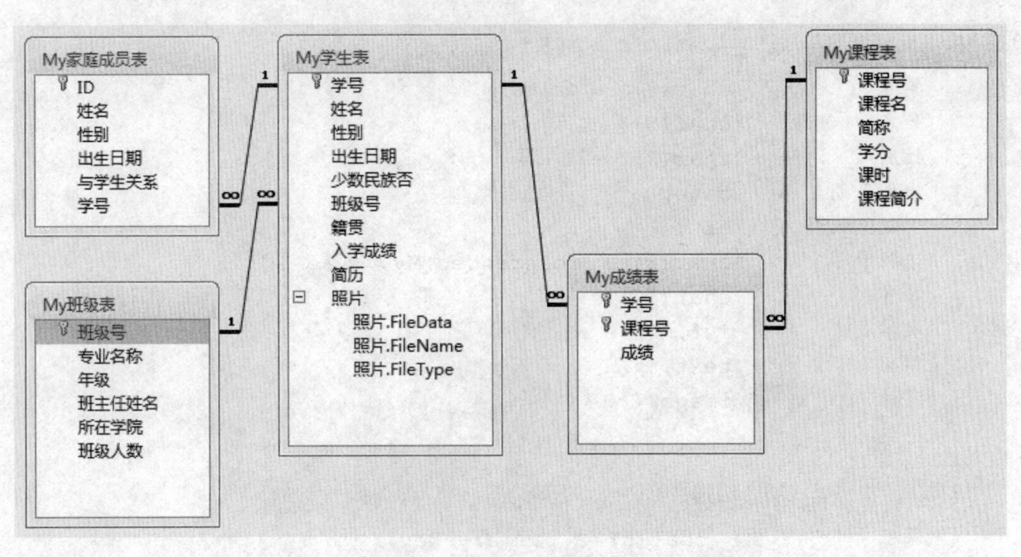

图 3-55　最后的数据库模式

5. 录入或导入数据

由于数据表已经施加了主键和外键约束，数据的录入工作存在先后顺序，对“My 教学管理数据库”应先录入“My 班级表”“My 课程表”，再录入“My 学生表”，最后录入“My 成绩表”和“My 家庭成员表”。如果在录入完成“My 班级表”后，录入“My 学生表”时输入“班号”字段的值在“My 班级表”中没有，则违反了参照完整性约束，此时录入数据将不能够存入数据表中。

采用数据导入方式，也同样存在先后顺序问题，其导入数据顺序与录入顺序相同。同样，由于参照完整性约束，多表中的约束属性取值必须在一表中存在，否则不能够导入。

3.4.2　使用 SQL 语句建立、删除和修改表结构

除了使用窗体界面建立数据表的方法，Access 还支持 SQL 语句建立、删除和修改数据表。SQL 语句输入界面进入方法如前所述。

1. 建立表结构

【例 3-55】使用 SQL 语句创建数据库“MY 教学管理数据库”和数据表“MY 班级表、MY 学生表、MY 课程表、MY 成绩表”。

SQL 语句如下：

```
CREATE TABLE My 班级表(
    班级号          char(8)    primary key,
    专业名称        char(30),
    年级            char(4),
    班主任姓名      char(8),
    所在学院        char(10),
    班级人数        Integer
```

```
)

CREATE TABLE My学生表(
    学号              char(7)    primary key,
    姓名              char(8),
    性别              char(2),
    出生日期          date,
    少数民族否        bit,
    班级号            char(8)    references My班级表,
    籍贯              char(12),
    入学成绩          int,
    简历              text,
    照片              image
)

CREATE TABLE My课程表(
    课程号              char(5)    primary key,
    课程名              char(14),
    简称                char(20),
    学分                int,
    课时                int,
    课程简介            memo
)

CREATE TABLE My家庭成员表(
    ID                  char(5)    primary key,
    姓名                char(8),
    性别                char(1),
    出生日期            date,
    与学生关系          char(3),
    学号                char(7)    references My学生表(学号)
)
CREATE TABLE My成绩表(
    学号              char(7),
    课程号            char(5),
    成绩              int,
        primary key(学号, 课程号) ,
        constraint 学号约束 foreign key (学号) references  My学生表(学号),
        constraint 课程号约束 foreign key (课程号)  references  My 课程表
(课程号)
)
```

可以单击“数据库工具”选项卡中的“关系”按钮查看上述 SQL 语句执行效果。

注意： 上面 SQL 语句使用不同数据库名和表名是为防止覆盖原来的教学管理数据库。

比较使用数据设计器建立教学管理数据库的过程，不难发现使用 SQL 语句可以方便地实现“一次编写多次使用”。

2. 删除表

删除表的功能是删除数据表。

语句格式：

```
DROP TABLE <表名>
```

DROP TABLE 命令功能：删除指定的表，注意这是物理删除，不可恢复。

3. 修改表结构

修改表结构的功能是修改数据表的字段名称、字段类型，或添加、删除字段。

语句格式：

```
ALTER TABLE <表名1>
    ADD | ALTER [COLUMN] <字段名1>
                    FieldType [(<宽度> [, <精度>])]
        [NULL | NOT NULL]
        [CHECK <逻辑表达式1> [ERROR <提示信息1>]]
        [DEFAULT <表达式1>]
        [PRIMARY KEY | UNIQUE]
        [REFERENCES <表名2> [TAG <标记名1>]]
        [NOCPTRANS]
        [NOVALIDATE]
```

ALTER TABLE 命令功能：修改数据表的结构，包括修改字段名和字段类型；添加或删除字段等操作。

习　题

1. 问答题

（1）SELECT语句如何实现投影操作？如何实现选择操作？

（2）试述两个表之间的自然连接操作工作原理，要实现二表之间的自然连接对两个表有什么要求？如何将二表之间的自然连接扩展到多个表导航查询？

（3）SELECT语句中的WHERE子句包括哪些运算符？

2. SQL编写题

（1）假设图书管理数据库中有四个表：图书分类、图书、借阅和读者。它们的模式如图3-56所示，表结构分别如下：

读者表（证件号（文本，10），姓名（文本，10），单位（文本，200））

借阅表（证件号（文本，10），条码号（文本，8），借书日期（日期时间），还书日期D（日期时间），超期天数（数值），财产号（文本，50），借书经手人（文本，50），借书地（文本，50），还书经手人（文本，50），还书地（文本，50），借阅规则（文本，50），借阅方式（文本，50））

图书条码表（条码号（文本，8），索书号（文本，18），入库时间（日期时间））

图书表（索书号（文本，18），题名（文本，50），作者（文本，20），出版社（文本，20），价格（数值（7，2）），出版年份（日期时间））

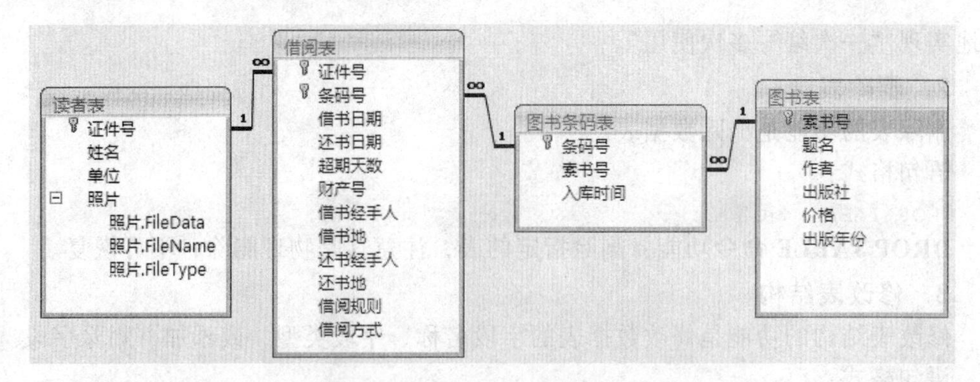

图 3-56　图书管理数据库模式

① 试标示出各表的主键字段名称，画出表之间的约束关系和约束字段名称。

② 解释 WHERE 子句中的"借阅.借书证号=读者.借书证号"对应的关系操作含义。

③ 求“中国铁道出版社”的所有图书名称和价格。

④ 求工作单位为“信息管理学院”的读者姓名。

⑤ 求所有包含“人民”二字的图书名称、出版社名和价格。

⑥ 求读者“李默”所借阅图书的所属出版社（去除重复的记录）。

⑦ 求作者“魏超”的图书为哪些读者和工作单位所借阅。

⑧ 求图书“网络广告”为哪些读者借阅（去除重复的记录）。

⑨ 用 INSERT 语句插入一个读者信息：09626，孙强，力学所。

⑩ 用 DELETE 语句删除证件号为 04375 的读者。

⑪ 用 UPDATE 将索书号为 T 开头的书单价增加 20%。

⑫ 试编写交叉表查询，要求如表 3-7 所示。

表 3-7　交叉表查询

出　版　社	总　册　书	单　　位
	SUM（册书）	册书

（2）试编写基于“产品销售数据库”的数据检索语句。

数据库模式如图 3-57 所示，试完成下列操作。

① 标示出各表的主键字段名称，画出表之间的约束关系和约束字段名称。

② 显示“客户”表所有姓“古”的顾客姓氏、名字和公司名称。

③ 查找“产品”表“列出价格”在 1000～1500 元的产品代码和产品名称。

④ 查找“分派的日期”在 2010 年 07 月 01 日～2010 年 07 月 31 日之间所有的产品代码、产品名称、分派的日期和单位数量明细列表。

⑤ 统计“分派日期”在 2010 年 07 月 01 日～2010 年 07 月 31 日之间所有产品 ID 为“0012”的数量之和。

⑥ 已知客户 ID 为“8867”，求其所购买的所有产品名称。

⑦ 已知客户 ID 为“8867”，求其“分派的日期”在 2010 年 07 月 01 日～2010 年 07 月 31 日之间所购买的金额。

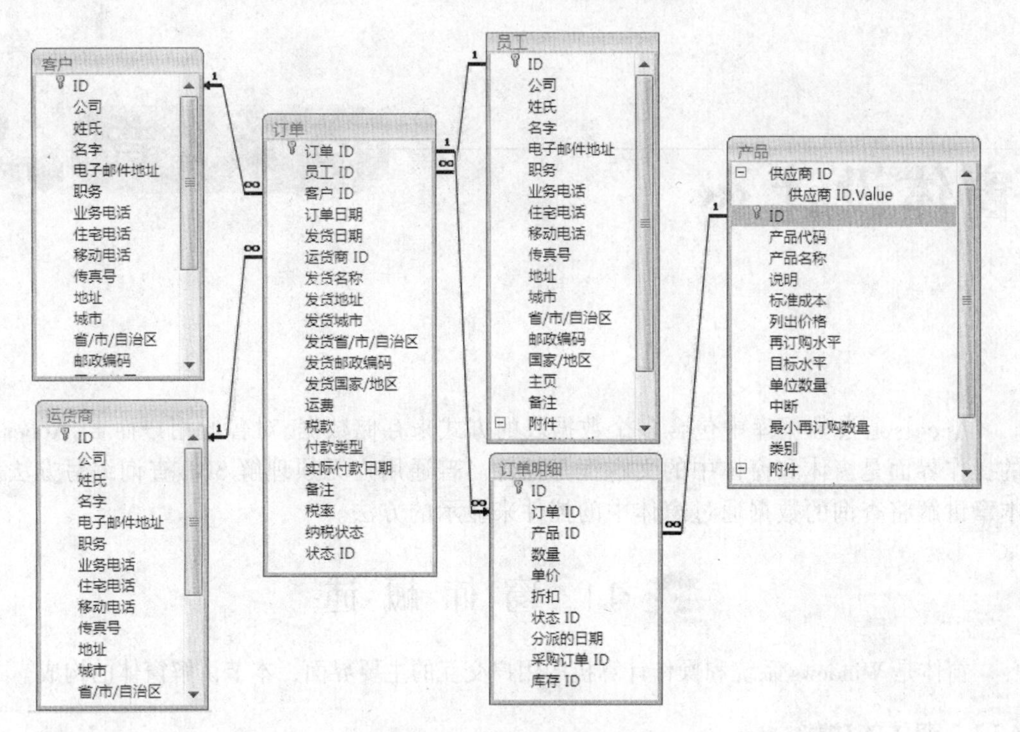

图 3-57 产品销售数据库模式

⑧ 插入一条记录到“产品”表中，记录内容自行定义。

⑨ 删除“订单明细”表中产品号包含“P001”的所有记录。

⑩ 更新产品 ID 为包含“001”的所有产品折扣为 0.65。

⑪ 编写交叉表查询，完成图 3-58 所示的功能。

员工	总计 订单	北京	长春	济南	昆明	南昌	南京	秦皇	青岛	上海	深圳	温州	厦门	烟台	张家l	重庆
张 颖	12	1	2	3	1	1	1				1		1		1	
王 伟	4	1		1									1			1
李 芳	6	2	1				1		1	1						
郑 建杰	8	3			1			1	1		1				1	
孙 林	4	1	1				1		1							
金 士鹏	2			1								1				
刘 英玫	2													1		1
张 雪眉	10	2		1			1			1	1		1	1	1	1

图 3-58 交叉表查询

第4章

窗体设计 «

Access 通过数据库中包含多个数据表的方式来存储数据。对普通用户而言，Access 的操作界面是窗体和窗体中的文本框等控件。普通用户无须理解 SQL 查询编写方法。本章讲解将查询的数据通过窗体中的控件来显示的方法。

4.1 窗体概述

窗体是 Windows 系统和操作计算机的用户交互的主要界面，本节讲解窗体的构成。

4.1.1 窗体的功能

用户通过窗体与计算机交互，窗体上通常有一个或多个控件，用来显示或接收用户想要输入或更改的信息。例如，“学生”窗体可能有“姓名”文本框控件（用于输入和查看学生姓名）、“班号”文本框控件（用于输入和查看班号）、“贷款否”复选框控件（用于表示该学生是否贷款），等等。图 4-1 给出了由不同控件组成的对话框示例。表 4-1 给出了 Access 常用控件及其功能一览表。

图 4-1　对话框构成的人机交互界面

表 4-1 Access 常用控件及其功能一览表

控件名称	控件图标	控件功能
文本框（Text Box）		窗体或报表上的文本框用于显示来自记录源的数据
标签（Label）		窗体或报表上的标签显示说明性文本，例如标题、说明或简短指示
按钮（Button）		窗体上的命令按钮可以启动一项操作或一组操作
组合框（Combo Box）		组合框控件兼具文本框和列表框的功能。如果希望用户既可以键入值又可以从预定义列表中选择值，则可使用组合框
列表框（List Box）		列表框控件显示值或类似内容的列表
子窗体/子报表（Subform/Subreport）		子窗体控件将一个窗体嵌入另一个窗体中。子报表控件将一个报表到另一个报表中
直线（Line）		直线控件在窗体或报表中显示水平线、垂直线或对角线
矩形（Rectangle）		此对象对应于一个矩形控件。矩形控件在窗体或报表上显示矩形
图像（Image）		图像控件可将图片添加到窗体或报表中
复选框（Check Box）		复选框是一个独立的控件，显示"是/否"值
选项按钮（Option Button）		用于显示"是/否"值。通常在多个选项按钮中排他性地只能选中一个选项按钮
选项组（Option Group）		窗体或报表上的选项组可显示有限个选项的集合。因为可以只单击所需的值，所以使用选项组进行值的选取非常容易。在选项组中，一次仅能选取一个选项
切换按钮（Toggle Button）		窗体上的切换按钮是一个独立控件，用于显示基础记录源中的"是/否"值
选项卡控件（Tab Control）		选项卡控件包含多个页，可以将其他控件放在其中，如文本框或选项按钮。当用户单击相应选项卡时，该页即转入活动状态
图表（Chart）		图表控件将数据按图像格式显示
未绑定对象框（Unbound Object Frame）		未绑定对象框对象可用来显示不在Access数据库表中存储的图片、图表或任意 OLE 对象
绑定对象框（Bound Object Frame）		绑定对象框对象可用来显示在 Access 数据库表中存储的图片、图表或任意 OLE 对象
分页符		分页符常用于报表的强制分页
导航控件		导航可以得到更为简单的人机交互界面，导航控件由导航按钮和导航子窗体两个部分构成
超链接（Hyperlink）		超链接对象用来实现窗体、报表或数据访问页上的控件相关联的 Web 页面超链接
Web 浏览器控件		将 Web 控件绑定到 Access 窗体中，这样 Access 可以与 Web 集成到一起
附件（Attachment）		要对内容字段的附件数据类型进行操作时，可使用附件控件

4.1.2 窗体的类型

窗体类型按其是否绑定到数据库和窗体有两种类型。

1．按窗体是否绑定数据表

在 Access 中，根据是否与数据源联系，存在两种类型的窗体：

（1）绑定窗体：如果要通过窗体输入、编辑或者使用存储在表或查询中的数据，可以创建绑定窗体。绑定窗体上的控件与表或查询中的字段保持连接。例如，“学生”窗体上的“姓名”文本框控件被绑定到“学生表”中的“姓名”字段。当打开该窗体时，“姓名”文本框将显示第一个客户的姓名。当编辑姓名文本框的内容时，Access 将更新“学生表”中相应客户记录的“姓名”字段。

（2）非绑定窗体：不同于绑定窗体，非绑定窗体不与数据库中的任何表或查询连接,即用户不能使用非绑定窗体来输入或查看数据库中的数据。通常，非绑定窗体作为工具使用，如用作切换面板和对话框。切换面板是一种窗体，当打开切换面板时，它可以提供一个任务菜单。对话框是一种窗口，它通过消息提示用户进行操作（如“您想要关闭数据库吗？”）。消息字符串和用户的输入都不会存储在表或查询中。

2．按窗体表现形式

按窗体表现形式，窗体可以分为平面窗体、分割窗体、多项目窗体、主/子窗体、数据透视图窗体、数据透视表窗体等。

此外，用户根据需要，可以创建选项卡窗体、切换面板窗体、模式对话框窗体。有关此部分内容请参阅 4.4 节。

4.2 窗体创建

本节将按窗体表现形式分别介绍平面窗体、分割窗体、多项目窗体、主/子窗体、数据透视图窗体和数据透视表窗体。

4.2.1 创建平面、分割和多项目窗体

1．平面窗体

平面窗体如图 4-2 所示。

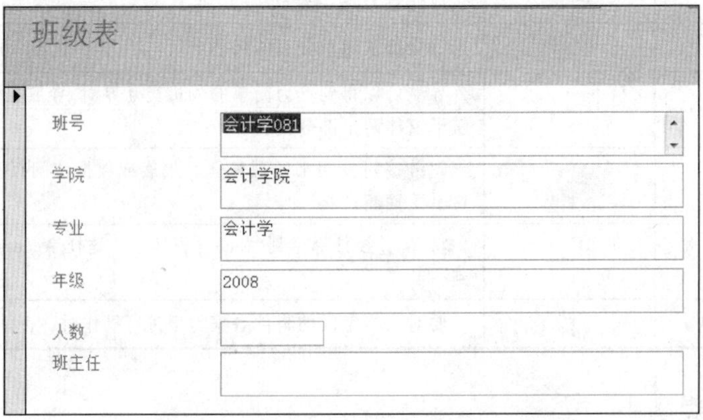

班级表

班号　会计学081

学院　会计学院

专业　会计学

年级　2008

人数

班主任

图 4-2　班级表窗体——平面窗体

创建平面窗体的方法：

（1）在导航窗格中，单击并选中包含要在窗体上显示的数据的表或查询，本例为“班级表”；或者在数据表视图中打开该表或查询。

（2）在“创建”选项卡的“窗体”组中单击“窗体向导”按钮。

（3）在向导中，首先“选定字段”加入所有班级表字段，再选择“窗体布局”的“纵栏表”，最后选择“打开窗体查看或输入信息”（即“窗体视图”，此为默认选项）还是“设计视图”。

（4）根据需要，可以将视图切换到布局视图或设计视图。

2．分割窗体

分割窗体同时提供数据的两种视图：窗体视图和数据表视图，如图 4-3 所示。这两种视图连接到同一数据源，并且总是保持相互同步。如果在窗体的一个部分中选择了一个字段，则会在窗体的另一部分中选择相同的字段。只要记录源可更新，则可以从任一部分添加、编辑或删除数据。使用分割窗体可以在一个窗体中同时利用两种窗体类型的优势。例如，可以使用窗体的数据表部分快速定位记录，然后使用窗体部分查看或编辑记录。

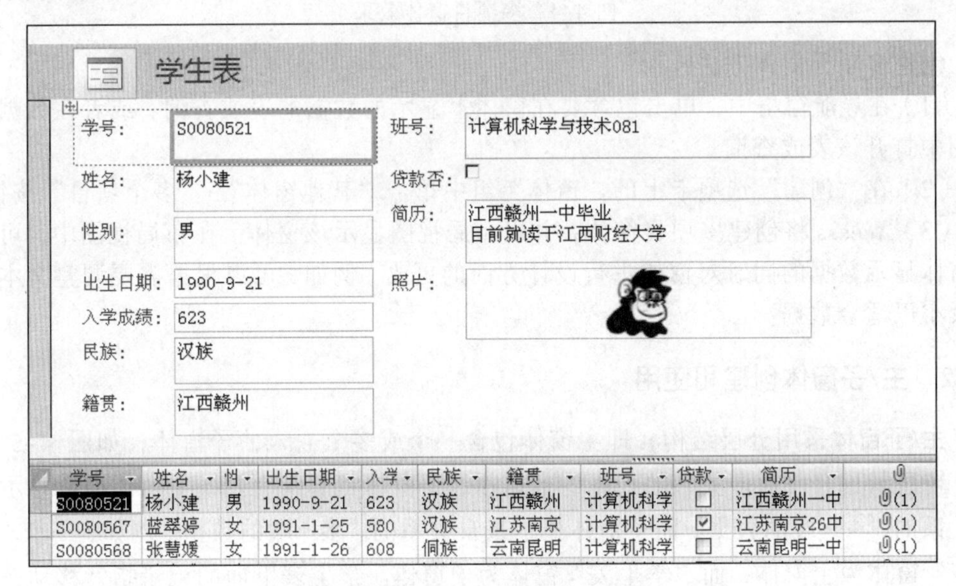

图 4-3　分割窗体示意图

创建分割窗体的方法：

（1）在导航窗格中，单击并选中包含要在窗体上显示的数据的表或查询，本例为“学生表”；或者在数据表视图中打开该表或查询。

（2）在“创建”选项卡的“窗体”组中单击“其他窗体”|“分割窗体”按钮。

（3）Access 将创建分割窗体，并以布局视图显示该窗体。在布局视图中，可以在窗体显示数据的同时对窗体进行设计方面的更改。例如，可以根据需要调整文本框的大小以适合数据。

3. 多个项目窗体

多个项目窗体用来创建显示多个记录的窗体，部分结果如图 4-4 所示。

图4-4多项目窗体示意图

多项目窗体

学号	姓名	性别	出生日期	学成绩	民族	班号	款否	照片
S0080521	杨小建	男	1990-9-21	623	汉族	计算机科学与	☐	
S0080567	蓝翠婷	女	1991-1-25	580	汉族	计算机科学与	☑	
S0080568	张慧媛	女	1991-1-26	608	侗族	计算机科学与	☐	
S0080594	叶志威	男	1990-1-13	642	汉族	计算机科学与	☐	
S0080596	杨意志	男	1990-1-15	608	汉族	计算机科学与	☐	
S0082563	郑廷	男	1991-4-20	556	汉族	会计学081	☐	
S0082577	万智	男	1989-10-6	580	汉族	会计学081	☐	
S0082578	郭大雷	男	1989-8-9	532	汉族	会计学081	☐	
S0082580	吴静婷	女	1990-3-11	642	汉族	会计学081	☑	
S0082581	石茂麟	男	1991-6-20	670	汉族	会计学081	☐	

图 4-4　多项目窗体效果

创建多项目窗体方法：

（1）在导航窗格中，单击包含要在窗体上显示的数据的表或查询；或者在数据表视图中打开该表或查询。

（2）在“创建”选项卡上的“窗体”组中单击“其他窗体”|“多个项目”按钮。

（3）Access 将创建多项目窗体，并以布局视图显示该窗体。在布局视图中，可以在窗体显示数据的同时对窗体进行设计方面的更改。例如，可以根据需要调整文本框的大小以适合数据。

4.2.2　主/子窗体创建和使用

主/子窗体采用分层结构，即主窗体包含一个或多个嵌入的子窗体，如图 4-5 所示。当显示具有一对多关系的表中的数据时，子窗体将非常有用。主窗体通常显示来自关系的“一”端的数据，而子窗体显示来自关系的“多”端的数据。例如，一个“班级表”窗体为主窗体，而“学生表”窗体为子窗体。学生表下面的记录指针移动按钮对应于“学生表”（多表），而最下面的记录指针移动按钮对应于“班级表”（一表）。

可以使用“窗体”按钮自动来创建主/子窗体，其方法为：

（1）在导航窗格中，单击并选中在主窗体上显示的数据的表或查询，本例为“班级表”；或者在数据表视图中打开该表或查询。

（2）在“创建”选项卡的“窗体”组中单击“窗体”按钮，即可自动创建主/子窗体。

Access 提供了先创建主窗体，然后将窗体切换到设计视图，再通过“设计”选项卡中的“子窗体”按钮添加子窗体。

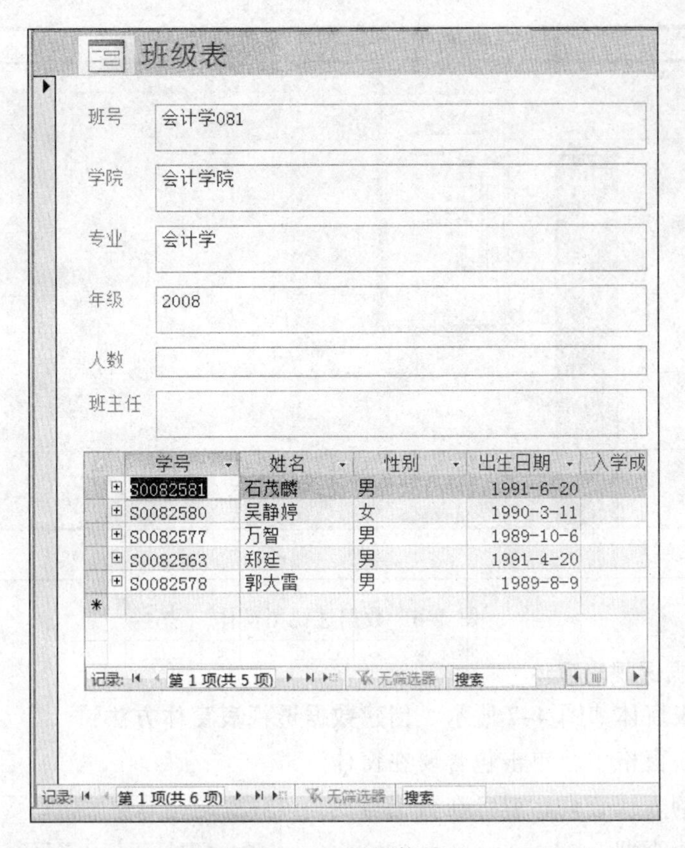

图 4-5　主/子窗体结果

4.2.3　创建数据透视表和数据透视图

数据透视表和数据透视图窗体具有强大的数据分析功能，在创建过程中，用户可以动态地改变窗体的版式布置，以便按照不同方式对数据进行分析。此外，用户还可以重新排列行标题、列标题和页，直到对布局满意为止。每次改变版式时，窗体都会按照新的布置立即重新计算数据，当源数据发生改变时，数据透视表和数据透视图中的数据也将得到即时更新。

1. 创建数据透视图窗体

数据透视图窗体如图 4-6 所示。创建数据透视图窗体方法：

（1）在导航窗格中，单击并选中包含要在窗体上显示的数据的表或查询；或者在数据表视图中打开该表或查询。

（2）在“创建”选项卡的“窗体”组中单击“其他窗体”|“数据透视图”按钮。

（3）Access 将创建数据透视图窗体，并以数据透视图视图显示该窗体。根据数据透视图要求，用户可以高亮“字段列表”按钮，并将“字段列表”中的不同字段放置到“筛选字段”和“系列字段”。

（4）在窗体显示数据的同时对窗体进行设计方面的更改。例如，可以根据需要调整文本框的大小以适合数据。

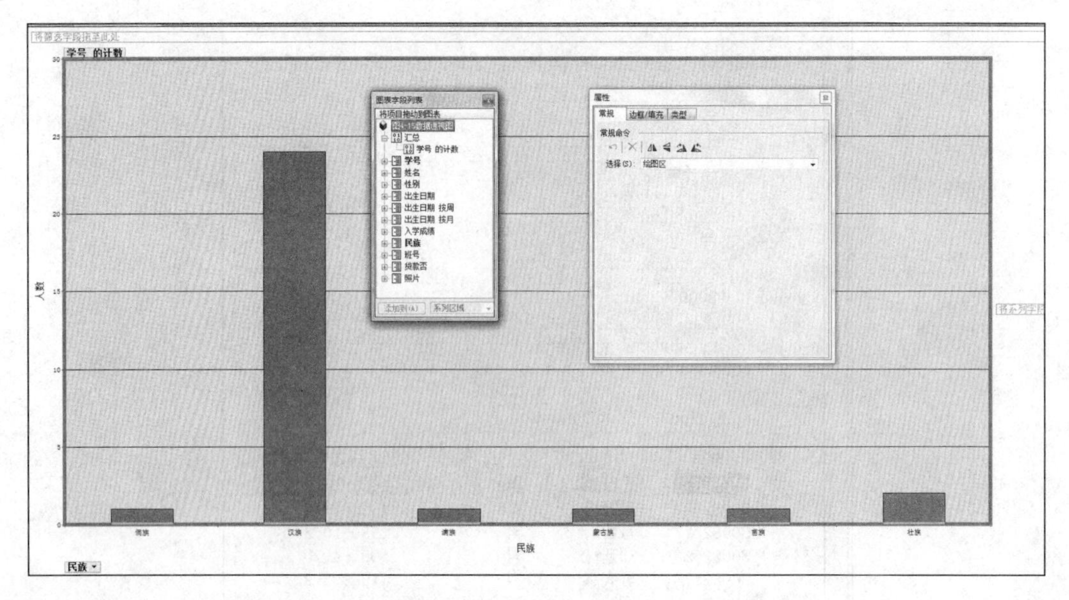

图 4-6　数据透视图窗体

2. 创建数据透视表窗体

数据透视表窗体如图 4-7 所示。创建**数据透视表窗体**方法：

（1）在导航窗格中，单击包含要在窗体上显示的数据的表或查询；或者在数据表视图中打开该表或查询。

（2）在“创建”选项卡的“窗体”组中单击“其他窗体”|“数据透视表”按钮。

（3）Access 将创建数据透视表窗体，并以数据透视表视图显示该窗体。根据数据透视图要求，用户可以打开“数据透视表字段列表”，并将“数据透视表字段列表”中的不同字段放置到“列字段”“行字段”和“汇总或明细字段”中。用户也可以放置可选的“筛选字段”。

（4）在窗体显示数据的同时对窗体进行设计方面的更改。例如，可以根据需要调整文本框的大小以适合数据。

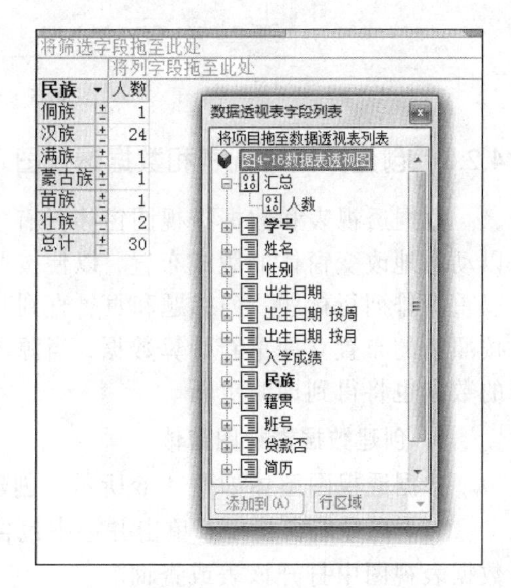

图 4-7　数据透视表窗体

4.3　个性化窗体设计

前述介绍的窗体设计方法中，在选择数据源以后，系统会自动设计好窗体。Access 还提供了窗体设计视图创建窗体方法。与使用向导创建窗体相比，在设计视图中创建窗体具有如下特点：

（1）不但能创建窗体，而且能修改窗体。无论是用哪种方法创建的窗体，生成的窗体如果不符合预期要求，均可以在设计视图中进行修改（数据透视表视图和数据透视图除外）。

（2）支持可视化程序设计，用户可利用窗体的“设计”和“排列”选项卡在窗体中创建与修改控件对象。

4.3.1 个性化窗体示例

【例 4-1】个性化窗体示例。

具体操作步骤如下：

（1）在导航窗格中，选择“学生表”对象。

（2）在“创建”选项卡的“窗体”组中单击“空白窗体”按钮，如图 4-8 所示。

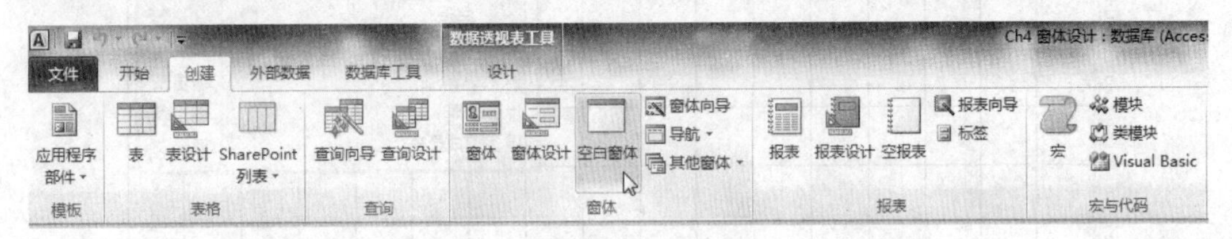

图 4-8 建立空白窗体

（3）将窗体由布局视图切换到设计视图，并在“字段列表”中，单击“学生表”前的“加号”按钮，将学生表字段展开，如图 4-9 所示。

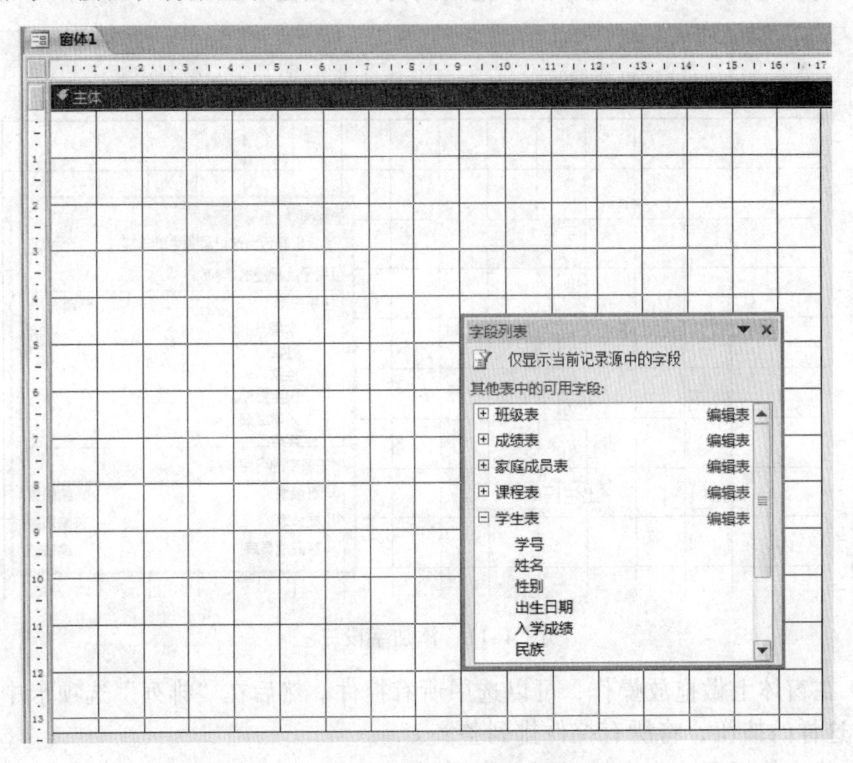

图 4-9 添加字段一

（4）单击“学号”字段，然后将“学号”字段拖放到窗体空白处，如图 4-10 所示。

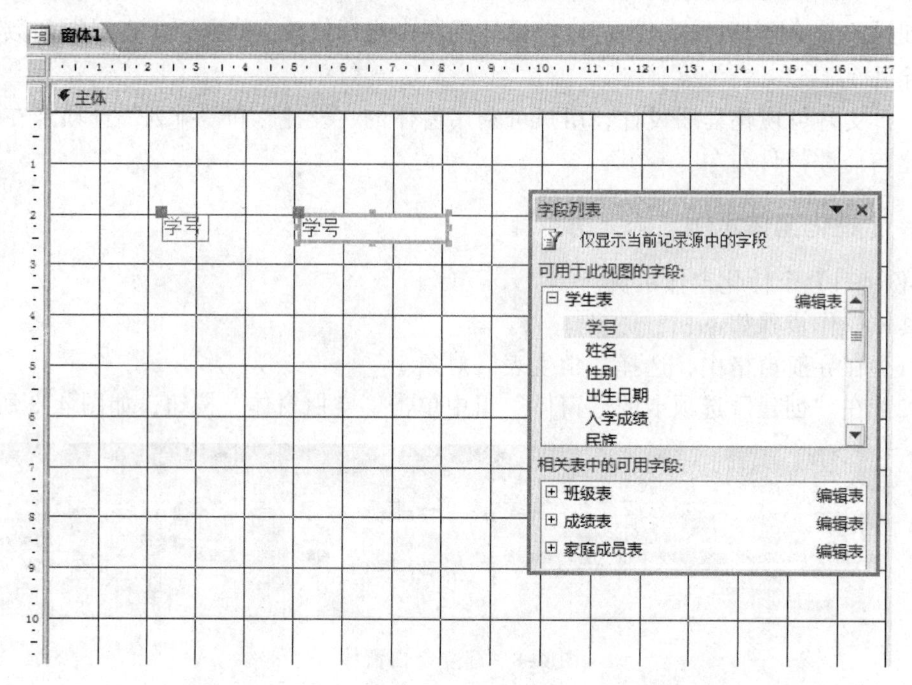

图 4-10　添加字段二

（5）将其他需要的字段选中后，拖放到窗体空白处，如图 4-11 所示。

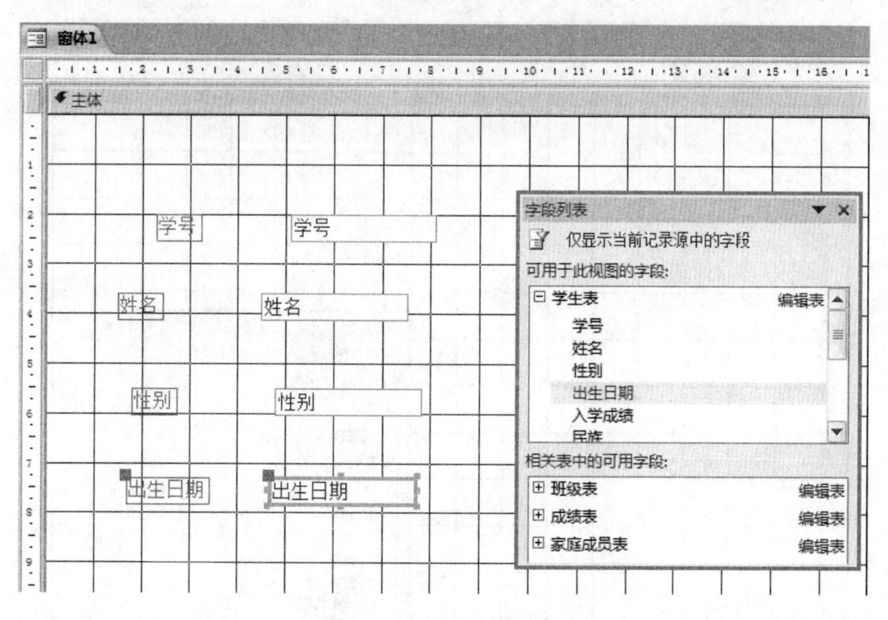

图 4-11　添加字段三

（6）在窗体上做拖放操作，可以选中所有控件。然后在“排列”选项卡中单击如“堆积”这样的按钮，将所有控件排列整齐。

（7）将窗体视图改为窗体视图，得到图 4-12 所示的结果。

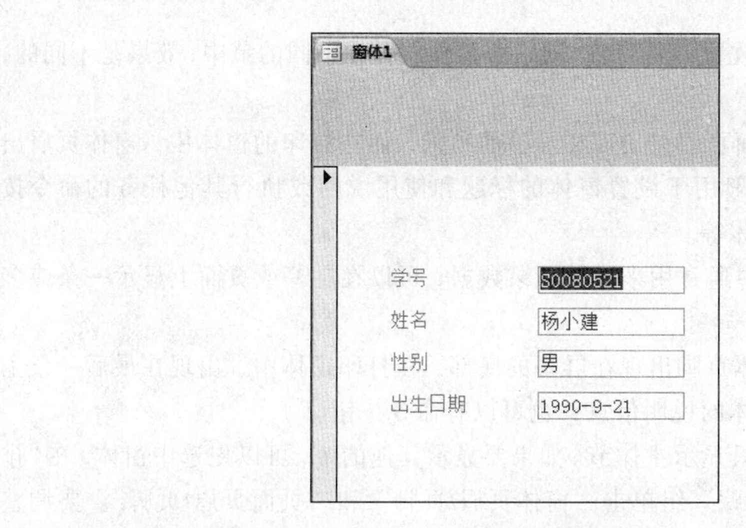

图 4-12　例 4-1 窗体视图结果

4.3.2　个性化窗体设计界面

在个性化窗体设计界面中，一个窗体由三个部分构成，每个部分称为一个“节”，这三个节分别是窗体页眉、主体、窗体页脚，如图 4-13 所示。每个节都有特定的用途，并且在打印时按窗体中所见即所得的方式打印。

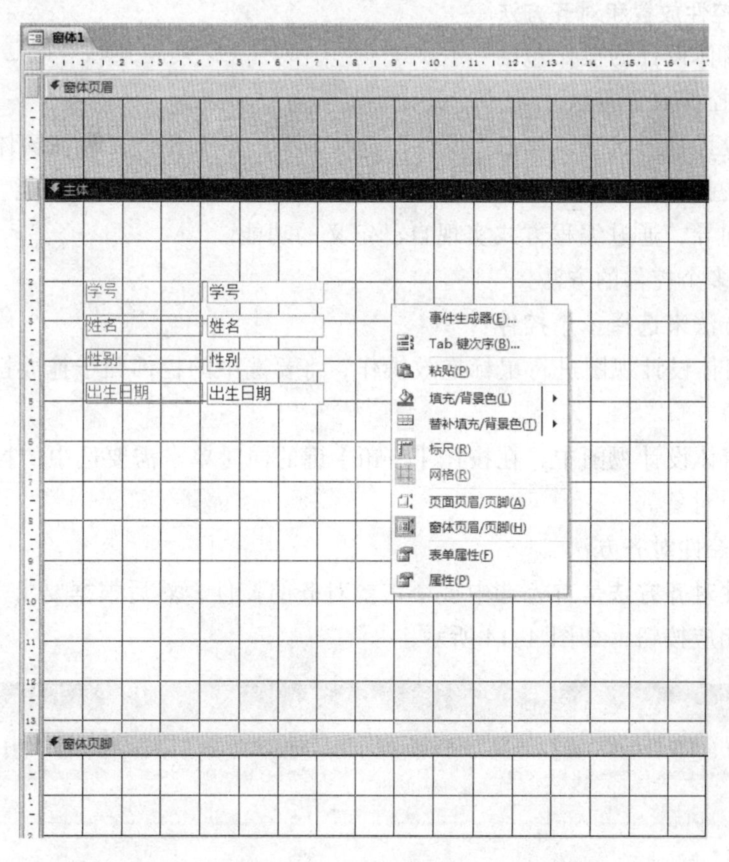

图 4-13　窗体构成

每一个节中都可以放置不同控件。同一个控件放置在不同的节中，效果是不同的，各节的作用如下：

（1）窗体页眉：页面页眉只出现在屏幕的顶部，而在打印的窗体中，窗体页眉出现在第一页的开头。一般用于设置窗体的标题和使用说明或执行其他任务的命令按钮，或打开其他相关窗体等。

（2）主体：主体节中通常用来显示记录数据，可以在屏幕或页面上显示一条或多条记录。

（3）窗体页脚：窗体页脚出现在屏幕的底部，在打印窗体中，出现在最后一条主体节之后，用于显示窗体的说明信息，也可以有命令按钮。

通常新建一个窗体只显示主体节。如果要显示其他的节，可以先选中窗体，在“排列”选项卡的“显示/隐藏”组单击“窗体页眉/页脚”和“页面页眉/页脚”。要调整窗体中各节的高度，可将鼠标指针指向各节的上边，当鼠标变成✣时，进行拖放操作即可。

4.3.3 个性化窗体设计中的方法

在个性化窗体设计中，涉及许多通用的方法，这里对这些方法一一进介绍。

1. 窗体控件放置和对齐方法

个性化窗体设计的操作包括：

1）窗体控件放置方法

在窗体设计视图状态，单击“设计”选项卡中的一个控件，再在窗体区域单击即可放置选中的控件。Access 通常会启动一个向导帮助用户实现控件功能。根据需要用户可以关闭向导，通过编程方式实现自己定义的功能。

2）选择多个控件的方法

有两种方法来**选择多个控件**：

（1）在窗体设计视图进行鼠标拖放操作，将要选中的控件归于拖放操作区域，可选择多个对象。

（2）在窗体设计视图中，在按住【Shift】键的同时单击需要选中的控件对象，可实现选中多个对象。

3）多个控件对齐方法

多个控件对齐方法是首先选中多个需要对齐的控件，然后根据要求选择“排列”选项卡中的相应按钮，如图 4-14 所示。

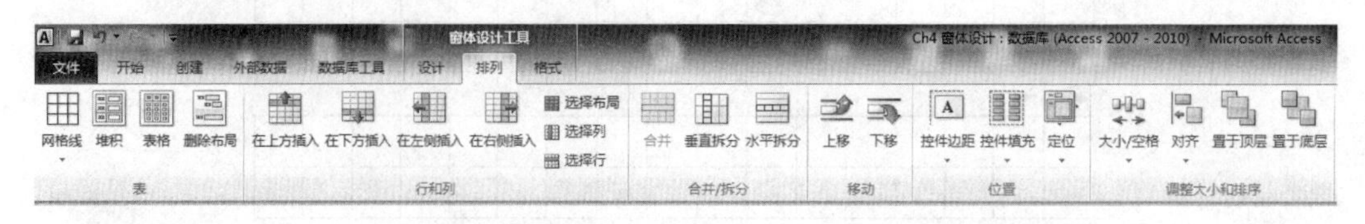

图 4-14 “排列”选项卡

4）多个控件大小调整方法

多个控件大小调整方法是首先选中多个需要对齐的控件，然后根据要求选择“排列”选项卡中的相应按钮，如图 4-14 所示。

5）控件的其他操作

控件的其他操作包括修改单个控件大小、移动单个控件位置、删除控件和控件复制（粘贴、剪切）等。

要修改单个控件大小，可先选中一个控件，将鼠标指针指向控件出现的八个句柄，当鼠标指针出现↔、↕、↗和↘四种情况之一时，进行拖放操作即可。要移动单个控件位置，可将鼠标指针指向控件边缘，当鼠标指针变成✥时拖放即可。要删除控件，可先单击控件，将其选中，然后按【Delete】键即可。

2. 控件的焦点和【Tab】键次序

通常情况下，当在窗体上放置控件时，会放置多个不同的控件，通过它们的协调工作共同完成程序功能。在窗体上放置多个控件后，程序运行时哪些控件能够获得输入焦点、哪些控件不能获得输入焦点，以及用户按键盘上的【Tab】键时从一个控件跳转到另一个控件的次序等问题对应用程序来说都是至关重要的。设计应用程序界面时，除了考虑鼠标操作外，也应该关注键盘操作。VBA 中，控件的“Tab 键索引”属性决定了用户按【Tab】键时焦点的移动次序。下面简要介绍焦点的概念以及设置控件跳转次序的方法。

焦点反映窗体控件接收用户鼠标或键盘输入的能力。仅当控件具有焦点时，才能接收用户的输入。比如，在有几个文本框的表单窗口中，只有得到焦点的那个文本框才接收由键盘输入的文本。

程序运行时，窗口上的大多数控件从外观上就可以看出它是否得到了焦点。例如，当按钮具有焦点时，按钮周围的边框将显示一个虚线方框，如图 4-15 所示的“是”按钮得到焦点。

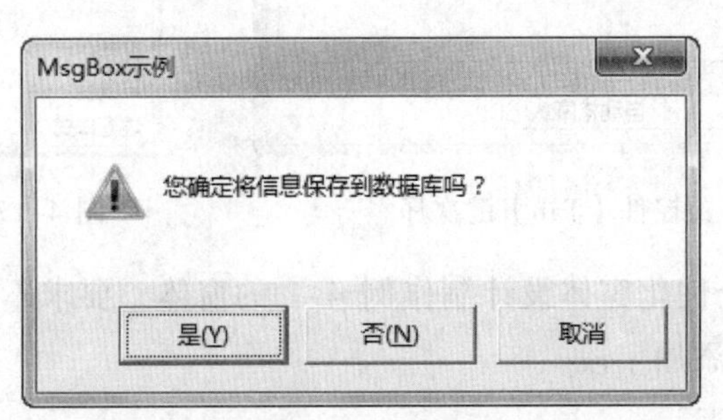

图 4-15　单击“是”按钮得到焦点

在窗体设计视图，当用户将控件放置到窗体后，如果该控件是需要用户交互的（例如，命令按钮、文本框、组合框、列表框选项按钮、复选框等控件，但不含标签控件），Access 自动给该控件赋予一个 TabIndex 值。该值决定了默认情况下程序运行后用户按【Tab】键时输入焦点的跳转次序。

Access 默认按控件放置的顺序来确定控件的【Tab】键次序，如果要调整窗体上控件的【Tab】键次序，在设计视图上右击，在弹出的快捷菜单中选择“Tab 键次序”命令，弹出“Tab 键次序”对话框，用户单击“自定义次序”列表框中左侧灰色部分可以选择一个或多个控件，根据需要进行拖放操作可以更改【Tab】键次序，如图 4-16 所示。

3．设置窗体或控件属性设置

这里控件属性设置主要涉及控件“名称”和“控件来源”。其他属性功能请参见第 8 章。

（1）控件名称属性用来标识控件，它具有名称唯一性。控件名称也用于引用、修改控件属性。

（2）控件来源用来将控件与数据表的某个字段绑定到一起。例如，例 4-1 示例中的“姓名”文本框的控件来源属性绑定到“学生表”的“姓名”属性，如图 4-17 所示。

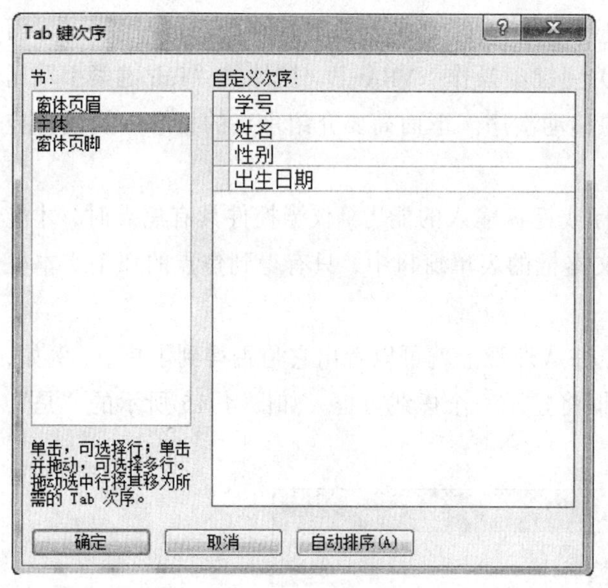
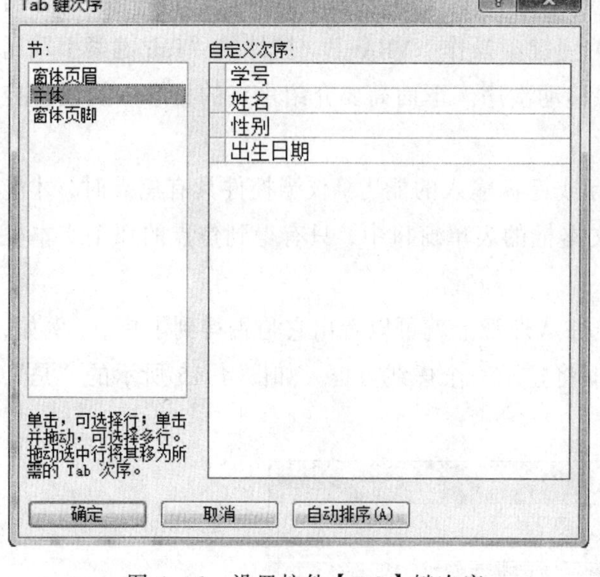

图 4-16　设置控件【Tab】键次序

图 4-17　控件来源属性设置

【例 4-2】使用个性化窗体设计制作例 4-1 的窗体，要求不使用字段列表添加字段，而通过属性设置添加字段。

具体操作步骤如下：

（1）在“创建”选项卡中“窗体”组中单击“空白窗体”按钮。

（2）将窗体由布局视图切换到设计视图，并关闭“字段列表”窗口。打开“属性”窗口，将“窗体”对象的“记录源”设置为“学生表”，如图 4-18 所示。

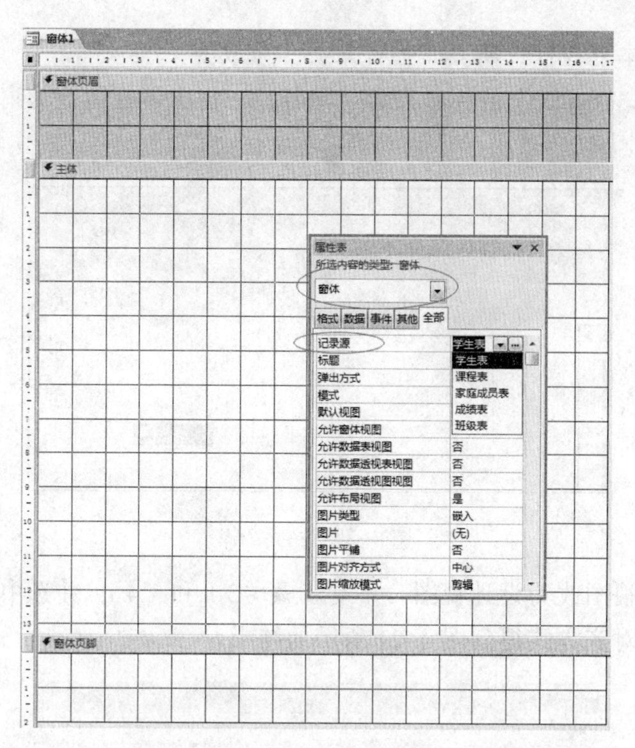

图 4-18 设置窗体“记录源”属性

（3）在“设计”选项卡的“控件”组中单击“文本框”按钮，然后在窗体空白处单击，在出现的向导对话窗体单击“取消”关闭向导。结果如图 4-19 所示。

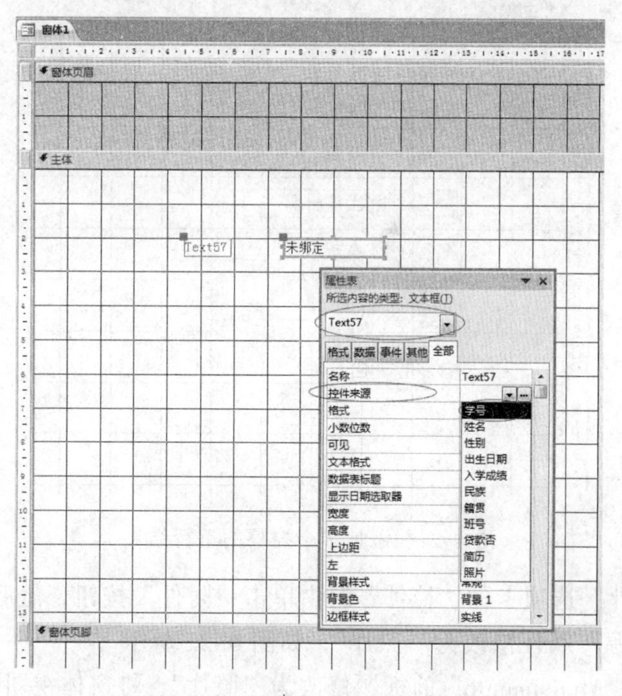

图 4-19 放置“文本框”控件

（4）选中文本框控件，将其“控件来源”修改为“学号”。

（5）将标签“Text57:”的标题改为“学号:”，将窗体视图改为窗体视图，结果如图 4-20 所示。

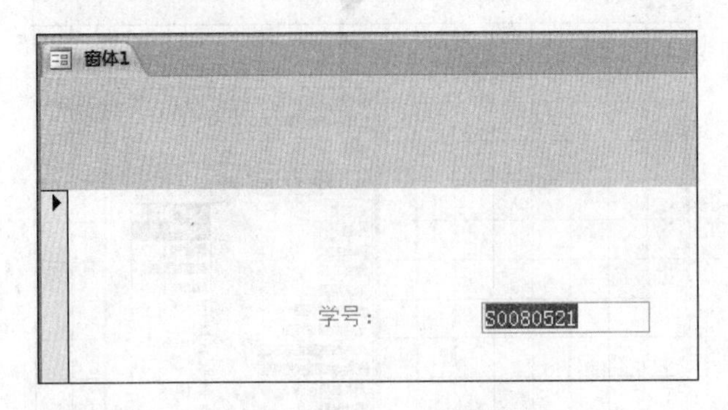

图 4-20 运行结果

（6）将窗体视图改为设计视图，重复步骤（3）和（4），并选中多个控件，通过修改控件大小和对齐方式得到图 4-21 所示的结果。

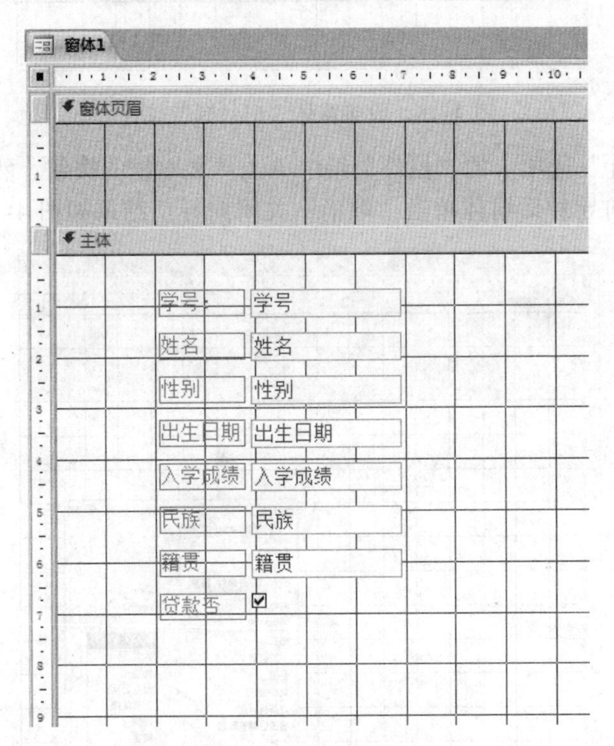

图 4-21 添加多个控件的运行结果

（7）在“设计”选项卡的“控件”组中单击“附件”按钮，然后在窗体空白处单击。将“控件来源”属性修改为“照片”，如图 4-22 所示。

（8）将标签“Attachment6”的标题修改为“照片”，将窗体视图修改为窗体视图，其结果如图 4-23 所示。将窗体保存为“【例 4-2】”。

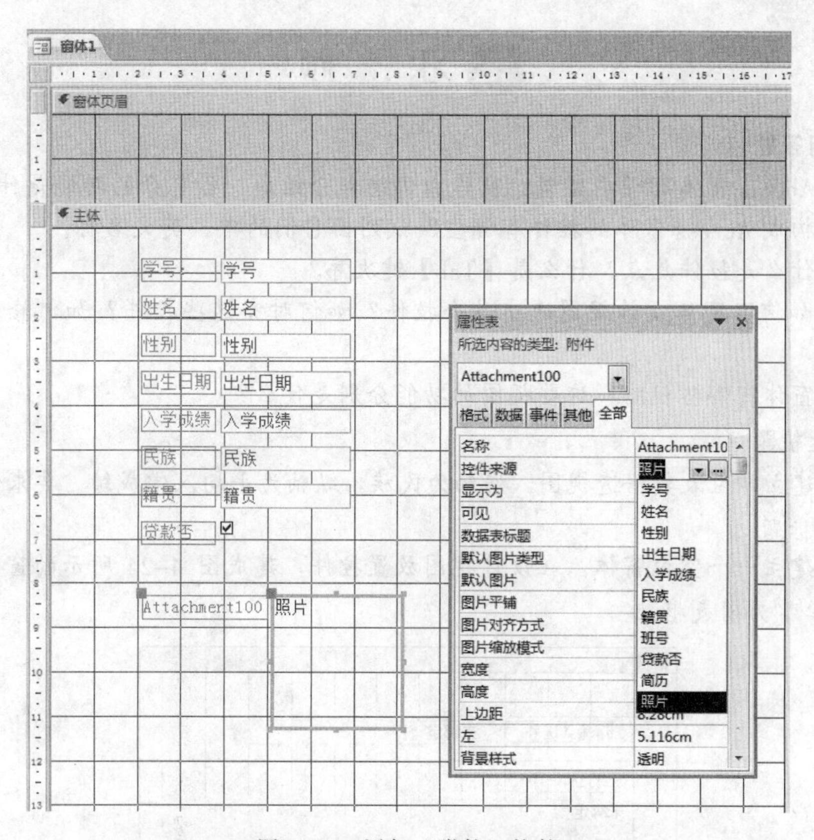

图 4-22　添加“附件”控件

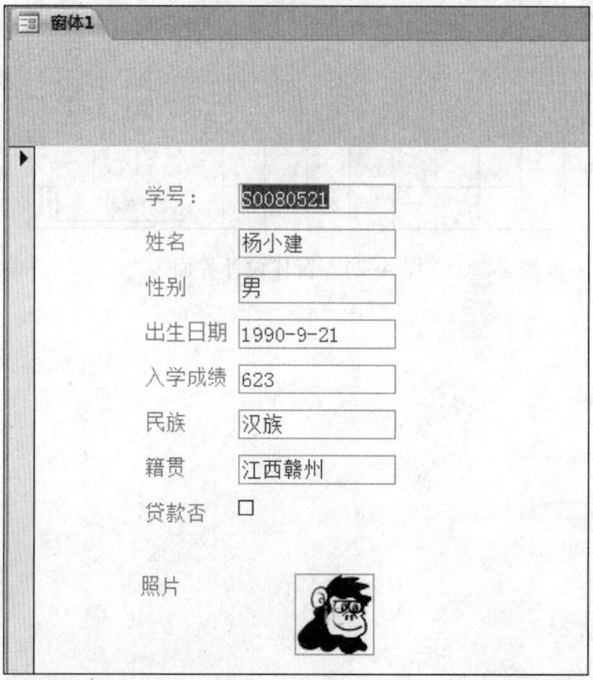

窗体1

学号：S0080521
姓名　杨小建
性别　男
出生日期　1990-9-21
入学成绩　623
民族　汉族
籍贯　江西赣州
贷款否
照片

图 4-23　修改其“控件来源”属性为“照片”后的运行结果

习　题

1．问答题

（1）Access 窗体有哪些类型？窗体由哪些部分组成？各部分的功能是什么？

（2）构成 Access 窗体的控件有哪些？试列出它们的中、英文名称。

（3）什么是控件焦点？什么是【Tab】键次序？

（4）如何在窗体设计视图选中多个控件？如何对齐这些控件？如何修改控件大小？

（5）窗体有哪些视图？这些视图的功能分别是什么？

2．上机题

（1）建立学生表数据透视图，横轴为民族，纵轴为平均入学成绩。要求修改横轴和纵轴的标题。

（2）建立一个空白窗体，在设计视图放置控件，建成图 4-24 所示的窗体，其中“班级名单”为列表框。

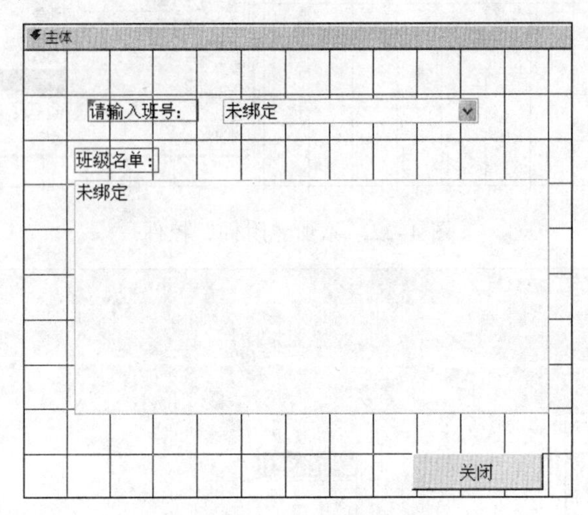

图 4-24　窗体设计界面

报表设计 ⋘

Access 使用报表整理综合数据，并将整理综合的结果按所见即所得输出，用户可以方便地将报表结果输出到打印机。窗体和报表在许多方面非常类似，例如，窗体上的许多控件同样可以用于报表。但窗体主要用来在屏幕上和用户交互，即进行数据输入、修改等操作；而报表主要用来对数据进行统计、汇总等计算、打印等操作。本章讲解报表设计问题。

5.1 报表概述

报表是数据一种展现方式，其数据来源通常为数据表、SQL 查询语句。

1. 报表的分类与视图

Access 根据数据输出功能不同，提供了表格式报表、标签式报表等多种报表样式。报表视图有四种，分别是：报表视图、布局视图、设计视图和打印预览视图。具体内容请参见第 2 章。

2. 报表的结构

在报表设计界面中，一个**报表的构成**包括六个部分，每个部分称为一个“节”，这六个节分别是报表页眉、页面页眉、分组页眉、主体、页面页脚和报表页脚，如图 5-1 所示。每个节都有特定的用途，并且在打印时按报表中所见即所得的方式打印。

每一个节中都可以放置不同控件。同一个控件放置在不同的节中效果是不同的，各节的作用如下：

（1）报表页眉：报表页眉位于报表的开始部分，仅在报表的第一页的顶端输出一次，一般用于设置报表的标题。

（2）页面页眉：页面页眉的内容在报表的每页顶端都输出一次，一般用于设置数据表的列标题。

（3）分组页眉：分组页眉节仅在设置分组后才会出现，它输出与分组相关的信息，分组页眉在每个分组的开始部分输出一次。

（4）主体：主体是报表输出数据的主要区域，通常用来显示一条或多条记录。

（5）页面页脚：页面页脚在每页的底部输出一次，通常用来输出日期或页码等信息。

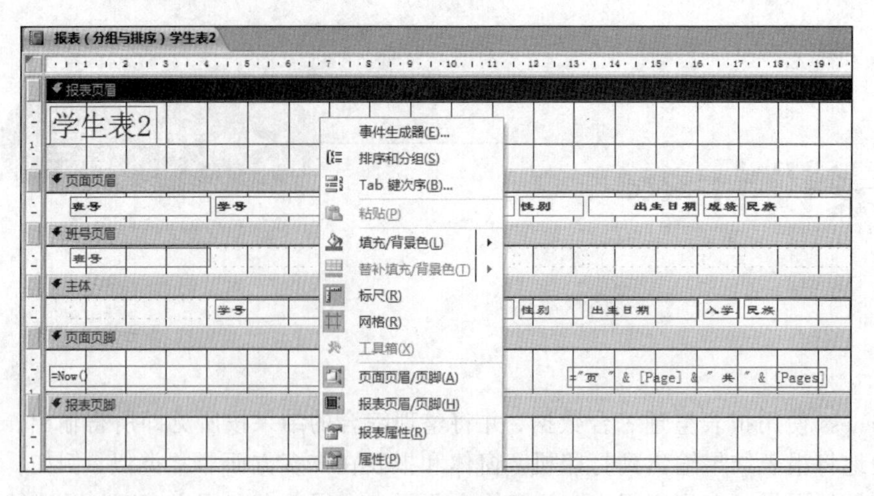

图 5-1　窗体构成

（6）报表页脚：报表页脚仅在报表的结尾部分输出一次，通常用来设置报表的汇总信息。

通常，新建一个空白报表只显示页面页眉节、主体节和页面页脚节三部分。如果要显示报表页眉节和报表页脚节，可以先选中打开的报表，在“排列”选项卡的“显示/隐藏”组单击“报表页眉/页脚”按钮即可。要调整报表中各节的高度，将鼠标指针指向各节的上边，当鼠标变成✛时，进行拖放操作即可。

5.2　报表创建

Access 包括表格式报表和标签式报表，本节介绍这些报表创建方法。

1. 表格式报表

创建**表格式报表**方法：

（1）在导航窗格中，单击包含要在窗体上显示的数据的表或查询，此例选择“学生表”；或者在数据表视图中打开该表或查询。

（2）在“创建”选项卡的“报表”组中单击“报表”按钮。

（3）Access 将创建表格式报表，并以布局视图显示该报表。在布局视图中，可以在报表显示数据的同时对报表进行设计方面的更改。例如，可以根据需要调整文本框的大小以适合数据，如图 5-2 所示。

学生表　2016年8月17日　9:13:58

学号	姓名	性别	出生日期	入学成绩	民族	籍贯	班号	贷款否	简历	照片
S0102590	刘嘉美	女	1991-8-10	670	汉族	北京	会计学101	☑	菜市口小学毕业 北京45中毕业 目前就读于江西财经大学	
S0082581	石茂麟	男	1991-6-20	670	汉族	湖南浏阳	会计学081	☐	湖南浏阳一中毕业 目前就读于江西财经大学	
S0100574	王莉莉	女	1992-2-2	642	汉族	福建龙岩	计算机科学与技术101	☐	福建龙岩一中毕业 目前就读于江西财经大学	
S0102589	郭玉坤	男	1991-2-17	642	壮族	广西百色	会计学101	☐	广西百色中学毕业	

图 5-2　表格式报表——学生表

2. 标签式报表

创建标签式报表方法：

（1）在导航窗格中，单击包含要在窗体上显示的数据的表或查询，此例为“学生表”；或者在数据表视图中打开该表或查询。

（2）在“创建”选项卡的“报表”组中单击“标签”按钮。

（3）Access 将启动“标签向导”，选择“标签尺寸”后，单击“下一步”按钮，如图 5-3 所示。

（4）选择字体和字号等后，单击“下一步”按钮，如图 5-4 所示。

（5）选择需要的“可用字段”到“原型标签”中，单击“下一步”按钮，如图 5-5 所示。

（6）将“可用字段”列表框中的“班号”和“学号”字段加入“排序依据”列表框中，单击“下一步”按钮，如图 5-6 所示。

（7）单击图 5-7 中的“完成”按钮，结果如图 5-8 所示。

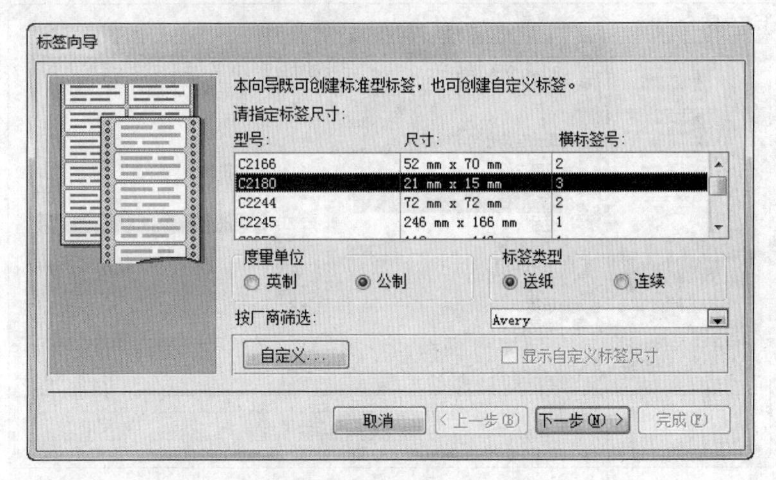

图 5-3　标签向导一

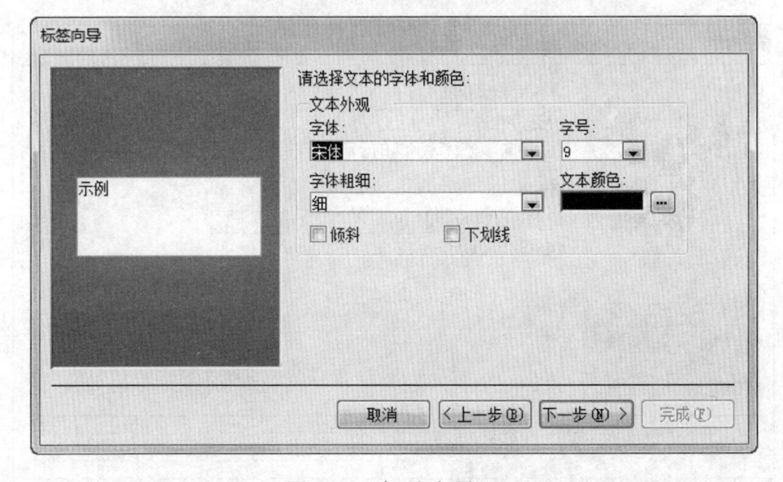

图 5-4　标签向导二

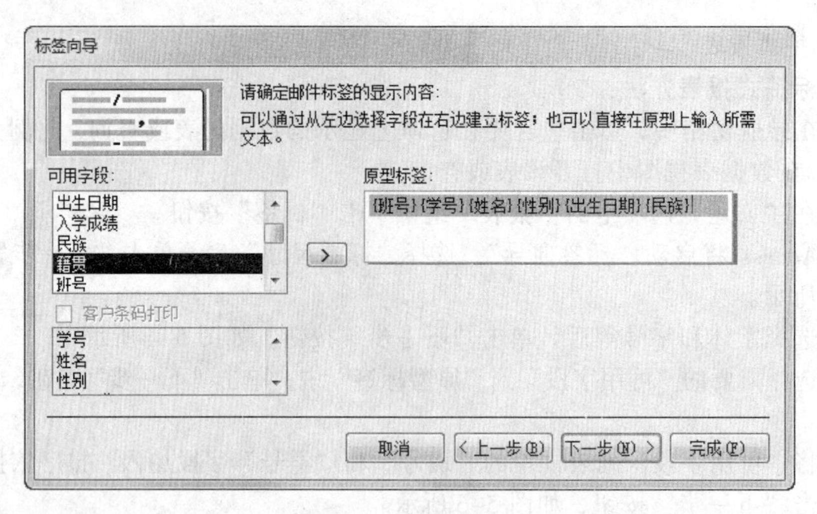

图 5-5　标签向导三

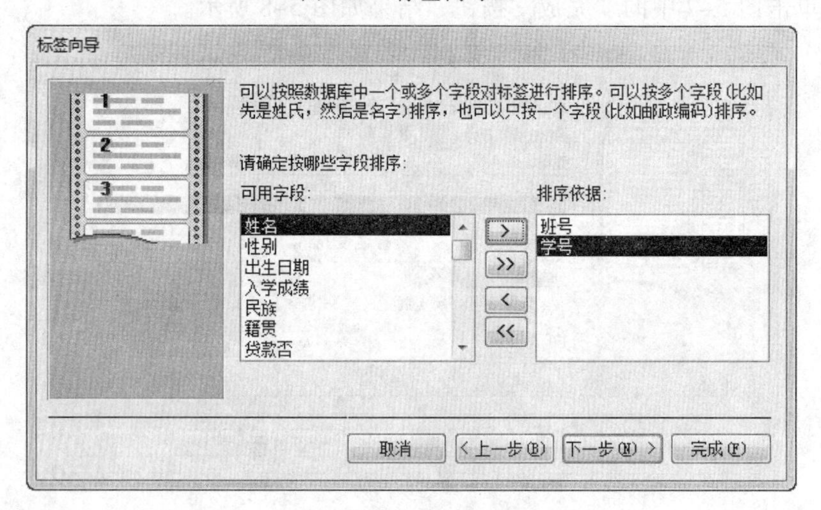

图 5-6　标签向导四

图 5-7　标签向导五

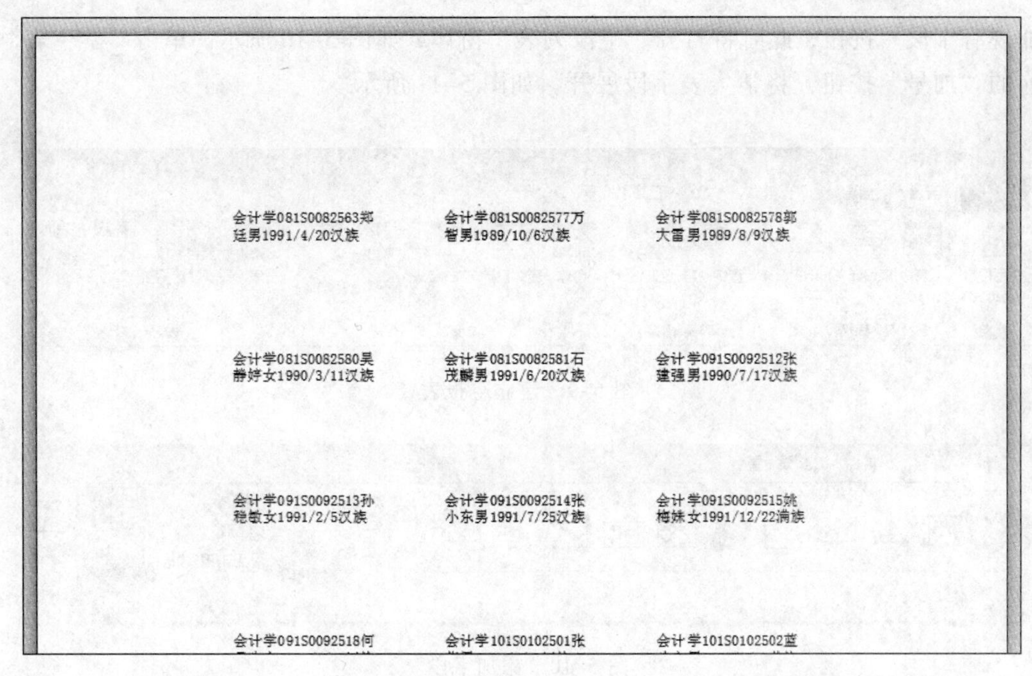

图 5-8 标签式报表结果

5.3 个性化报表设计

Access 提供了个性化报表设计方法。与使用向导创建报表相比，在设计视图中创建报表具有如下特点：

（1）不但能创建报表，而且能修改报表。无论是用哪种方法创建的报表，生成的报表如果不符合预期要求，均可以在设计视图中进行修改。

（2）支持可视化设计，用户可利用报表的“设计”“排列”和“页面设置”选项卡在报表中创建与修改控件对象。

与个性化窗体设计相同，个性化报表设计中的常见方法包括：

（1）报表控件放置和对齐方法。

（2）控件的【Tab】键次序。

（3）设置报表或控件属性设置。

具体内容请参阅 4.3.3 节。

1. 个性化报表设计示例

下面通过一个示例来说明**个性化报表**的设计方法。

【例 5-1】个性化报表示例。

具体操作步骤如下：

（1）在导航窗格中，选择“学生表”对象。

（2）在“创建”选项卡的“报表”组中单击“空报表”按钮，如图 5-9 所示。

（3）新建立的空报表将处于布局视图。在“设计”选项卡的“工具”组中单击“添加现有字段”按钮，此时将打开“字段列表”窗体，如图 5-10 所示。单击“学生表”前的“加号”按钮，将学生表字段展开，如图 5-11 所示。

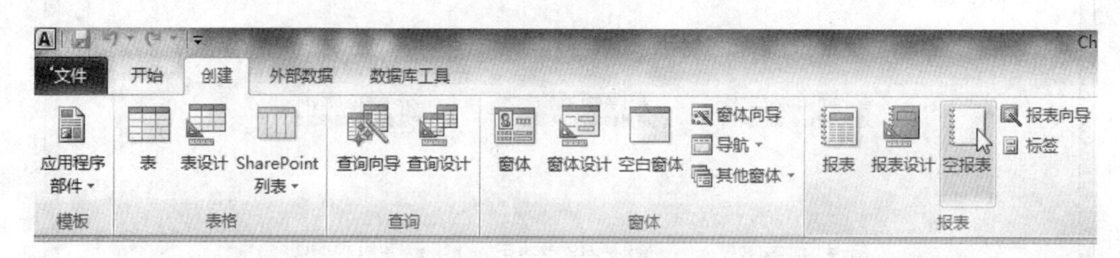

图 5-9　建立空报表

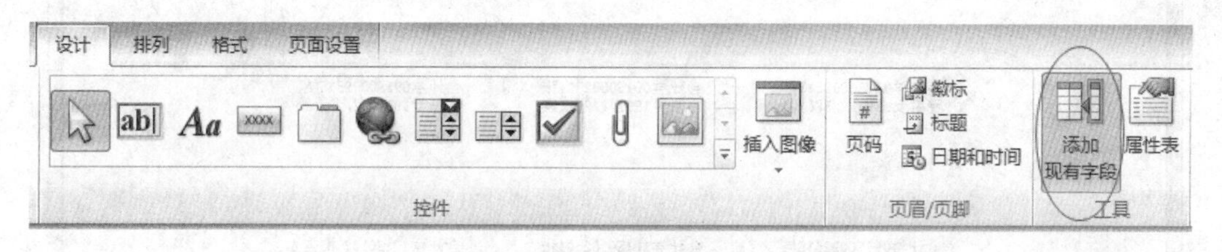

图 5-10　添加字段

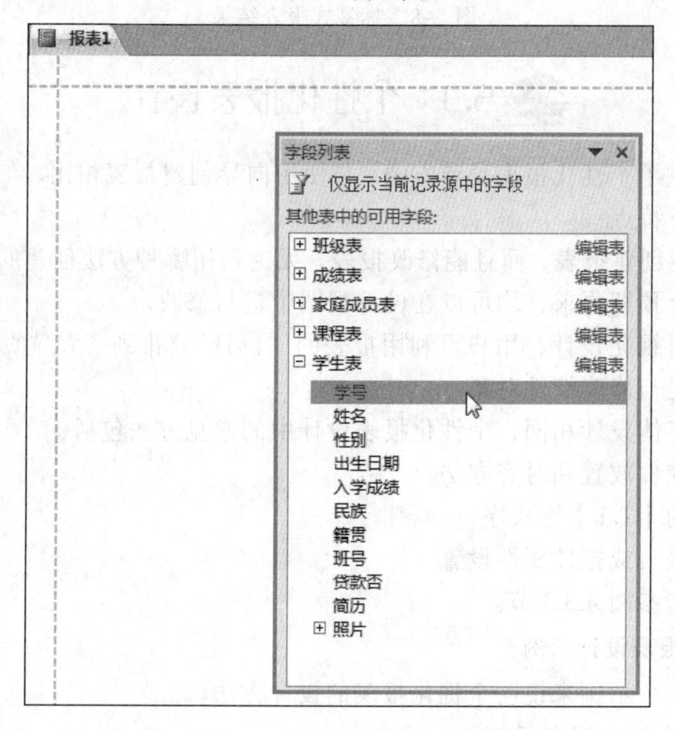

图 5-11　添加字段界面

（4）将学号拖放到报表空白处，如图 5-12 所示。再单击“姓名”字段，然后按住【Shift】键单击“照片”字段，这样，即选择了学生表多个字段。将选择的多个字段拖放到报表空白处，如图 5-13 所示。

（5）将报表切换到设计视图，在“报表页眉”节添加“学生表报表”标签控件，设置字体为“宋体”，字号为“20”，并修改学号、姓名等控件的宽度，使报表更美观，重新将报表视图切换到布局视图，部分结果如图 5-14 所示。

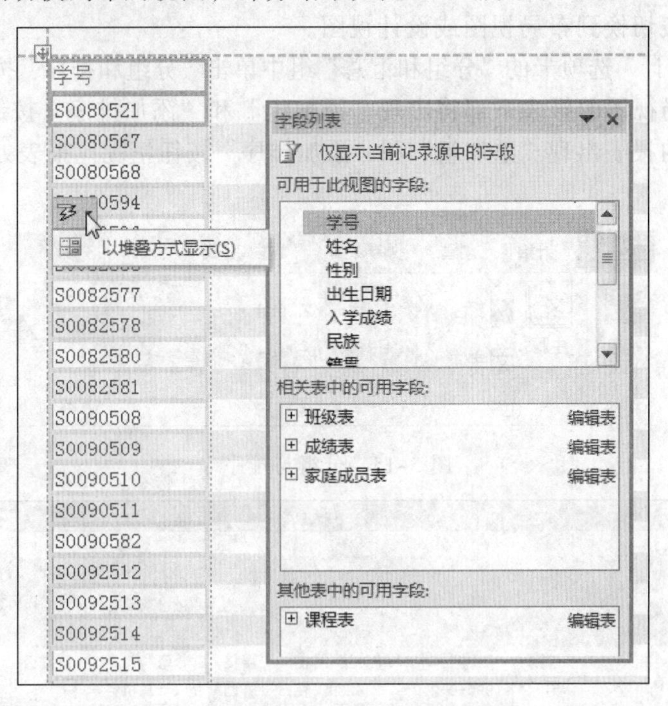

图 5-12 添加字段

学号	姓名	性别	出生日期	入学成绩	民族	籍贯	班号	贷款否	简历	照片
S0080521	杨小建	男	1990-9-21	623	汉族	江西赣州	计算机科学与技术081	☐	江西赣州一中毕业 目前就读于江西财经大学	
S0080567	蓝翠婷			580	汉族	江苏南京	计算机科学与技术081	☑	江苏南京26中毕业 目前就读于江西财经大学	
S0080568	张慧媛			608	侗族	云南昆明	计算机科学与技术081	☐	云南昆明一中毕业 目前就读于江西财经大学	
S0080594	叶志威			642	汉族	新疆喀什	计算机科学与技术081	☐	新疆喀什中学毕业 目前就读于江西财经大学	
S0080596	杨意志			608	汉族	江西九江	计算机科学与技术081	☐	江西九江一中毕业 目前就读于江西财经大学	
S0082563	郑廷			556	汉族	辽宁沈阳	会计学081	☐	辽宁沈阳铁西中学毕业 目前就读于江西财经大学	

图 5-13 添加字段后结果

学生表报表

学号	姓名	性别	出生日期	入学成绩	民族	籍贯	班号	贷款否	简历	照片
S0080521	杨小建	男	1990-9-21	623	汉族	江西赣州	计算机科学与技术081	☐	江西赣州一中毕业 目前就读于江西财经大学	
S0080567	蓝翠婷	女	1991-1-25	580	汉族	江苏南京	计算机科学与技术081	☑	江苏南京26中毕业 目前就读于江西财经大学	
S0080568	张慧媛	女	1991-1-26	608	侗族	云南昆明	计算机科学与技术081	☐	云南昆明一中毕业 目前就读于江西财经大学	
S0080594	叶志威	男	1990-1-13	642	汉族	新疆喀什	计算机科学与技术081	☐	新疆喀什中学毕业 目前就读于江西财经大学	
S0080596	杨意志	男	1990-1-15	608	汉族	江西九江	计算机科学与技术081	☐	江西九江一中毕业 目前就读于江西财经大学	
S0082563	郑廷	男	1991-4-20	556	汉族	辽宁沈阳	会计学081	☐	辽宁沈阳铁西中学毕业	

图 5-14 最终结果

2．报表字段排序和分组方法

在例 5-1 的基础上增加报表的分组和排序功能。其方法为：

（1）将报表切换到布局视图或设计视图。

（2）在“设计”选项卡的“分组和汇总”组中单击“分组和排序”按钮，如图 5-15 所示。处于布局视图的报表下部将出现“添加组”和“添加排序”按钮。图 5-16 为处于布局视图的报表出现“添加组”和“添加排序”按钮情况。报表处于设计视图情况与此类似。

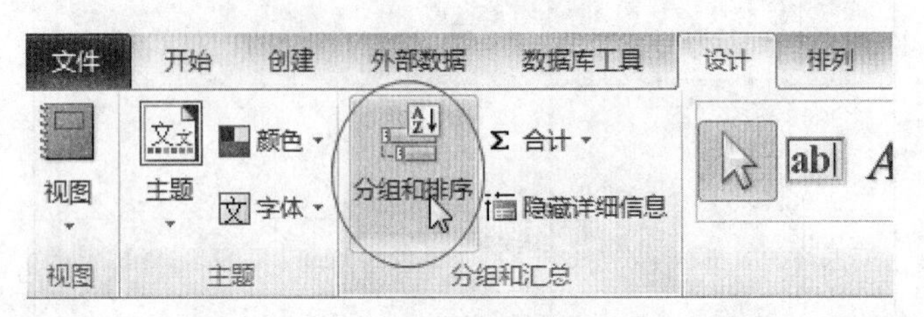

图 5-15　分组与排序

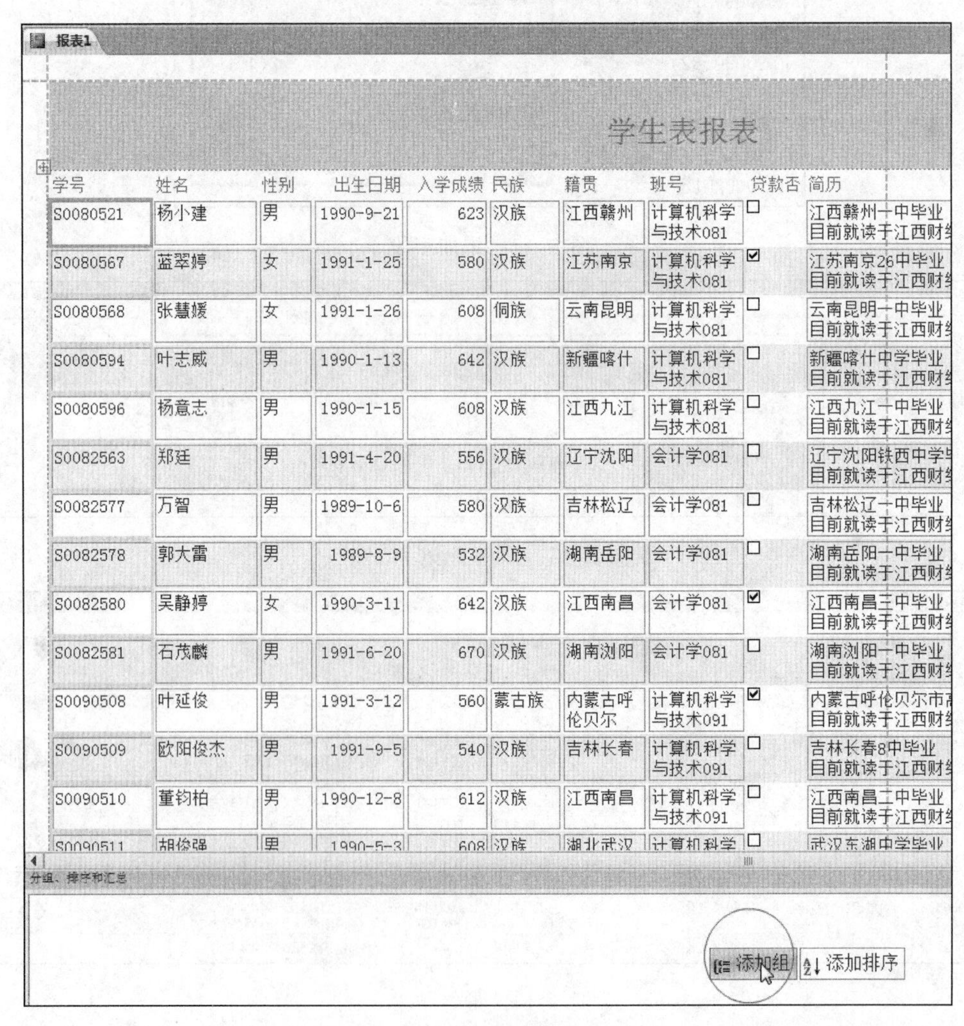

学号	姓名	性别	出生日期	入学成绩	民族	籍贯	班号	贷款否	简历
S0080521	杨小建	男	1990-9-21	623	汉族	江西赣州	计算机科学与技术081	☐	江西赣州一中毕业 目前就读于江西财
S0080567	蓝翠婷	女	1991-1-25	580	汉族	江苏南京	计算机科学与技术081	☑	江苏南京26中毕业 目前就读于江西财
S0080568	张慧媛	女	1991-1-26	608	侗族	云南昆明	计算机科学与技术081	☐	云南昆明一中毕业 目前就读于江西财
S0080594	叶志威	男	1990-1-13	642	汉族	新疆喀什	计算机科学与技术081	☐	新疆喀什中学毕业 目前就读于江西财
S0080596	杨意志	男	1990-1-15	608	汉族	江西九江	计算机科学与技术081	☐	江西九江一中毕业 目前就读于江西财
S0082563	郑廷	男	1991-4-20	556	汉族	辽宁沈阳	会计学081	☐	辽宁沈阳铁西中学 目前就读于江西财
S0082577	万智	男	1989-10-6	580	汉族	吉林松辽	会计学081	☐	吉林松辽一中毕业 目前就读于江西财
S0082578	郭大雷	男	1989-8-9	532	汉族	湖南岳阳	会计学081	☐	湖南岳阳一中毕业 目前就读于江西财
S0082580	吴静婷	女	1990-3-11	642	汉族	江西南昌	会计学081	☑	江西南昌三中毕业 目前就读于江西财
S0082581	石茂麟	男	1991-6-20	670	汉族	湖南浏阳	会计学081	☐	湖南浏阳一中毕业 目前就读于江西财
S0090508	叶延俊	男	1991-3-12	560	蒙古族	内蒙古呼伦贝尔	计算机科学与技术091	☑	内蒙古呼伦贝尔市 目前就读于江西财
S0090509	欧阳俊杰	男	1991-9-5	540	汉族	吉林长春	计算机科学与技术091	☐	吉林长春8中毕业 目前就读于江西财
S0090510	董钧柏	男	1990-12-8	612	汉族	江西南昌	计算机科学与技术091	☐	江西南昌二中毕业 目前就读于江西财
S0090511	胡俊强	男	1990-5-3	608	汉族	湖北武汉	计算机科学	☐	武汉东湖中学毕业

图 5-16　布局视图添加分组

（3）单击“添加组”按钮，将出现一个字段列表框，字段为所有已经添加到报表中的字段。本例选择“班号”字段为分组升序依据，选择“学号”为排序升序依据。将视图切换到设计视图，报表如图 5-17 所示。可以看到由于分组，报表设计视图中多了“班号页眉”的节。在设计视图下重新调整报表，最后结果如图 5-18 所示。

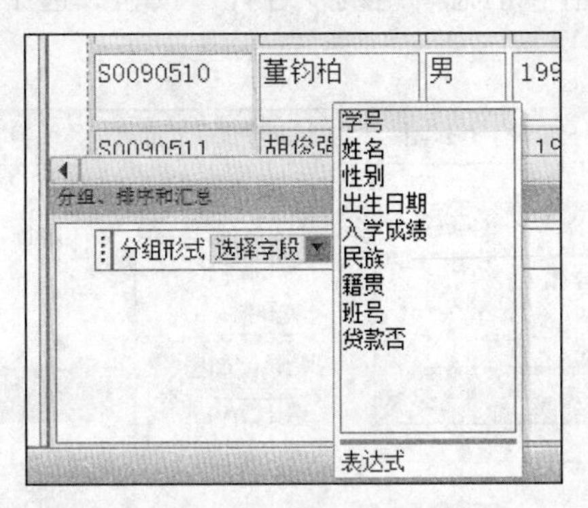

图 5-17　处于设计视图的报表

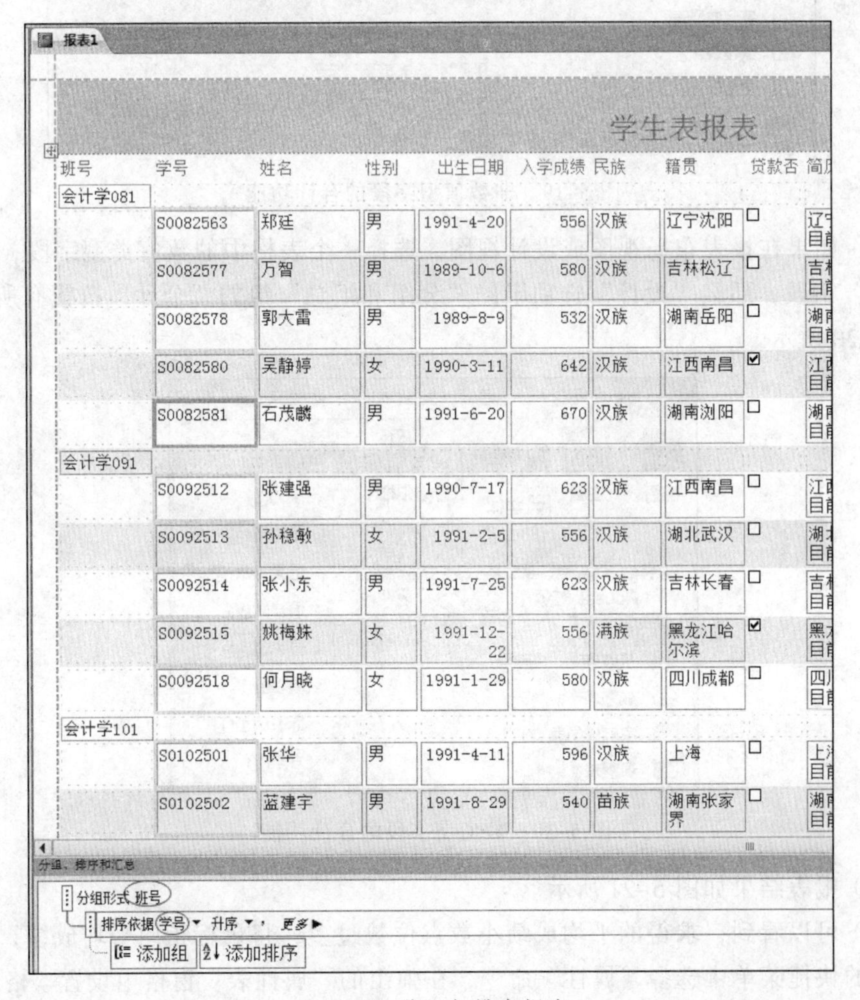

班号	学号	姓名	性别	出生日期	入学成绩	民族	籍贯	贷款否
会计学081								
	S0082563	郑廷	男	1991-4-20	556	汉族	辽宁沈阳	☐
	S0082577	万智	男	1989-10-6	580	汉族	吉林松辽	☐
	S0082578	郭大雷	男	1989-8-9	532	汉族	湖南岳阳	☐
	S0082580	吴静婷	女	1990-3-11	642	汉族	江西南昌	☑
	S0082581	石茂麟	男	1991-6-20	670	汉族	湖南浏阳	☐
会计学091								
	S0092512	张建强	男	1990-7-17	623	汉族	江西南昌	☐
	S0092513	孙稳敏	女	1991-2-5	556	汉族	湖北武汉	☐
	S0092514	张小东	男	1991-7-25	623	汉族	吉林长春	☐
	S0092515	姚梅姝	女	1991-12-22	556	满族	黑龙江哈尔滨	☑
	S0092518	何月晓	女	1991-1-29	580	汉族	四川成都	☐
会计学101								
	S0102501	张华	男	1991-4-11	596	汉族	上海	☐
	S0102502	蓝建宇	男	1991-8-29	540	苗族	湖南张家界	☐

图 5-18　分组与排序报表

3. 报表页脚添加计数、平均和求和字段方法

在报表页脚处，可以添加计数、平均和求和字段，其方法如下：

（1）在报表布局视图或设计视图，选择一个表格中的字段，如“学号”字段，单击“设计”选项卡的“分组和汇总”组的“合计”按钮，选中“记录计数”，如图 5-19 所示。

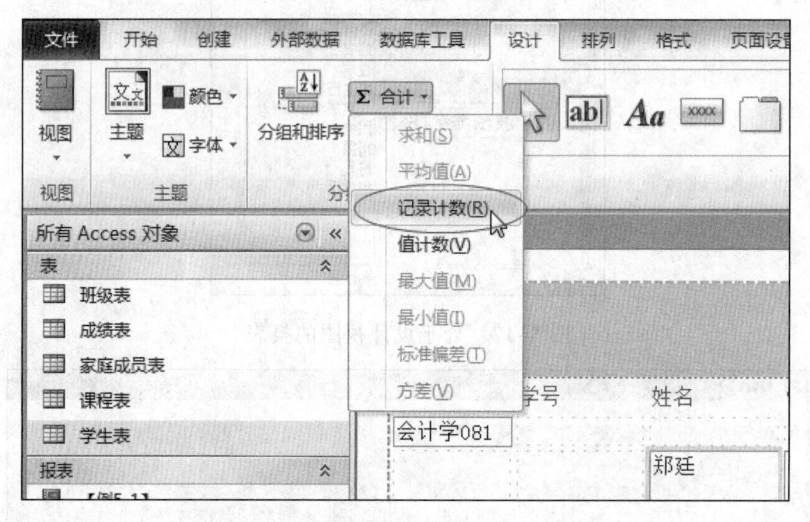

图 5-19 非数值型字段的合计功能

（2）如果在报表布局视图或设计视图，选择一个表格中的数值类型字段，如“入学成绩”字段，那么“设计”选项卡的“分组和汇总”组的“合计”按钮有所不同，如图 5-20 所示。

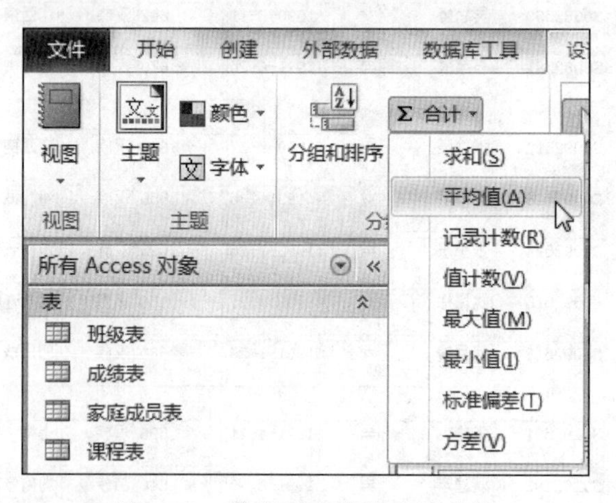

图 5-20 数值型字段的合计功能

（3）报表结果如图 5-21 所示。

（4）可以看到，求得的平均成绩小数点位数过多，将鼠标指向平均成绩，右击，在弹出的快捷菜单中选择“属性”命令，在弹出的“属性表”窗格中设置“格式”为“固定”，“小数位数”为 2。结果如图 5-22 所示。

何月晓	女	1991-1-29	580	汉族	S0092518	四川成都	☐	四川成都都江 目前就读于江
杨建宇	男	1991-10-24	532	汉族	S0100519	安徽芜湖	☑	安徽芜湖3中毕 目前就读于江
段建皇	男	1991-1-17	596	汉族	S0100541	四川成都	☐	成都7中毕业 目前就读于江
王莉莉	女	1992-2-2	642	汉族	S0100574	福建龙岩	☐	福建龙岩一中 目前就读于江
张毅弘	男	1992-1-22	560	壮族	S0100586	广西百色	☐	广西百色3中毕 目前就读于江
周海芬	女	1991-12-10	608	汉族	S0100587	浙江金华	☐	浙江师范大学 目前就读于江
张华	男	1991-4-11	596	汉族	S0102501	上海	☐	上海25中毕业 目前就读于江
蓝建宇	男	1991-8-29	540	苗族	S0102502	湖南张家界	☐	湖南张家界中 目前就读于江
李文宏	男	1991-4-16	532	汉族	S0102588	湖南长沙	☐	湖南长沙铜铺 目前就读于江
郭玉坤	男	1991-2-17	642	壮族	S0102589	广西百色	☐	广西百色中学 目前就读于江
刘嘉美	女	1991-8-10	670	汉族	S0102590	北京	☑	菜市口小学毕 北京45中毕业 目前就读于江
30			593.7667					

图 5-21　添加了计数和平均字段的报表结果

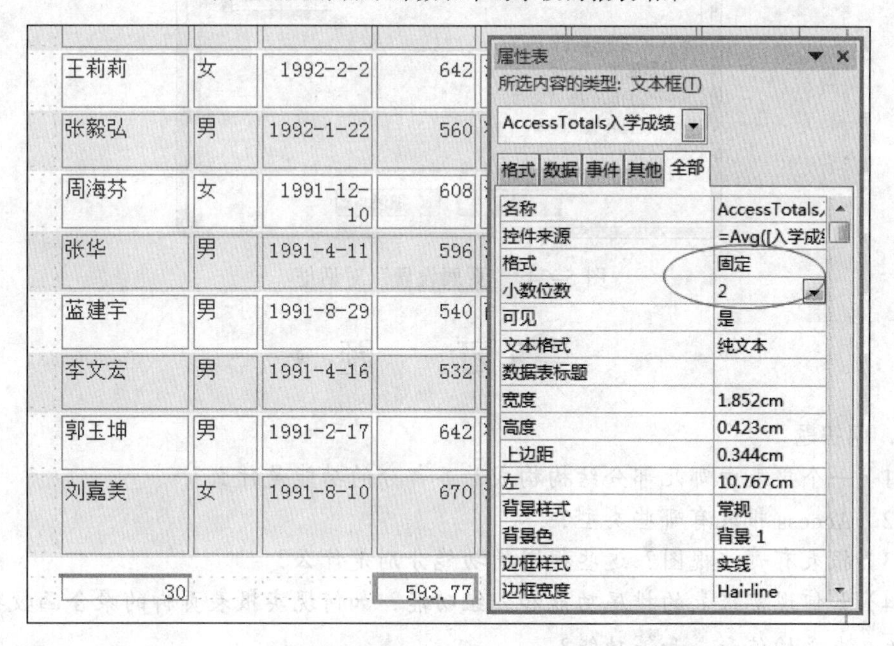

图 5-22　使用属性表设置平均成绩小数点位数

4. 报表页面设置选项卡的功能

由于报表通常需要打印输出，因此报表有“页面设置”选项卡。该选项卡包括“页面大小”和“页面布局”组，包括“纸张大小”“页边距”“纵向”“页面设置”等不同命令按钮，如图 5-23 所示。还可以根据需要打开“页面设置”对话框进行页面设置，如图 5-24 所示。

在个性化窗体设计中，可以指定窗体的“记录源”属性，然后为每个控件指定“控件来源”属性，和窗体类似，报表属性中也具有相同功能，这里不再讲述，请读者对照第 4 章的个性化窗体设计示例设计数据绑定报表。

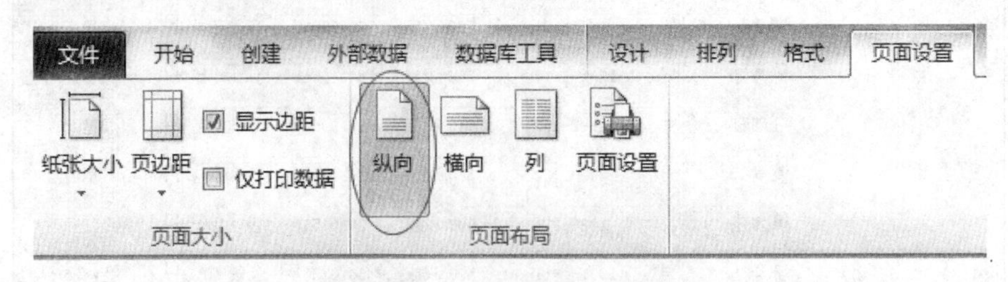

图 5-23 “页面设置”选项卡

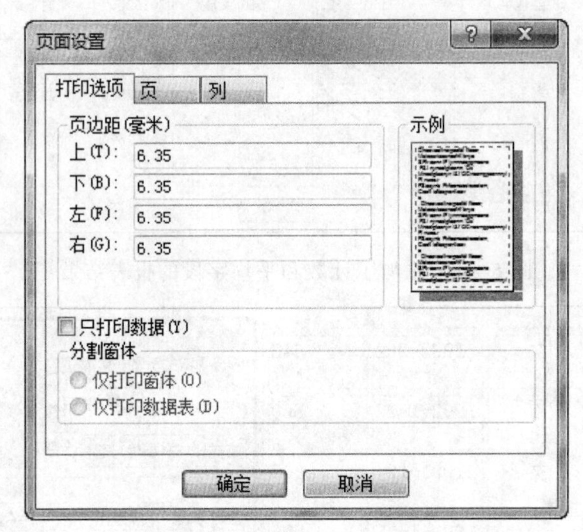

图 5-24 “页面设置”对话框

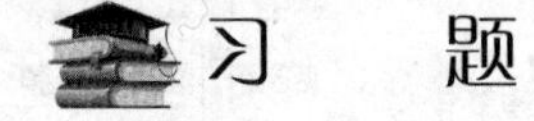

习　　题

1. 问答题

（1）一个报表由哪几部分结构构成？各部分的功能是什么？

（2）Access 报表有哪些类型？

（3）报表有哪些视图？这些视图的功能分别是什么？

（4）如何现实报表的排序功能和分组功能？如何现实报表页脚的聚合函数功能，如计数、求平均值和求和等功能？

2. 上机题

（1）建立一个学生入学成绩标签，要求标签包含学号、姓名、性别和入学成绩。

（2）先建立一个空报表，再在该报表上放置必要的字段，建立一个表格式报表。

第6章 VBA程序语言基础

BASIC（Beginner's All-purpose Symbolic Instruction Code，初学者的多功能符号指令码）是一种在计算机发展史上应用广泛的程序语言。Visual Basic for Applications（VBA）是微软公司 Visual Basic 6 的一个简化版，它具有功能强大、高度灵活、事件驱动等特点。VBA 寄宿于微软 Office 办公系列软件中，它寄宿在 Access 时，可以控制 Access 包括功能区、窗体控件等用户接口在内的几乎所有功能。由于 VBA 是寄宿在 Access 中，因此它不能够成为独立运行的程序，它必须和寄宿主体一起运行。微软 Office 办公软件系列为 VBA 编程语言提供集成开发环境，用户通过 VBA 集成开发环境可以编写自己的 VBA 代码。

我们知道，编译（或解释）程序的功能是将面向人的高级语言转换为面向计算机的机器语言。这里面向人的高级语言是指便于人们理解的语言符号，但计算机不能理解和执行；面向计算机的机器语言使用二进制的机器代码，计算机能够理解和执行，但不便于人们的理解和记忆。VBA 作为一门高级语言，有它自己的符号书写规则。本章讲解 VBA 语言的符号书写规则，这些书写规则将在后面章节中使用。

6.1 VBA的开发环境VBE

VBA 编程开发环境由 Visual Basic Editor（VBE）构成。

【例 6-1】进入 VBE，编写第一个 VBA 程序，并运行程序，查看结果。

具体操作步骤如下：

（1）启动 Access 2010，在 Access 启动界面，单击“空数据库”按钮，并将其保存为“我的 VBA 程序_1.accdb”数据库，如图 6-1 所示。

（2）在“数据库工具”选项卡的“宏”组中，单击“Visual Basic”按钮，如图 6-2 所示。进入图 6-3 所示的 VBA 编程开发环境（VBE）。

（3）单击“插入”|“模块”命令，如图 6-4 所示，进入图 6-5 所示的 VBE。

图 6-1　建立空白数据库

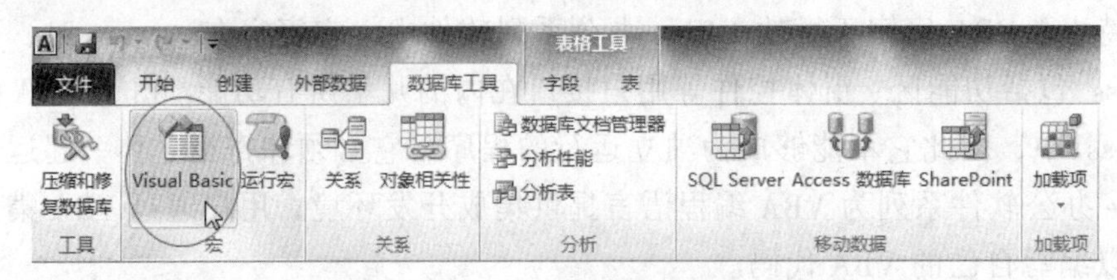

图 6-2　进入 VBA 编程开发环境

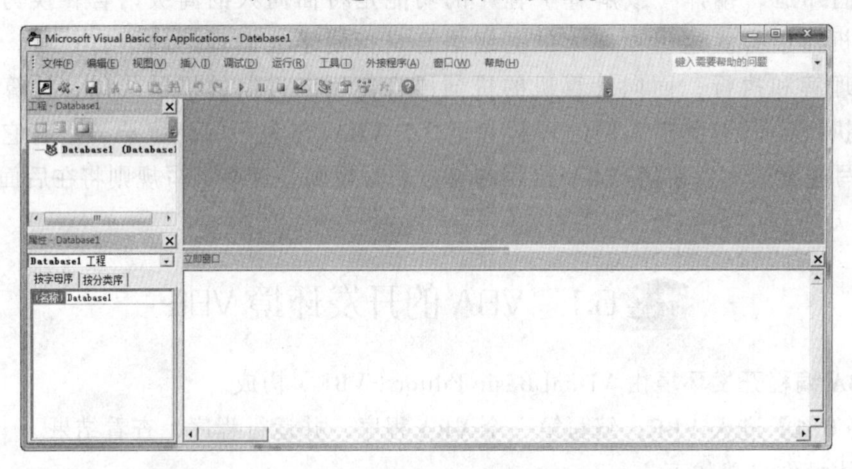

图 6-3　VBA 编程开发环境（VBE）

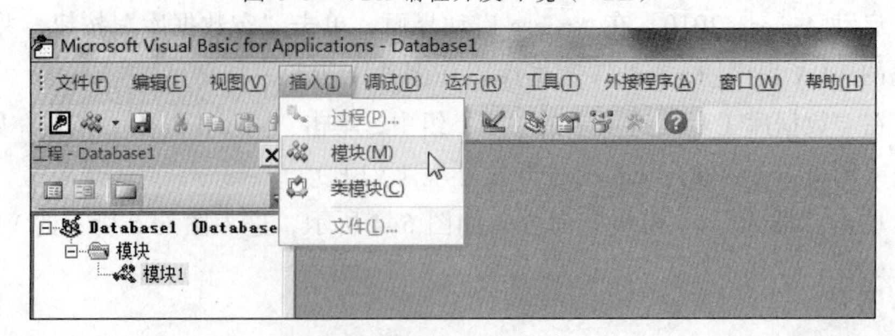

图 6-4　插入模块

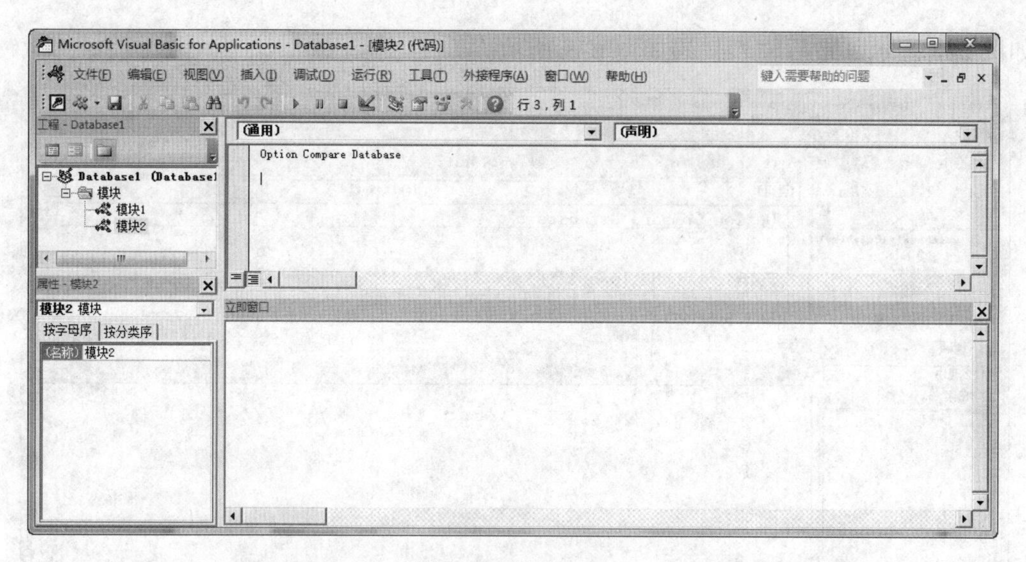

图 6-5　进入 VBE

（4）单击“插入”|“过程”命令，如图 6-6 所示。进入“添加过程”对话框，在“名称”文本框中输入“HelloWorld”，单击“确定”按钮，如图 6-7 所示。

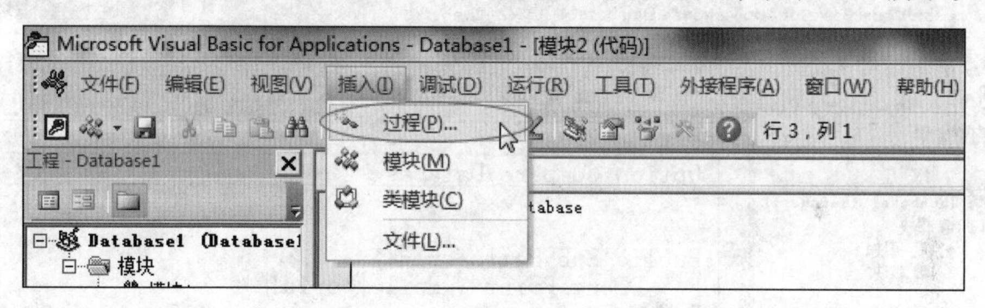

图 6-6　插入过程

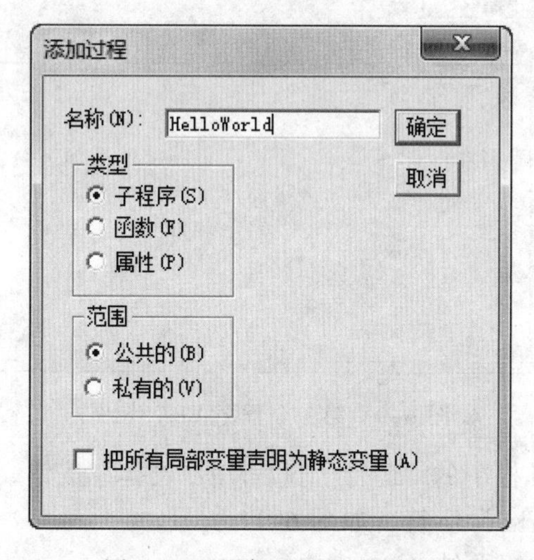

图 6-7　“添加过程”对话框

（5）在代码窗体，先按【Tab】键缩格，然后输入“debug.”，将出现提示信息，输入字母“p”将选中“Print”条目，再按【Tab】键，则代码自动补齐为“debug.Print”，如图 6-8 所示。最后输入代码如图 6-9 所示。

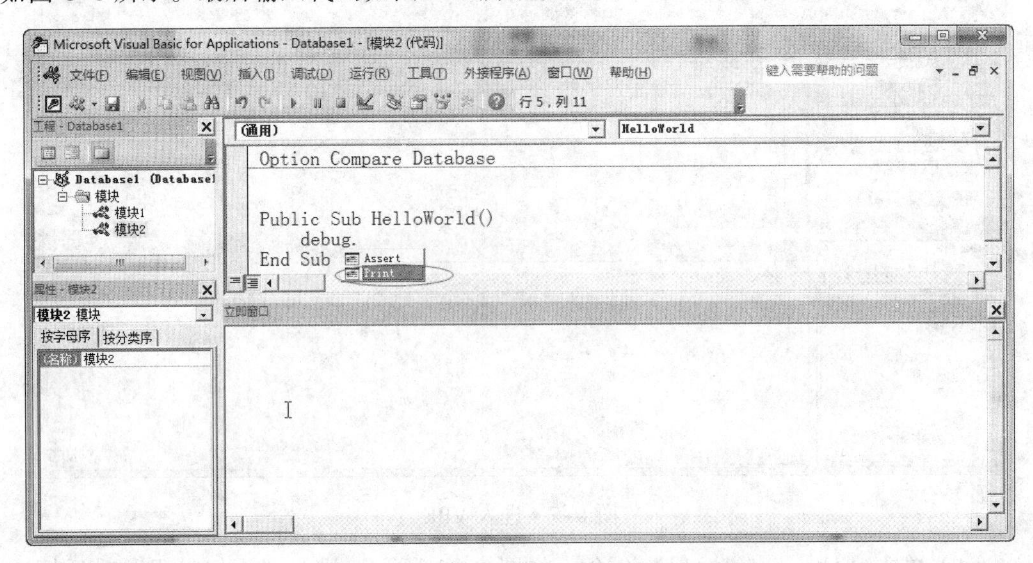

图 6-8　进入 VBA 编程开发环境

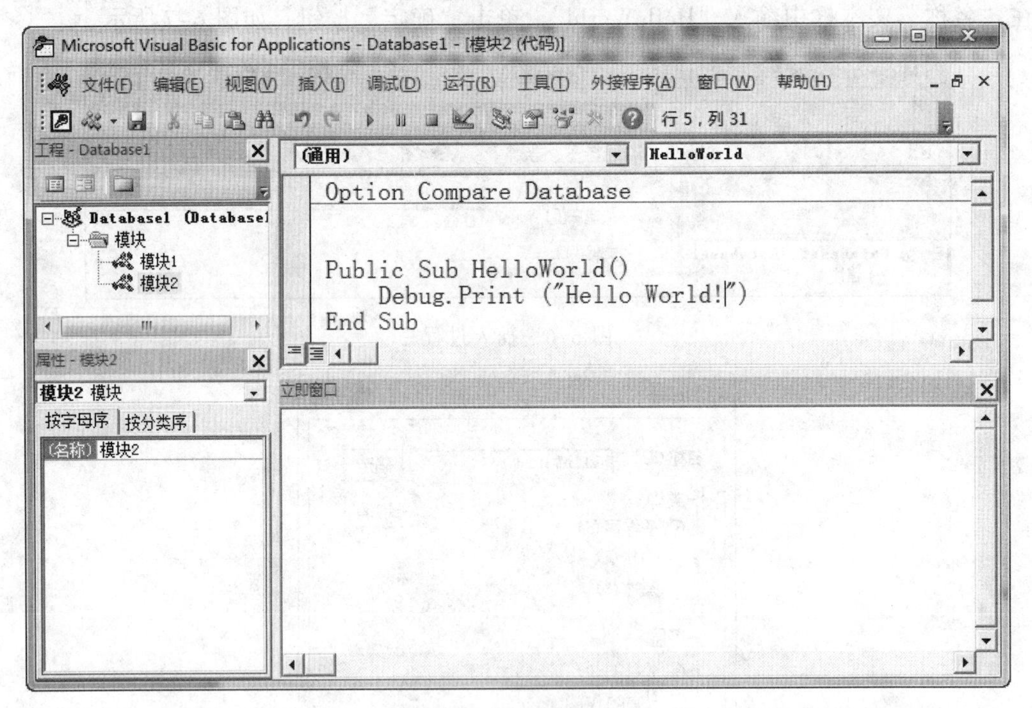

图 6-9　第一个程序 VBA 代码

（6）单击 VBE 工具栏中的“运行子过程/用户窗体”按钮，如图 6-10 所示，在立即窗口出现“Hello World!”字符，如图 6-11 所示。

VBA 结构化编程过程总结：

（1）进入 VBE 开发环境。

（2）插入模块和过程，并在过程中输入代码，要求使用 Debug.Print 语句输出结果。

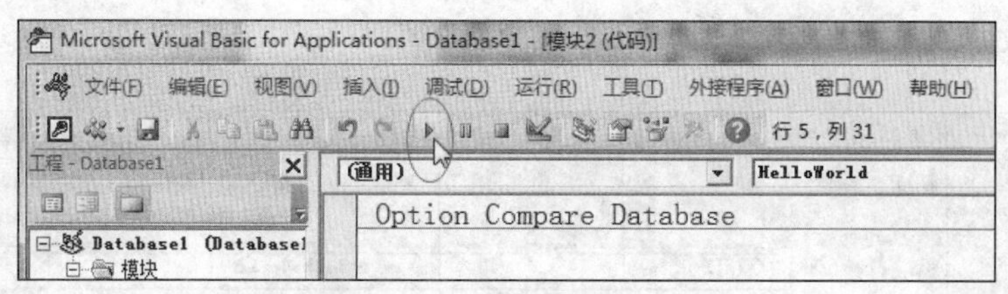

图 6-10　运行程序

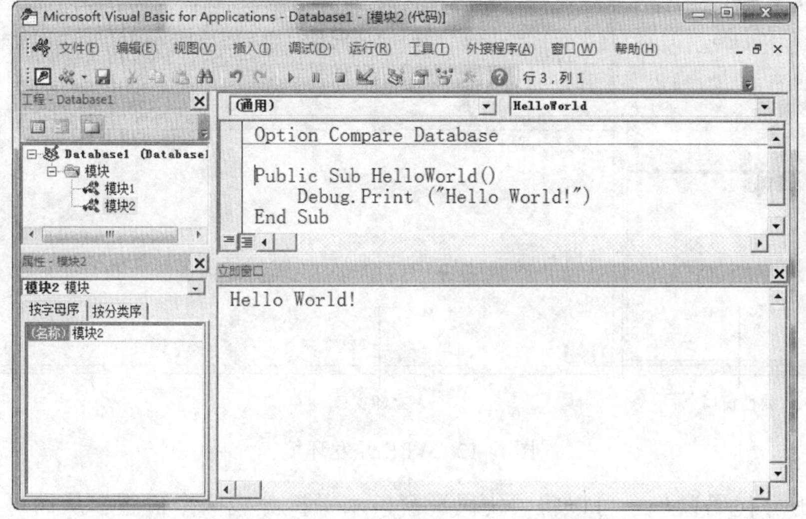

图 6-11　程序运行结果

（3）运行代码，立即窗口得到结果。

Access 2010 的编程界面 VBE 界面构成和其对应功能如图 6-12 所示，各部分含义为：

1. 工程资源管理器窗口

工程资源管理器窗口包括显示工程层次结构的列表以及每个工程所包含与引用的项目。工程资源管理器窗口左上角的三个按钮分别表示“查看代码”按钮、“查看对象”按钮和“切换文件夹”按钮。

单击“查看代码”按钮可以打开“代码”窗口，并可以开始输入代码；单击“查看对象”按钮可以打开包含特定对象的窗口；单击“切换文件夹”按钮可以在查看文件夹与查看文件夹内容之间进行切换。

如果 VBE 中没有工程资源管理器窗口，可在“视图”菜单中选定“工程资源管理器”命令(【Ctrl+R】)或单击工具栏中的按钮将其打开。在工程资源管理器窗口中指向某个工程条目并右击，可以在弹出的快捷菜单中对该条目进行操作。

2. 属性窗口

“属性”窗口的功能是列出所选定对象在设计时的属性以及当前的设置。可在设计时改变这些属性。当选定了多个控件时，“属性”窗口会包含全部已选定控件的属性命令。

3. 代码窗口

（1）代码窗口存在两个视图：“过程视图”和“全模块视图”，它们通过代码窗口左下角的两个按钮进行切换。默认视图是全模块视图，此视图中将显示所有过程代码。

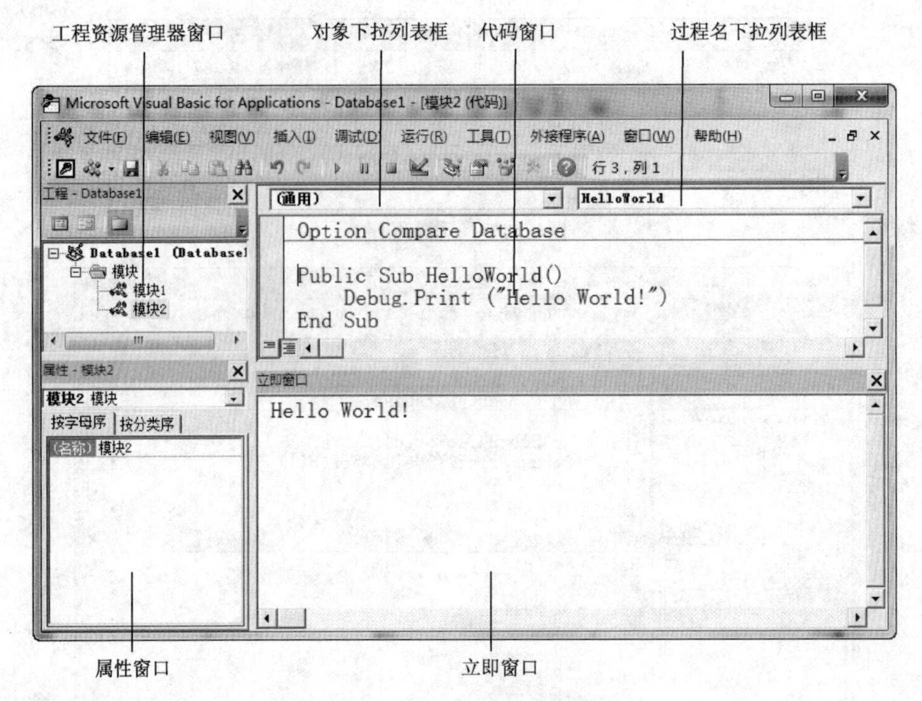

图 6-12　VBE 开发环境

（2）拆分代码窗口：可以将“代码”窗口水平拆分成两个面板，从而可同时查看模块的两个代码段。每个面板都有滚动条，包含水平滚动条与垂直滚动条。

将代码窗口拆分成两个面板的方法是：向下拖动“代码窗口”中垂直滚动条右上角的拆分条。在代码窗口上双击或拖动拆分条到“代码窗口”的顶部或下端就可取消拆分的代码窗口。

在面向对象编程中，一个程序通常由若干个对象和这些对象的交互构成。而每个对象由属性和方法（或事件）过程构成（此部分详细内容请参阅第 9 章）。当编程插入点移动到不同的对象代码段时，对象框的取值将变化；同样，当编程插入点移动到同一个对象的不同（事件）过程代码段时，过程框的取值也将变化。

（3）运行代码。单击 VBE 菜单中的“运行”|“运行子过程/用户窗体”命令（热键【F5】）或 VBE 工具栏中的“运行”按钮▶，如果 VBE 插入点刚好在一个程序中，则插入点所在程序被运行。如果插入点不在任何程序中，则弹出图 6-13 所示的“宏”对话框，选择需要运行的过程后，单击“运行”按钮即可。

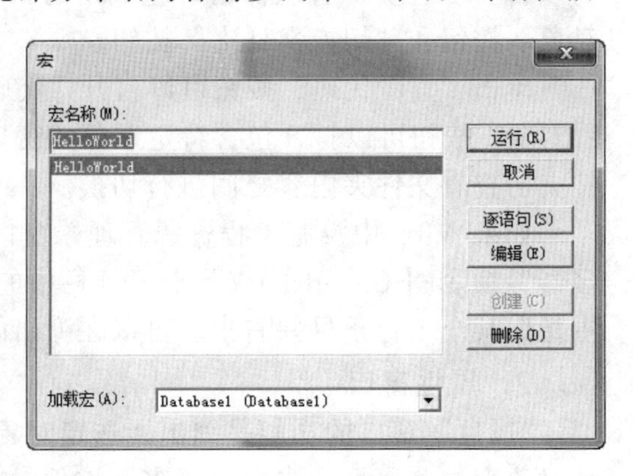

图 6-13　“宏”对话框

（4）停止代码运行。单击 VBE 工具栏中的■按钮，即可终止程序运行。

4. 立即窗口

立即窗口通常用来显示代码中调试语句的信息，或直接输入窗口的命令所生成的信息。

通常，使用立即窗口来调试、检测程序代码。立即窗口操作包括：

（1）显示立即窗口的方法：

选择“视图”|“立即窗口”命令或按【Ctrl+G】组合键。

（2）在立即窗口中执行代码的方法：

在立即窗口中输入一行 VBA 代码，按【Enter】键，就可执行刚刚输入的代码。通过这种方法可以查看变量或属性值，也可以改变变量或属性取值。

（3）在立即窗口中得到 VBA 语句帮助的方法：

在立即窗口输入 VBA 语句（函数），如果需要该语句（函数）的语法帮助，则可选定语句或函数名，然后按【F1】键就会打开相应的帮助窗口。

6.2 数据类型概述

VBA 作为一门高级语言有丰富的数据类型，对一个给定**数据类型**（TYPE）的数据，其下列三方面是确定的：具有的运算确定；数据取值范围确定；数据在机器内的表示方式确定。表 6-1 给出了 VBA 提供的部分数据类型及其存储空间和数据范围。

表 6-1 VBA 部分数据类型

数据类型	数据类型中文名称	数据取值范围占用的存储空间大小
Byte	字节型	0～255，1 个字节存储的单精度型、无符号整型
Boolean	布尔型	True 或 False，2 个字节存储。当转换其他的数值类型为 Boolean 值时，0 会转成 False，而其他的值则变成 True；当转换 Boolean 值为其他的数据类型时，False 成为 0，而 True 成为-1
Integer	整型	-32 768～32 767，2 个字节存储的数值形式
Long	长整型	-2 147 483 648～2 147 483 647，4 个字节存储的有符号数值形式
Single	单精度浮点型	负数时为-3.402823E38～-1.401298E-45；正数时为 1.401298E-45～3.402823E38，4 个字节存储的浮点数值形式
Double	双精度浮点型	负数时为-1.79769313486231E308～-4.94065645841247E-324；正数时为 4.94065645841247E-324～1.79769313486232E308，8 个字节存储的浮点数值形式
Currency（变比整型）	货币型	-922 337 203 685 476.5808～922 337 203 685 476.5807，8 个字节存储的整型数值形式，然后除以 10 000 给出一个定点数，其小数点左边有 15 位数字，右边有 4 位数字
Date	日期型	100 年 1 月 1 日 ～ 9999 年 12 月 31 日
String（变长）	串类型（变长）	0～大约 20 亿
Variant/Empty	Null（空）	变量没有定义时的其取值为空，类型为 Variant/Empty

例如，学号通常为数字符号，但因为学号进行加减等数学运算没有任何意义，所

以，学号字段必须使用字符型。我们将看到，所有讨论的内容都和数据类型发生联系。

6.3 常　　量

常量（Constant）是指在程序运行期间，其值不变的量。在 VBA 对常量的写法有严格的格式要求，下面给出 VBA 常见数据类型的常量写法。

【例 6-2】在立即窗口，输入数值常量，查看其对应的类型。

具体操作步骤如下：

（1）如例 6-1 所述方法，进入 VBE 环境。在立即窗口输入“? 2”后按【Enter】键，其结果为在立即窗口输出“2”，如图 6-14 所示。输入“print 2”效果同“? 2”。

图 6-14　输出语句 Print 或 ?

（2）在立即窗口输入“? typename(2)”，其结果如图 6-15 所示。

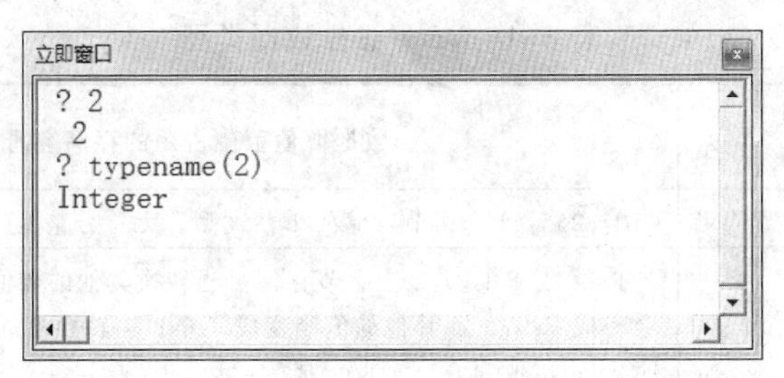

图 6-15　测试数据类型函数 TypeName

（3）在立即窗口输入更多示例，其结果如图 6-16 所示。

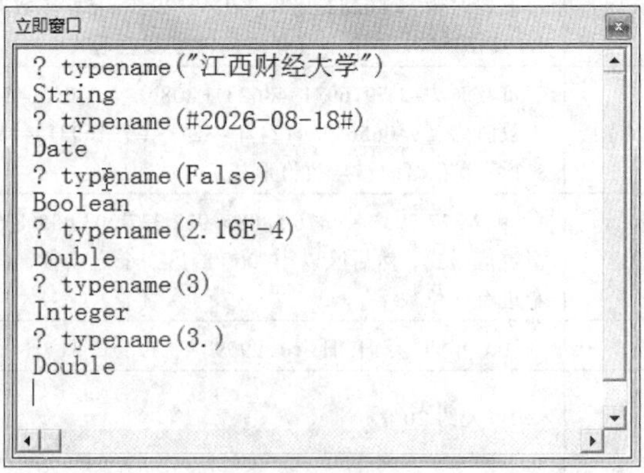

```
立即窗口
? typename("江西财经大学")
String
? typename(#2026-08-18#)
Date
? typename(False)
Boolean
? typename(2.16E-4)
Double
? typename(3)
Integer
? typename(3.)
Double
```

图 6-16　立即窗口示例

注意：

（1）例子中的“?”和“print”均表示输出语句，“? 2”中的“2”表示整型常量，其另起一行的“2”表示“? 2”的输出结果，即输出整型常量 2。

（2）“? typename(2)”表示输出常量“2”的数据类型，其输出结果为 Integer，即输出常量“2”的数据类型。

（3）这里“? 2”和“? typename(2)”均为半角符号，不要输入全角符号，本书后面的例子凡涉及 VBA 的例子均为半角符号。

常量是编写 VBA 程序的基础，VBA 数据类型常量表示如表 6-2 所示。在后面章节不清楚常量表示时，可查阅此表。

表 6-2 VBA 不同数据类型的常量表示

数据类型	常量例子
Boolean	取值为 True 或 False，两者必取其一
Integer	255，255%（%是 Integer 类型声明字符）
Long	255&（&是 Long 类型声明字符）
Single	255!（!是 Single 类型声明字符）
Double	3.14159；2.16E-4；255#（#是 Double 类型声明字符）
Currency（变比整型）	255@（@是 Currency 类型声明字符）
Decimal	不能直接表示
Date	#2009-12-28#；#12/28/09#；#January 1, 2010#；#January 1, 2010 11:26.48#
String	"江西财经大学"

注意：

（1）Null 是 VBA 的一种特殊的数据类型常量，任何一个运算式只要含有 Null，则该运算式就等于 Null。判断是否为 Null 的函数为 IsNull()。

（2）Nothing 是另一种数据类型常量，如果定义一个对象变量，但没有指定对象实例名，则其结果为 Nothing。VBA 通过这种方式可以释放对象变量。

6.4 变　量

和常量对应的是变量，本节讲解变量的定义和赋值操作，以及变量的数据类型。

1. 变量定义与特性

变量（Variable）是指在程序运行期间其数值会变化的量。这里要区分变量的两个特性：变量名和变量值。**变量名**在程序运行期间是不变的，而**变量值**在程序运行期间是可变的。实际上，变量是内存中的一个存储单元。将该单元命名后即为变量名，该内存单元的名在程序运行期间不变，但该内存单元的值在程序运行期间是可变的。可以将其比为，一个酒店管理有若干房间，每个房间有房间号，房间每天可能住有不同的房客。这里房间号相对于变量的名，它是不变的，它被用来管理酒店；而房客相当于变量值，对于某个房间号，房客可能变化。VBA 通过变量名来引用变量值。

VBA 创建变量名时，必须遵循以下**变量命名规则**：

（1）以字符 a～z 或 A～Z_开头，后面跟随多个 a～z 或 A～Z_0～9 字符。中文版可以使用汉字。

（2）VBA 变量名不区分大小写。变量名的长度不可以超过 255 个字符。

（3）使用的变量名不能与 VBA 内在的函数、过程、语句以及方法的名称相同。不能使用与程序语言的关键字相同的名称。

例如，strMyString、intCount、MyForm、姓名、性别等都是合法的变量名；而 2x、a+b、α、π 等是不合法的变量名。

提示：在为变量取名时，建议不要使用如 a 或者 x 这样的无意义名称，而应该采用小写前缀加上具有特定描述意义的名字来为常量或变量命名，这种命名方法称为匈牙利命名法。其中，变量名的前三个字母表示小写前缀，用于说明数据类型，后面字母表示变量的实际含义，例如：str_filename，int_total。对于用户来说，这种命名约定不具有强制性。但采用这种变量命名方式，并在程序设计过程中遵循这样的约定，可以让程序更加易读，并减小出错的概率。

1）变量定义

语法：`Dim<变量名 1> As Type, <变量名 2> As Type, …`

功能：**定义变量**就是确定变量的名称、类型和初始值，以便后面使用，VBA 要求变量必须先定义才能够引用。

说明：

（1）<变量名>表示用户必须输入变量名，但符号< >不需要输入，它是语法符号本身。后面还可以看到，符号[ ]表示其包括的内容是可选的，既可以书写，也可以省略。符号[ ]仅表示语法定义中的说明部分，它不是语法符号本身。

（2）VBA 规定一条 Dim 语句能够定义多个变量，一个变量定义后面跟逗号才能够定义另一个变量。<变量名>部分是必需书写，它必须遵循标准的变量命名约定。如果 Dim 定义数值类型变量则其初始值为 0，如果 Dim 定义 String 类型的变量则其初始值为空串（""）。

注意：如果含有 Option Explicit 语句，则所有变量必须先定义，才能够使用。

【例 6-3】定义一个 Number 变量，其类型为整型。

代码编制如下：

```
'显式声明一个 Integer 类型的变量，其初值为 0
Dim Number As Integer, Sum1 As Double
'使用西文冒号（:）可以将两条语句放在一行。冒号起分隔作用
Dim x As Integer : Dim y As Integer
```

变量定义常见错误是使用 Dim a, b As Integer 定义变量，则变量 a 类型为空（Variant/Empty），变量 b 类型为 Integer，初始值为 0。空表示类型还没有确定。

2）Option Explicit 语句

语法：`Option Explicit`

功能：模块级别中的变量在使用前，必须强制显式声明。如果使用了未声明的变量名，则在编译时间会出现错误。使用该选项可以提高程序代码的正确性，避免混乱。

说明：

（1）Option Explicit 语句必须写在模块的所有过程之前。

（2）如果模块中使用了 Option Explicit，则必须使用 Dim、Private、Public、ReDim 或 Static 语句来显式声明所有的变量。

（3）如果没有使用 Option Explicit 语句，除非使用 Deftype 语句指定了默认类型，否则所有未声明的变量都是 Variant 类型的。

设定 VBE 环境 Option Explicit 的方法：

选择“工具”|“选项”命令，打开选项对话框，选择“要求变量声明”复选框即可，如图 6-17 所示。

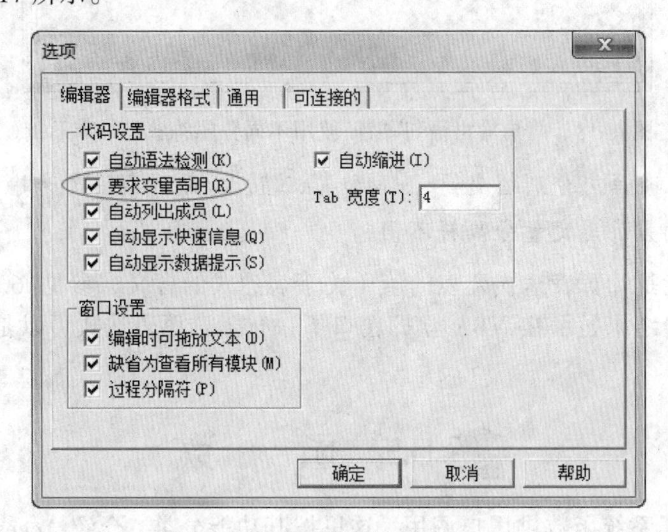

图 6-17 变量显式声明设置方法

2. 变量赋值语句 Let

语法：[Let] <变量名> = <表达式>

功能：将<表达式>计算的值赋给<变量名>，这里 Let 是可选的。需要注意，<变量名>所声明的数据类型必须兼容<表达式>计算结果的数据类型，否则会出现错误。这里符号“=”表示**赋值运算符**，它将右侧的<表达式>的值赋到左侧<变量名>中。这里认为赋值运算符的方向是从右到左，具有方向性。

【例 6-4】 Let 语句赋值示例。

代码编制如下：

```
Dim a as Integer, b as Integer, c as Integer
a = 12
b = 20
Let c= a * b
```

3. 立即窗口输出语句?

立即窗口有一条 VBA 输出命令“?”。它被用来显示一个或多个变量名的变量值。

语法：? [<变量列表>|<表达式列表>[,|;]]

功能：“? <变量列表>”语句的功能是输出变量列表中多个变量值，变量列表分隔符可以是“,”或“;”，其输出分隔结果不同。

【例 6-5】简单输出语句“?”示例。

简单输出语句“?”使用不同分隔符输出结果示例如图 6-18 所示。

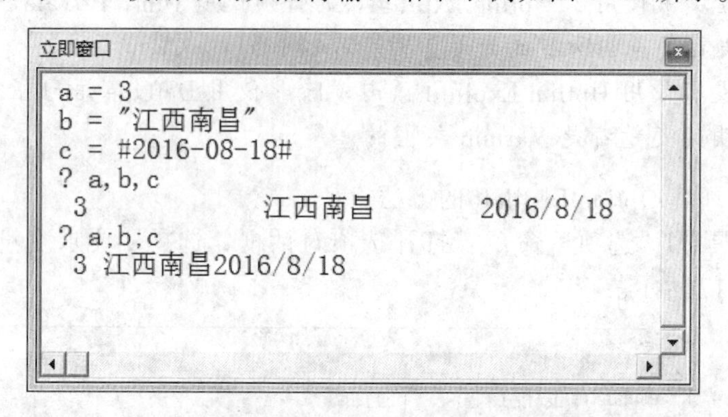

图 6-18 简单输出语句“?”使用不同分隔符输出结果示例

说明：前三条语句分别给变量 a、b 和 c 赋值。后面两条语句为输出这三个变量。输出两条语句的差异是变量分隔符不同。

“?”的功能是计算表达式列表的值（关于表达式的含义，参见 6.6 节），并输出计算结果，输出结果显示在 VBA 立即窗口下一行。这里表达式可以是一个常量或一个变量。

6.5 函 数

VBA 提供了系统函数供用户调用，这里按其功能分类，介绍 Access 定义的函数。

6.5.1 函数概述

函数（Function）是一个预先编制好的具有计算功能的模块，可供 VBA 程序在任何地方调用。VBA 提供的函数包括系统函数和用户自定义函数。**系统函数**是 VBA 提供给用户的常见的计算功能模块；如果 VBA 系统函数不能满足用户的要求，VBA 提供了用户自定义函数机制，用户可构造满足要求的函数。这里仅讨论 VBA 系统函数。

在介绍 VBA 系统函数前，先介绍黑箱（Black Box）方法。黑箱方法是控制论中的一种主要方法，系统工程中的黑箱就是指那些无法打开系统箱盖从外部观察系统内部状态的系统。黑箱方法就是通过考察系统的输入与输出关系认识系统功能的研究方法。它是探索和开发复杂大系统的重要工具。

从用户使用的角度看，VBA 系统函数可以看成一个**黑箱**，如图 6-19 所示。即用户不必关心函数的功能是如何实现的，仅关心函数功能的使用（即**函数调用**）即可。

函数调用要注意：

（1）函数的功能。函数功能确定使用函数的场合。

（2）函数的调用形式。虽然函数的调用形式不关心大小写，但函数名、参数的个数和类型必须正确。

（3）函数返回结果的数据类型。

（4）函数要求的参数，包括参数的个数、各个参数的数据类型。

（5）当函数发生嵌套时，注意函数运算的先后次序。

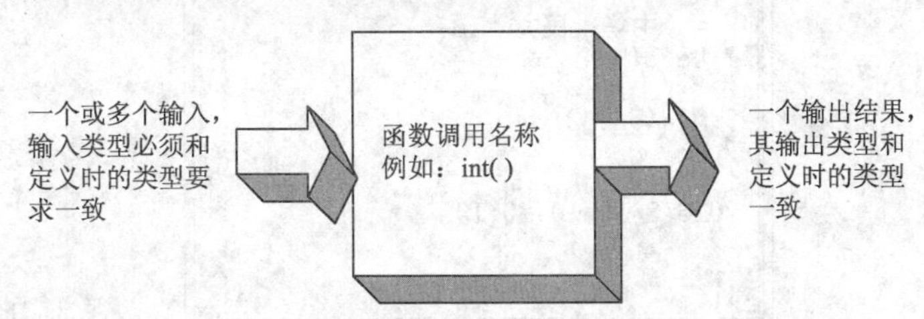

图 6-19　函数黑箱思想

例如，要求系统当前的中文月份名称，通过查询 VBA 帮助知道，获取中文月份名称函数的调用形式为 Monthname(<数值表达式 1>)，这里<数值表达式 1>为数值表示的月份。而要获取系统当前的月份信息，必须先获取系统当前日期，其对应的函数为 Date()，通过当前日期信息，再获取当前日期中的月份信息，其对应函数为 Month(<日期类型>)。

故在 VBA 立即窗口输入：

```
? Monthname(Month(Date()))        '输出结果为当前月份中文名称
```

这里函数 Month(<日期类型>)中嵌套了函数 Date( )，函数 Monthname(<数值类型>)中嵌套了函数 Month(<日期类型>)。其求值的次序为：先计算函数 Date( )，得到日期类型的当前日期；再计算函数 Month(<日期类型>)，得到当前数值表示的月份；最后计算函数 Monthname(<数值类型>)，获得当前日期的中文名称。

VBA 提供了各类系统函数，下面按函数返回的类型给出常见的 VBA 函数。具体分为：数值处理函数、字符处理函数、日期和时间处理函数、数据类型转换函数、金融函数、输入/输出格式函数。这里给出一个示例说明使用操作符“?”调用或检查函数的使用方法。

【例 6-6】函数示例。

代码编制如下：

```
'在立即窗口输入下面代码，查看立即窗口输出的结果
a=9
? Sqr(a)           '输出结果为 3，因为 sqr 为开平方函数
? Sgn(a)           '输出结果为 1，因为 Sgn 为求符号函数
? Sgn(-1*a)        '输出结果为-1，因为 Sgn 为求符号函数
b = "中华人民共和国"
? Left(b,4)        '输出结果为中华人民，因为 Left 为从左求 4 个字符子串函数
? Mid(b,3,2)       '输出结果为人民，因为 Mid 为从第 3 个位置开始，截取 2 个字符的求
                   '子串函数
? Now()            '结果为系统当前日期时间
```

结果如图 6-20 所示。

读者不难仿照上面的示例对下面介绍的函数加以试用。

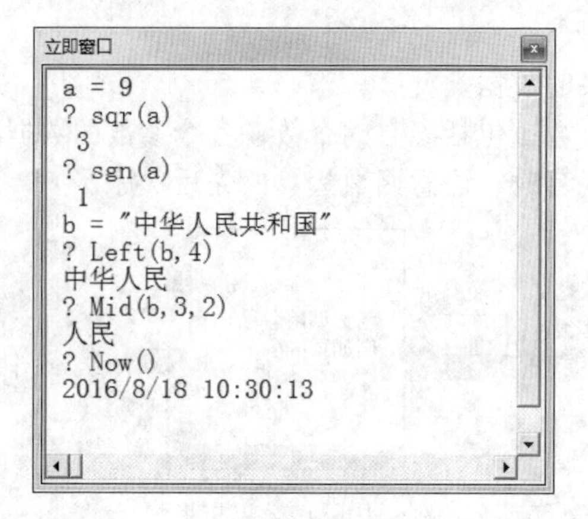

图 6-20　函数示例

6.5.2　数值处理函数

VBA 数值处理函数一览表如表 6-3 所示。

表 6-3　VBA 数值处理函数一览表

函数功能	函数格式	返回类型	含义
三角函数	Atn(<数值表达式>)	Double	求<数值表达式>的反正切值。<数值表达式>参数是一个 Double 或任何有效的数值表达式。其取值的范围在 $-\pi/2$～$\pi/2$ 弧度之间
	Cos(<数值表达式>)	Double	求<数值表达式>的余弦值。<数值表达式>参数是一个 Double 或任何有效的数值表达式。其单位是弧度
	Sin(<数值表达式>)	Double	求<数值表达式>的正弦值。<数值表达式> 参数是一个 Double 或任何有效的数值表达式。其单位是弧度
	Tan(<数值表达式>)	Double	求<数值表达式>的正切值。<数值表达式> 参数是一个 Double 或任何有效的数值表达式。其单位是弧度
一般计算	Exp(<数值表达式>)	Double	求自然对数 e 的的<数值表达式>次方
	Log(<数值表达式>)	Double	求<数值表达式>的自然对数值
	Sqr(<数值表达式>)	Double	求<数值表达式>的平方根数值
产生随机数	Rnd	Single	返回一个[0,1)区间的随机数值。Rnd()函数通常和 Randomize 语句配合使用
求绝对值	Abs(<数值表达式>)	与<数值表达式>相同	返回参数的绝对值，其类型和参数相同。<数值表达式> 参数是任何有效的数值表达式
求符号	Sgn(<数值表达式>)	Variant (Integer)	求<数值表达式>参数的正负号
取整	Int(<数值表达式>) Fix(<数值表达式>)	Double	Int()函数和 Fix()函数都会删除<数值表达式>的小数部份而返回剩下的整数。Int()函数和 Fix()函数的不同之处在于，如果<数值表达式>为负数，则 Int()函数返回小于或等于<数值表达式>的第一个负整数，而 Fix()函数则会返回大于或等于<数值表达式>的第一个负整数。例如，Int()函数将-6.4 转换成-7，而 Fix()函数将-6.4 转换成-6

6.5.3 字符函数

这里列出 Access 处理字符的部分函数。

1. 大小写变换

1）字符小写转换函数

语法：LCase(<字符串表达式>)

功能：将<字符串表达式>转换为小写。

2）字符大写转换函数

语法：UCase(<字符串表达式>)

功能：将<字符串表达式>转换为大写。

例如：? Ucase("China")结果为“CHINA”。

2. 建立重复字符的字符串

1）重复空格函数

语法：Space(number)

功能：输出 number 指定个数的空格。

2）重复字符函数

语法：String(**number**,<字符串表达式>)

功能：将<字符串表达式>中的第一个字符重复 number 次。

例如：? string(3,"中华人民共和国")结果为“中中中”。

3. 计算字符串长度

语法：Len(<字符串表达式>)

功能：返回<字符串表达式>长度。

例如：? len("China")结果为 5，而? len("中华人民共和国")结果为 7。

4. 设置字符串格式 Format 函数

语法：Format(<表达式>[, format])

功能：对输出的表达式数据指定格式，其中含有一个 format 表达式（格式表达式），它是根据格式表达式中的指令来格式化<字符串表达式>，其返回类型为 Variant (String)。

格式表达式是由一些特定字符组成的字符串常量。为简化 Format()函数使用，下面通过一个示例来看其功能。

【例 6-7】Format()函数的格式功能演示。

我们仅给出一个实际运行示例，如图 6-21 所示。其余参见表 6-4 和表 6-5。

```
? Format(8315.4, "00000.00")
08315.40
```

图 6-21 Format()函数示例

表 6-4 Format()函数示例

格式表达式类型	Format()函数描述	输 出 结 果
数值格式表达式	Format(8315.4, "00000.00")	08315.40
	Format(8315.4, "#####.##")	8315.4
	Format(8315.4, "##,##0.00")	8,315.40
	Format(315.4, "$##0.00")	$315.40
	Format(7, "0.00%")	700.00%

续表

格式表达式类型	Format()函数描述	输出结果
字符格式表达式	Format("This", "@@@@@@")	This（This 前面 2 个空格）
	Format("This", "!@@@@@@")	This （This 后面 2 个空格）
	Format("This", "&&&&&&")	仅显示 This，其余部分不输出
	Format("This Is A Test", "<")	this is a test
	Format("This Is A Test", ">")	THIS IS A TEST
日期格式表达式	Format(Now, "m/d/yy")	5/16/16
	Format(Now, "dddd, mmmm dd, yyyy")	Sunday, May 16, 2016
	Format(Now, "mmmm-yy")	May-16
	Format(Now, "hh:mm AM/PM")	07:18 AM
	Format(Now, "h:mm:ss a/p")	7:18:00 a
	Format(Now, "d-mmmm h:mm"	16- May 7:18
	Format(Now, "d-mmmm-yy")	16- May -16
	Format(Now, "yyyy 年 MM 月 dd 日 hh 时 mm 分")	2016 年 5 月 16 日 10 时 20 分

表 6-5　Format()函数数值格式示例

格式描述	输入/输出			
	5	-5	.5	Null
""	5	-5	0.5	
0	5	-5	1	
0.00	5.00	-5.00	0.50	
#,##0	5	-5	1	
#,##0.00;;;Nil	5.00	-5.00	0.50	Nil
$#,##0;($#,##0)	$5	($5)	$1	
$#,##0.00;($#,##0.00)	$5.00	($5.00)	$0.50	
0%	500%	-500%	50%	
0.00%	500.00%	-500.00%	50.00%	
0.00E+00	5.00E+00	-5.00E+00	5.00E-01	
0.00E-00	5.00E00	-5.00E00	5.00E-01	

5. 处理字符串

1）InStr()函数

语法：`InStr(<首字符查找位置>, ]<字符串 1>, <字符串 2> [, compare])`

功能：InStr()函数的功能是在<字符串 1>中查找<字符串 2>，如果找到，则返回<字符串 2>的第一个字符在<字符串 1>中的位置。返回类型为 Variant (Long)。

例如：`? InStr("Microsoft Word", "Word")`

结果为 11。因为"Microsoft Word"包含"Word"，且"Word"中的第一个字符在"Microsoft Word"第 11 个位置。同样，? InStr("江西财经大学","财经")的结果为 3。

说明：

（1）InStr()函数的返回值是一个长整型数，在不同条件下，函数的返回值也不一样，见表 6-6。

表 6-6 InStr()函数的返回值

如　果	InStr()函数返回
<字符串表达式 1>为零长度	0
<字符串表达式 1>为 Null	Null
<字符串表达式 2>为零长度	Start
<字符串表达式 2>为 Null	Null
<字符串表达式 2>找不到	0
在<字符串表达式 1>中找到<字符串表达式 2>	找到的位置
<首字符查找位置>大于<字符串表达式 2>	0

（2）<首字符查找位置>是可选的，如果含有<首字符查找位置>则从该位置开始查找，否则从<字符串表达式 1>的起始位置开始查找。

（3）可选项 compare 用来指定字符串比较方式。具体含义参见表 6-7 所示。

表 6-7 compare 参数设置含义

常　数	值	描　述
vbUseCompareOption	-1	使用 Option Compare 语句设置执行一个比较
vbBinaryCompare	0	执行一个二进制比较，该值为默认值
vbTextCompare	1	执行一个按照原文的比较
vbDatabaseCompare	2	仅适用于 Microsoft Access，执行一个基于数据库中信息的比较

2）取左子串函数

语法：`Left(<字符串表达式>, length)`

功能：返回从<字符串表达式>最左边计起的 lenght 值的字符。

例如：`? left("江西财经大学", 4)  '结果为：江西财经`

3）取右子串函数

语法：`Right(<字符串表达式>, length)`

功能：返回从<字符串表达式>最右边计起的 length 值个字符。如果 length 值小于或等于零，则返回空字符串。

例如：`? right("江西财经大学", 2) '结果为：大学`

4）取中间子串函数

语法：`Mid(<字符串表达式>, start[, length])`

功能：返回<字符串表达式>中，从 start 值开始，由 length 值指定个数的字符串。如果无 length 选项，则从 start 值位置开始直到<字符串表达式>值尾部。

例如：
```
? mid("江西财经大学", 3) '结果为：财经大学
? mid("江西财经大学", 3,2) '结果为：财经
```

5）删除字符串前置空格函数

语法：`LTrim(<字符串>)`

功能：返回删除了<字符串表达式>的前置空格的字符串。

6）删除字符串尾部空格函数

语法：`RTrim(<字符串表达式>)`

功能：返回删除了<字符串表达式>的尾部空格的字符串。

7）删除字符串空格函数

语法：Trim(<字符串表达式>)

功能：返回删除了<字符串表达式>的前置空格及尾部空格的字符串。

例如：? trim(' 江西财经 大学   ')   '结果为：江西财经 大学

注意：结果将前后的空格删除，但不能删除中间的空格。

6．运用 ASCII 与 ANSI 值

1）Asc

语法：Asc(<字符串表达式>)

功能：返回<字符串>中首字符的 ASCII 码值。

例如：
```
MyNumber = Asc("A")                 '结果为 65
MyNumber = Asc("Apple")             '结果为 65
```

2）Chr

语法：Chr(<数值表达式>)

功能：返回数值对应的字符。

例如：
```
MyChar = Chr(65)                    '结果为字符 A
MyChar = Chr(97)                    '结果为字符 a
```

6.5.4 日期和时间处理函数

日期和时间处理函数如表 6-8 所示。

表 6-8 日期和时间处理函数

功 能	函数名称	功能描述
返回日期或时间	Date	返回系统当前日期
	Now	返回系统当前日期和时间
	Time	返回系统当前时间
	Year(date)	返回表示年份的整数，例如 Year(#2016-06-25#)返回 2016
	Month(date)	返回表示月份的整数，例如 Month(#2016-06-25#)返回 6
	Day(date)	返回表示日期的整数，例如 Day(#2016-06-25#)返回 25
	Hour(time)	返回表示小时的整数，例如 Hour(#16:38:27#)返回 16
	Minute(time)	返回表示分钟的整数，例如 Minute(#16:38:27#)返回 38
	Second(time)	返回表示秒的整数，例如 Second(#16:38:27#)返回 27
计算日期（其形式请参见联机帮助）	DateAdd	求日期加（减）一个时间间隔后的日期
	DateDiff	求两个指定日期间的时间间隔数目
	DatePart	求日期的所在的季度、日数、周数等
转换日期（时间）	DateSerial(year,month,day)	将指定的年、月、日转换为日期类型。例如，DateSerial(2016,07,08)表示#2016-07-08#
	DateValue(date)	求日期时间类型的日期
	TimeSerial(hour,minute,second)	将指定的时、分、秒转换为时间类型。例如，TimeSerial(12,24,20)结果为 12:24:20

续表

功　能	函数名称	功能描述
转换日期（时间）	TimeValue(date)	求日期时间类型的时间
	Weekday(date)	求日期的星期数。weekday(#2016-06-16#)输出为整型 4
设置日期或时间	Date	设置日期。例如，date = #2016-01-01#
	Time	设置时间。例如，time = #16:01:01#
计时	Timer	求从午夜开始到现在经过的秒数，结果为 Single 类型

6.5.5　金融函数

Access 提供了多种金融函数，分别用于计算利率、计算本质利率、计算折旧率、计算未来值等。限于篇幅，我们仅介绍计算本质利率函数 IRR()。

语法：`IRR(values()[, guess])`

功能：指定一系列周期性现金流（支出或收入）的内部利率（Internal Rate of Return）。

说明：

（1）结果返回一个 Double。其中 values()为 Double 类型数组，为必选参数，指定现金流值。此数组必须至少含有一个负值（支付）和一个正值（收入）。

（2）guess 指定 IRR()函数返回的估算值，为 Variant 类型的可选参数。如果省略 guess 则默认为 0.1（10%）。

（3）返回的内部利率是在正常的时间间隔内一笔含有支出及收入的投资得到的利率。

（4）IRR()函数使用数组中数值的顺序来解释支付和收入的顺序。要确保支付和收入的顺序正确。每一时期的现金流不必像年金那样固定不变。

（5）IRR()函数是利用迭代进行计算。先从 guess 的值开始，IRR()函数反复循环进行计算，直到精确度达到 0.000 01%。如果经过 20 次反复迭代测试还不能得到结果，则 IRR()函数计算失败。

6.5.6　输入与输出函数

VBA 中输入与输出函数涉及文件操作和控制输出外观两类，这里仅介绍控制输出函数 Spc()和 Tab()。

1. 打印输出空格函数()

语法：`Spc(n)`

功能：输出 n 个空格，用来对输出进行定位。

说明：

（1）如果 n 小于输出行的宽度，则下一个打印位置将紧接在数个已打印的空白之后。

（2）如果 n 大于输出行的宽度，则利用公式“当前打印位置 + (n Mod 行宽度)”计算下一个打印位置。

例如，如果当前输出位置为 24，而输出行的宽度为 80，并指定了 Spc(90)，则下一个打印将从位置 34 开始（当前打印位置 + 90/80 的余数）。

（3）如果当前打印位置和输出行宽度之间的差小于 n（或 n Mod 行宽度），则 Spc() 函数会跳到下一行的开头，并产生数量为“n-(行宽度-当前打印位置)”的空白。

例如，? Spc(20)表示输出在当前打印位置输出 20 个空格符号。

2. 打印输出定位函数 Tab()

语法：`Tab[(n)]`

功能：可选的参数 n 表示在显示或打印列表中的下一个表达式输出所在的列数。若省略此参数，则 Tab 将插入点移动到下一个打印区的起点。这就使得 Tab()函数可用来替换?语句的逗号。此处，逗号是作为十进制分隔符使用的。

说明：

（1）如果当前行上的打印位置大于 n，则 Tab()函数将打印位置移动到下一个输出行的第 n 列上。

（2）如果 n 小于 1，则 Tab()函数将打印位置移动到列 1。

（3）如果 n 大于输出行的宽度，则 Tab()函数使用公式（n Mod 行宽度）计算下一个打印位置。例如，如果 width 是 80，并指定 Tab(90)，则下一个打印将从列 10 开始（90/80 的余数）。

（4）如果 n 小于当前打印位置，则从下一行中计算出来的打印位置开始打印。

（5）如果计算后的打印位置大于当前打印位置，则从同一行中计算出来的打印位置开始打印。

（6）输出行最左端的打印位置总是 1。

例如，语句“? Tab(20); "*"”表示在当前行的第 20 列输出符号“*”。

3. MsgBox()函数

语法：`MsgBox( <提示信息> [, <按钮>] [, <标题>] )`

功能：在对话框中显示消息，等待用户单击某个按钮，并返回一个整型数值告诉用户单击了哪一个按钮。

说明： MsgBox()函数中的参数说明如表 6-9 所示。

表 6-9 MsgBox()函数中的参数说明

部　分	描　述
<提示信息>	<提示信息>是显示在对话框中的消息，它是字符串表达式
<按钮>	可选的<按钮>是数值表达式类型，它指定了对话框显示按钮的数目及形式，使用的图标样式，默认按钮是什么以及消息框的强制回应等。如果省略，则<按钮>的默认值为 0
<标题>	<标题>是对话框标题栏中显示的字符串表达式，它是可选的。如果省略<标题>，则将应用程序名放在标题栏中

<按钮>参数取值如表 6-10 所示。

表 6-10 <按钮>参数取值

功能说明	常　　数	值	描　　述
指定按钮类型与数目	vbOKOnly	0	只显示 OK 按钮
	vbOKCancel	1	显示 OK 及 Cancel 按钮
	vbAbortRetryIgnore	2	显示 Abort、Retry 及 Ignore 按钮
	vbYesNoCancel	3	显示 Yes、No 及 Cancel 按钮
	vbYesNo	4	显示 Yes 及 No 按钮
	vbRetryCancel	5	显示 Retry 及 Cancel 按钮
指定图标样式	vbCritical	16	显示 Critical Message 图标
	vbQuestion	32	显示 Warning Query 图标
指定图标样式	vbExclamation	48	显示 Warning Message 图标
	vbInformation	64	显示 Information Message 图标
指定默认按钮	vbDefaultButton1	0	第一个按钮是默认值
	vbDefaultButton2	256	第二个按钮是默认值
	vbDefaultButton3	512	第三个按钮是默认值
	vbDefaultButton4	768	第四个按钮是默认值

MsgBox 返回值及其含义如表 6-11 所示。

表 6-11 MsgBox 返回值及其含义

常　　数	值	描　　述
vbOK	1	OK
vbCancel	2	Cancel
vbAbort	3	Abort
vbRetry	4	Retry
vbIgnore	5	Ignore
vbYes	6	Yes
vbNo	7	No

【例 6-8】使用 MsgBox()函数生成一个对话框，其提示信息是“您确定将信息保存到数据库吗？”包含“是”“否”和“取消”三个按钮，默认按钮为“是”，对话框的图标为⚠，对话框标题为“MsgBox 示例”。

在立即窗口输入下列语句，结果如图 6-22 所示。

```
'在立即窗口输入下面代码，查看立即窗口输出的结果
? MsgBox("您确定将信息保存到数据库吗？", VbYesNoCancel + VbExclamation +
vbDefaultButton1, "MsgBox 示例")
```

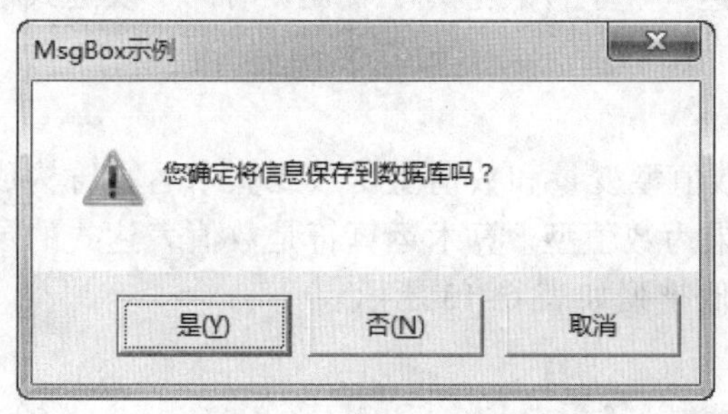

图 6-22 例 6-8 结果

4．InputBox()函数

语法：`InputBox( <提示信息>[, <标题> ] [, <默认值>] )`

功能：在一对话框来中显示提示，等待用户输入正文或按下按钮，并返回包含文本框内容的<字符串>。

说明：InputBox()函数参数说明如表 6-12 所示。

表 6-12　InputBox()函数参数说明

部　分	描　述
<提示信息>	<提示信息>作为对话框消息出现，它是字符串表达式
<标题>	<标题>是显示对话框标题栏中的字符串表达式。如果省略了<标题>，则把应用程序名放入标题栏中
<默认值>	可选的。显示文本框中的字符串表达式，在没有其他输入时作为默认值。如果省略，则文本框为空

【例 6-9】InputBox()函数示例。

代码编制如下：

```
'在立即窗口输入下面代码，查看立即窗口输出的结果
a = inputbox("请您输入数据，结果为字符串类型")          ' 假定输入 5566
? a                                   ' 输出 a 的值，结果为 5566
? TypeName(a)                         ' 求变量 a 的类型，结果返回 String 类型
```

结果如图 6-23 所示。

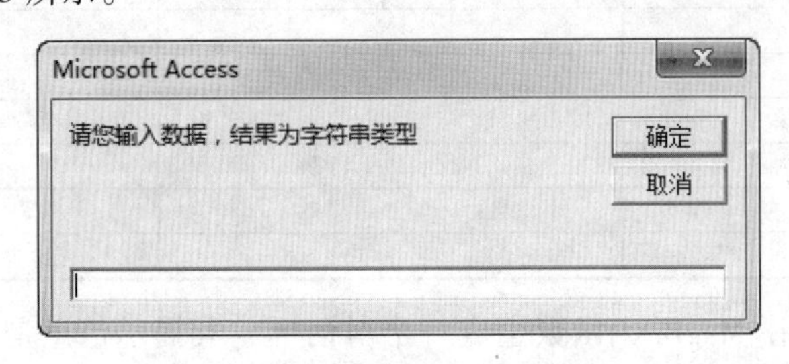

图 6-23　例 6-9 结果

6.6　表　达　式

表达式中的运算符可以说是个黏合剂，它将常量、变量和函数黏合到了一起。VBA 的表达式包括数值表达式、字符表达式、日期（时间）表达式、关系表达式和逻辑表达式。下面分别加以介绍。

1．数值表达式

将数值型常量、数值型变量和数值型函数经算术运算符构成的式子称为**数值表达式**。数值表达式的结果为数值型。算术运算符是数值表达式的灵魂。VBA 中的算术运算符按优先级由高到低排列如表 6-13 所示。

表 6-13 VBA 中的算术运算符

算术运算符	含 义
( )	圆括号，用来改变运算的先后次序
^	乘方
+ | -	单目运算符，正、负
* | /	乘和除运算符
\	整除运算符
Mod	求模运算，即求余数运算符
+ | -	加、减运算符

【例 6-10】在 VBE 立即窗口，运行图 6-24 所示的语句。

语句? a*b, a/b, a\b 分别表示求 a、b 的乘积、除法和整除，语句? a mod b 表示求 a、b 的余数。

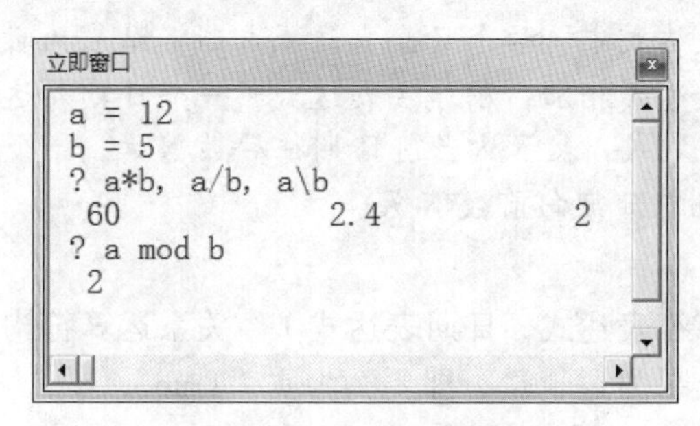

图 6-24 例 6-10 结果

【例 6-11】已知一元二次方程的一个通解为

$$x=\frac{-b+\sqrt{b^2-4ac}}{2a}$$

写出其对应的数值表达式。

```
x = (-b+sqr(b^2 - 4*a*c))/(2*a)
```

注意：

（1）表达式只允许写在一行。如果一条语句太长，可使用续行符（ _），表示下面一行是该行的一部分，其作用是增加可读性。

（2）为表示先后的优先级关系可以使用半角圆括号( )，但不能使用除圆括号外的其他括号。

（3）注意表达式是不包括等号“=”在内的式子，“=”为赋值符号。

2. 字符表达式

将字符型常量、字符型变量和字符型函数经字符运算符构成的式子称为**字符表达式**。字符表达式的结果为字符型的值。字符运算符仅有字符连接运算符（&）。

【例 6-12】字符表达式应用示例。

代码编制如下：

```
'在立即窗口输入下面代码，查看立即窗口输出的结果
? "江西   " & "南昌"        ' 注意：字符“江西”后面有 3 个空格
江西   南昌                 ' 输出结果中保留空格
```

3. 日期（时间）表达式

将日期（时间）型常量、日期（时间）型变量和日期（时间）型函数经日期（时间）运算符构成的式子称为**日期（时间）表达式**。日期（时间）表达式的结果为数值型的值。日期（时间）运算符包括运算符加（+）和减（-）。

【例 6-13】日期（时间）表达式应用示例。

代码编制如下：

```
'在立即窗口输入下面代码，查看立即窗口输出的结果
? #2016-07-01# - #2016-08-01#      ' 求日期差，输出结果为：-31 天。
? #2016-07-01# - 31                ' 求某日的前 31 日是什么日期，
                                   ' 输出结果为日期型：2016-05-31
? #2016-07-01# + 31                ' 求某日的后 31 日是什么日期，
                                   ' 输出结果为日期型：2016-08-1
```

注意：在日期型表达式中，两个日期表达式相减，结果为数值，表示两日期之间相差的天数，两日期表达式相加，属非法表达式；一个日期表达式与一个数值表达式相加，结果为日期型表达式，表示从当前日期往后数 N 天；一个日期表达式与一数值表达式相减，表示从当前日期向前数 N 天。

4. 关系表达式

将数值表达式（字符表达式、日期表达式）经关系运算符构成的式子称为**关系表达式**。关系表达式的结果为逻辑量，即要么为真（True），要么为假（False），二者必取其一。

1）比较运算符

关系表达式的运算符包括：>（大于）、>= （大于等于）、<（小于）、<=（小等于）、=（等于）和<>（不等于）。

【例 6-14】数值型比较示例。

代码编制如下：

```
'在立即窗口输入下面代码，查看立即窗口输出的结果
? 6*2 >= 3*4          ' 两个数值表达式的值比较，输出结果为真 True
```

两个字符表达式的比较，比较结果与排序方式有关，这里不介绍。

【例 6-15】两个字符比较示例。

代码编制如下：

```
'在立即窗口输入下面代码，查看立即窗口输出的结果
? "A" > "a"     ' 按两个字符的 ASCII 码值大小比较，输出结果为假 False。
```

【例 6-16】日期型比较示例。

代码编制如下：

```
'在立即窗口输入下面代码，查看立即窗口输出的结果
? #2016-07-01# < #2015-07-01#
' 两个日期型表达式比较，按数字的绝对值大小比较，输出结果为假 FALSE
```

2）Like 运算符

当给定一个字符串时，使用 Like 运算符可以判断给定的字符串是否匹配某种特定的**字符通配模式**。

语法：<字符串> Like <字符通配模式>

说明：Like 运算符的结果为逻辑类型，如果<字符串>与<字符通配模式>匹配，则结果为 True；如果不匹配，则结果为 False。但是如果<字符串>或<字符通配模式>中有一个为 Null，则结果为 Null。Like 通配字符含义如表 6-14 所示。

表 6-14　通配字符含义

模式中的通配字符	含　义
?	一个位置的任意字符
*	零个或多个位置的任意字符
#	一个位置的任意数字 0~9
[字符列表]	[字符列表]中一个位置的任意字符
[!字符列表]	不在[字符列表] 中的任何单一字符

【例 6-17】立即窗口通配字符示例。

具体代码及运行结果如图 6-25 所示。

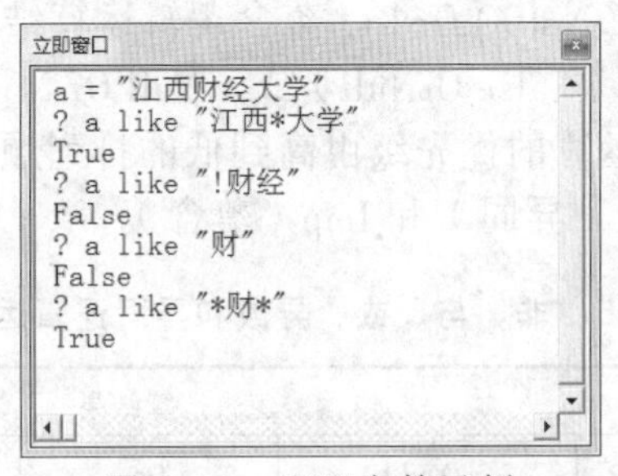

图 6-25　通配字符示例

【例 6-18】通配符示例。

代码编制如下：

```
'在立即窗口输入下面代码，查看立即窗口输出的结果
' 通配符"a*a"表示以 a 开头，以 a 结尾的字符串
? "aBBBa" Like "a*a"                ' 返回 True
' 通配符"[A-Z]"表示是否含有 A 到 Z 字符中的任意字符
? "F" Like "[A-Z]"                  ' 返回 True
' 通配符"[!A-Z]"表示是否不含有 A 到 Z 字符中的任意字符
? "F" Like "[!A-Z]"                 ' 返回 False
' 通配符" a#a "表示以 a 开头，中间为一个数字且以 a 结尾的字符串
? "a2a" Like "a#a"                  ' 返回 True
' 通配符"a[L-P]#[!c-e]"表示第一个字母为 a，第二个字母含有 L 到 P 中的任何字母，
' 第三个为数字，第四个为不会 c 到 e 中任何一个字符的字符串
? "aM5b" Like "a[L-P]#[!c-e]"       ' 返回 True
' 通配符"B?T*"表示第一个字母为 B，第二个字母不限制的任何字母或数字，
' 第三个字母为 T，后面为任何的字符串
? "BAT123khg" Like "B?T*"           ' 返回 True
? "CAT123khg" Like "B?T*"           ' 返回 False
```

3）Is 运算符

Is 运算符用来比较两个对象的引用变量。

语法：

```
<对象 1> Is <对象 2>
```

结果：逻辑类型，如果<对象 1>和<对象 2>两者引用相同的对象，则结果为 True，否则为 False。

5．逻辑表达式

将关系表达式和逻辑型变量经逻辑运算符构成的式子称为**逻辑表达式**。逻辑运算符包括 Not（非）、And（与）、Or（或）、Xor（异或）、Eqv（异同）和 Imp（蕴含）。其中，非运算符 Not 为单目运算，表示参与运算的只有一个运算量，它的含义是取反；与运算符 And 是双目运算符，表示有两个运算量参与运算，当参与运算的两侧同为 True 结果才为 True，参与运算的有一个为 False 结果就为 False；或运算符 Or 是双目运算符，当参与运算的两侧同为 False 时，结果才为 False，有一侧为 True 结果就为 True；异或运算符 Xor 是双目运算符，当参与运算的两侧不同时结果才为 True，否则结果就为 False；异同运算符 Eqv 是双目运算符，当参与运算的两侧相同时结果才为 True，否则结果就为 False。非、与、或、异或和异同逻辑运算结果如表 6-15 所示。逻辑表达式(A Imp B)等同于((Not A) Or B)，蕴含逻辑运算结果如表 6-16 所示。可以看到，如果涉及 Null，则仅当（False OrNull）或（Null Or Null）的结果为 Null，其余满足公式((Not A) Or B)。逻辑运算的优先级由高到低的排列顺序为 Not（非）、And（与）、Or（或）、Xor（异或）、Eqv（异同）和 Imp（蕴含）。

表 6-15　非、与、或、异或和异同逻辑运算表

输入		逻辑运算结果				
a	b	Not a	a And b	a Or b	a Xor b	a Eqv b
True	True	False	True	True	False	True
True	False	False	False	True	True	False
False	True	True	False	True	True	False
False	False	True	False	False	False	True

表 6-16　逻辑蕴含运算 Imp

A	B	A Imp B
True	True	True
True	False	False
True	Null	Null
False	True	True
False	False	True
False	Null	True
Null	True	True
Null	False	Null
Null	Null	Null

注意：在各种类别表达式中，运算符存在优先级，但当一个复杂表达式包含不同类别的表达式时，不同的类别表达式之间也存在优先级，它们的运算优先级由高到低的顺序是：数值表达式（字符表达式或日期表达式）、关系表达式和逻辑表达式。

VBA 的表达式运算符和优先级总结如表 6-17 所示。

表 6-17　VBA 的表达式运算符号和优先级总结

优先级	分类	运算符符号及优先次序						
高	算术运算符	() 圆括号	^ 乘方	+ - 正、负	* / 乘、除	\ 整除	Mod 求模	+ - 加、减
表达式优先级 ↓	字串运算符	& 字符串连接						
	关系运算符 （优先级相同）	< 小于	< = 小于等于	> 大于	> = 大于等于	< > 不等于	= 等于	
低	逻辑运算符	() 圆括号	Not 非	And 与	Or 或	Xor 异或	Eqv 异同	Imp 蕴含

说明：

（1）同级运算按照它们从左到右出现的顺序进行计算。

（2）可以用括号改变优先顺序，强制表达式的某些部分优先运行。

（3）括号内的运算总是优先于括号外的运算，在括号之内，运算符的优先顺序不变。

（4）字符串运算符和关系运算符具有相同的优先次序，且执行顺序是从左到右依次执行。

6.7　VBA 注释符和续行符

在程序语言的编写过程中，非常强调程序的可读性。语言的**注释符**（Annotation）用来对程序语言进行注解，便于人们对程序进行阅读、理解。注释语句是不可执行的语句，它不会被程序的编译或解释，通常是一些说明性的文字，对代码的功能或者代码的实现方式给出简要的解释和提示。

VBA 的程序注释符为 Rem 或西文符号（'），例 6-18 中就给出了注释符示例。

注释符除了有注释的作用，还有一个很重要的作用，就是让某些语句暂时失效，这在调试程序的时候是经常使用的。去掉注释符则可以使这些失效的语句重新生效。

有时一行程序语言过长，往往很难在一行中写下，此时可以使用**续行符**来对 VBA 语句分行。续行符从字面理解表示一行没有写完，下一行继续写。VBA 的程序续行符为西文符号（_）。

习　题

问答题

（1）数据类型的作用是什么？VBA 中有哪些数据类型？

（2）写出下列数据的常量表示方法。

① 字符型：

江西庐山　He said: "That’s fabulous. "　上海世博会

② 数值型：

六位圆周率　2.68×10^{12}　0.0000000003897（科学记数法）

③ 日期型，日期时间型：

2016 年国庆节　2016 年的元旦零点时刻

④ 逻辑型：

假　真

（3）变量有哪两个特性？VBA 中变量的命名规则是什么？如何理解变量赋值的方向性？

（4）如何从黑箱的角度理解 VBA 提供的系统函数？使用函数需注意什么？

（5）表达式的运算符有哪些？写出下列数学公式的算术表达式。

$$\frac{|a^2+b^2|}{|a^2-b^2|} \qquad \frac{\frac{a}{b}+\frac{c}{d}}{\frac{b}{a}+\frac{d}{c}}$$

（6）数值型变量 x 取整；求 100 除以 7 的余数。

（7）表达式的运算符有哪些？日期和时间表达式的运算符有哪些？关系表达式的运算符有哪些？

（8）设有逻辑变量 A 与 B，分别列出逻辑或运算、与运算和蕴含运算的结果表格。

第7章

结构化程序设计

程序是为实现特定目标或解决特定问题而用计算机语言编写的语句命令有序的集合。在程序编写前，必须进行程序设计。程序设计的首要问题是理解程序运行的有序性。结构化程序设计将程序的有序性分为顺序、分支和循环三种。为了理解程序运行的有序性，本章仅使用 InputBox()函数作为输入，Debug.Print 作为输出来解释这三种程序结构的工作原理，并给出其编程应用。简化的输入、输出有助于对问题的理解。

7.1 结构化程序设计概述

本节讲解程序设计过程和结构化程序的三种控制结构。

7.1.1 程序设计过程

程序是计算机用户为解决某一特定问题的有序步骤，所谓有序步骤就是按一定的逻辑关系，将计算机高级语言的语句（或命令）有序组合在一起。

计算机设计程序是一个复杂的过程，简单地说，由图 7-1 所示的过程构成。

（1）分析问题：对需解决的应用问题进行详细分析，对于一些大型项目还要分析用户需求、技术条件、成本核算及经济和社会效益等问题。

（2）确定算法：选择解决问题的方法和步骤，对于某些问题还需确定数学模型或计算方法。一些较大的项目应画出流程图。根据应用的要求可能要设计数据库，并根据需要建立数据库。

（3）编写程序：根据解题步骤和流程图编制程序。

（4）上机调试：将设计好的程序输入计算机，运行、调试并修改程序，直到运行结果满意为止。

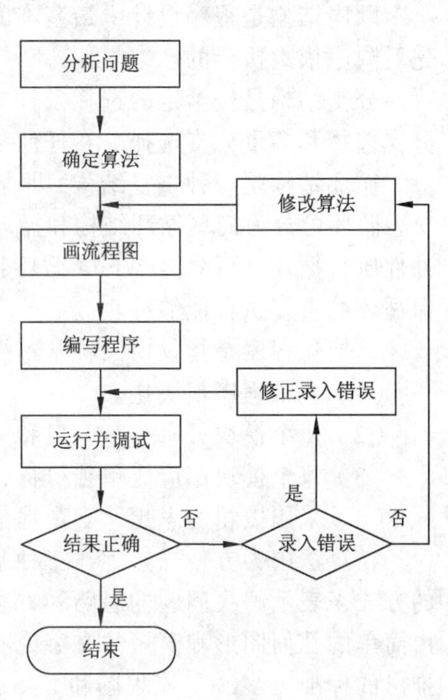

图 7-1　程序设计过程

（5）分析运算结果：确认程序在各种可能的状态下都能正确执行，输出的结果准确无误。

（6）文档资料编制：编写程序的使用和维护说明书。

（7）维护和再设计：对程序的日常维护和进一步改进某些功能。

7.1.2 算法与三种控制结构

程序的设计过程，核心问题是设计一个合理、有效的算法。“算法”（algorism）一词最早来自九世纪波斯数学家比阿勒·霍瓦里松的一本影响深远的著作《代数对话录》。一般认为，算法就是在有限的时间内，可以根据明确规定的运算规则，在有穷步骤内得出确切计算结果的机械步骤或能运行的计算程序。广义地说，日常生活中的许多事情都需要算法，如机械部件的加工、食物烹制等。需要注意的是，算法本身独立于任何特定的程序语言，如使用算法描述的运算，可以使用 VBA 实现，也可以使用 Visual FoxPro 或 C 语言实现。算法具有以下特性：

（1）有序性，构成程序的指令是有序的，即执行这些指令的先后次序是确定的。

（2）有限性，即解题步骤是有限的，无穷的步骤意味着无解。

（3）确定性，即多次反复执行同一个程序，其结果是相同的。

此外，算法可以没有输入（因为输入由计算机自动产生），但一定要有输出，输出用来表示问题是否有解。

为使算法易于人们理解，具有好的可读性和可维护性，在进行算法设计时只能使用三种基本结构（也称为**三种基本控制结构**）及其嵌套。这三种基本结构是顺序结构、分支结构和循环结构。

顺序结构是程序设计中最基本的结构。在该结构中，程序的执行是按命令出现的先后顺序依次执行的。

分支结构是按给定的选择条件成立与否来确定程序的走向。分支结构可分为双重分支选择和多重分支选择。在任何条件下，无论分支多少，只能选择其一。

循环结构是一种重复结构，即某一程序段将被反复执行若干次。按循环的嵌套层次，循环可分为简单循环结构和循环嵌套（也称多重循环）结构。按循环体执行的条件性质，循环又可分为 While 循环和 Until 循环。无论何种类型的循环结构，都要确保循环的重复执行能够终止。

结构化程序是指仅由三种基本控制结构组成的程序，它具有以下特点：

（1）整个程序模块化。

（2）每个模块只有一个入口和一个出口。

（3）每个模块都应能单独执行，且无死循环。

（4）采用黑箱的思想，宏观地描述任何一个程序，可以将它看成顺序结构。

在算法中为方便描述上述三种基本结构，使用**程序流程图**。流程图是一种用图形的方式来表示解决问题的思路和方法，它是程序有序性的有力描述工具。流程图通常由简单的几何图形和简短的文字说明组成。常用的流程图有美国国家标准协会（ANSI）推出的标准（ANSI）流程图和 N-S 图。

7.1.3 程序流程图及示例

流程图的功能是描述程序执行的有序性，它独立于特定的程序语言。ANSI 流程图和 N–S 图是两种常见的描述程序流程图方法。

1. ANSI 流程图

ANSI 流程图使用的符号和含义如图 7–2 所示。这里圆角矩形框表示程序的开始或结束；矩形框表示处理功能，即在此需要实现的处理内容或命令序列；平行四边形表示输入或输出操作；菱形框表示选择或判断，它有一个输入，表示进入判断，框内是表示条件的关系表达式或逻辑表达式，有两个输出，分别表示条件成立时和条件不成立时的情况；带箭头的线段是流程线，表示程序的流程方向；带双线的矩形框表示调用子程序或过程，这里过程被视为黑箱；小圆圈表示流程线的连接，可在小圆圈内标注不同的序号以区别不同的连接。ANSI 流程图的特点是容易使用、程序流向清晰，但控制结构的作用域不太明确。

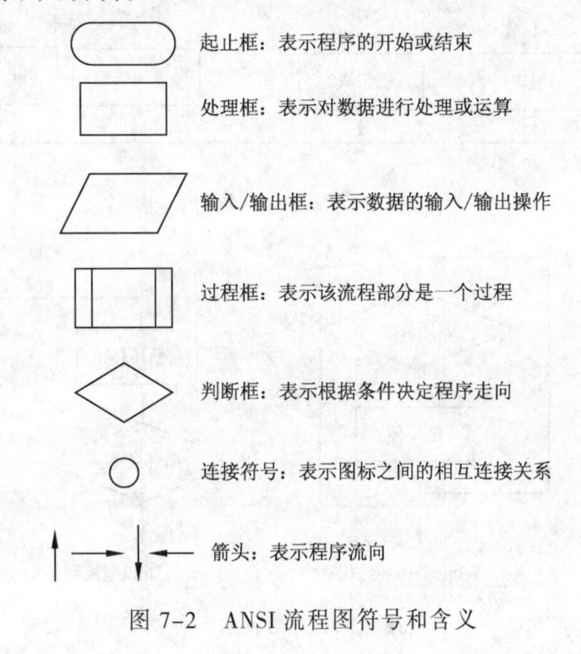

图 7–2 ANSI 流程图符号和含义

使用 ANSI 图元描述的三种基本结构如图 7–3 所示。这里语句块是一组语句，在 VBA 中，由于结构化语句只有一个入口和一个出口，因此将若干条语句合在一起称为**语句块**。

可以看到，顺序结构中语句的执行过程是按语句的先后顺序进行的，图 7–3（a）所示的顺序结构中按<语句块 1>、<语句块 2>和<语句块 3>顺序执行。

分支结构是首先进行条件判断，如果<条件>为真时，执行<语句块 1>，此时<语句块 2>不会被执行；如果<条件>为假时，则执行<语句块 2>，此时<语句块 1>不会被执行，如图 7–3（b）所示。

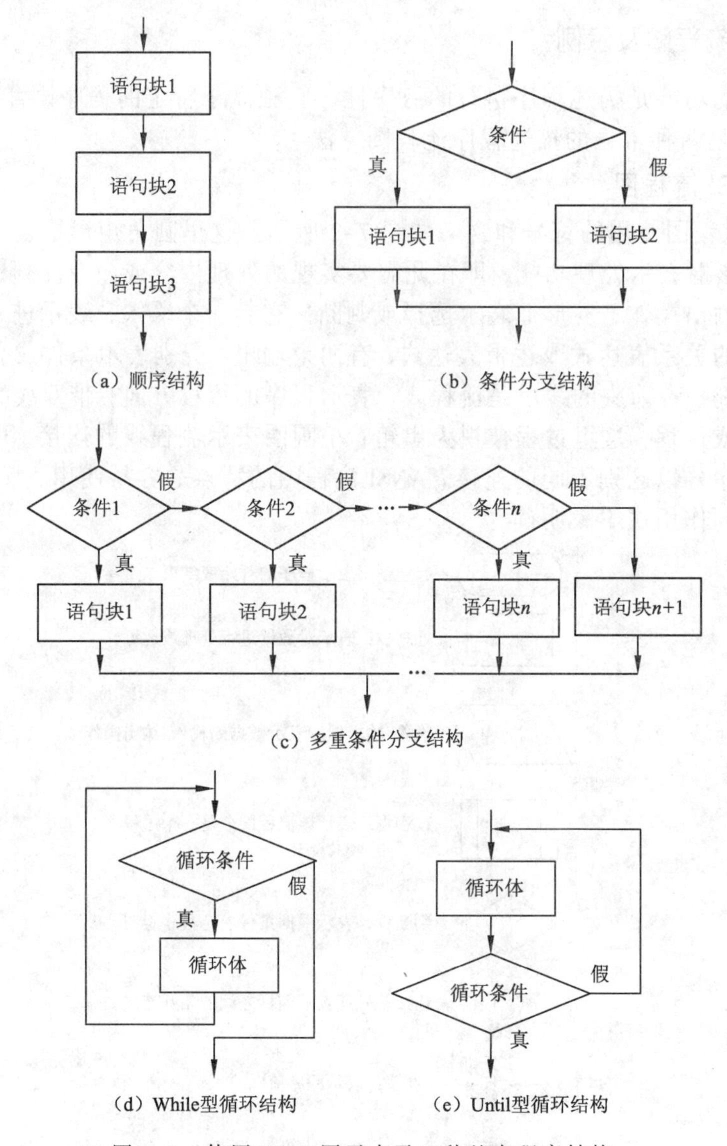

（a）顺序结构　（b）条件分支结构

（c）多重条件分支结构

（d）While型循环结构　（e）Until型循环结构

图 7-3　使用 ANSI 图元表示三种基本程序结构

对于多重条件分支结构，首先判断<条件1>，若<条件1>结果为真，则执行<语句块1>；若不成立，则判断<条件2>，若<条件 2>的结果为真，则执行<语句块 2>，依此进行。如果所有的条件的结果均为假，则执行<语句块 n+1>。多重条件分支结构依然是一个入口和一个出口。

循环结构分为两种：While 型和 Until 型，在 **While 型循环**中，首先判断<循环条件>，如果<循环条件>为真，则进入<循环体>。这里<循环体>同样是语句块，只不过在循环结构中，它有可能反复被执行，所以称为**循环体**。执行完循环体后再判断<循环条件>，若<循环条件>为真，则再次执行<循环体>中的语句。直到<循环条件>为假时，才退出循环。**Until 型循环**与 While 型循环的不同之处在于，它首先执行一遍<**循环体**>语句，然后判断<循环条件>，如果<循环条件>为假，则继续执行<循环体>语句，直到<循环条件>

为真时才退出循环。

我们知道，算法的有限性要求循环结构一定不能是死循环。对 While 型循环，初始的<循环条件>必须是真，如果为假，则不能进入循环状态，这就失去了循环的意义。但在<循环体>语句中，必然存在某些语句会改变<循环条件>的结果，否则<循环条件>不能改变将不能退出循环。Until 型循环也要求初始<循环条件>为假，在循环体语句中同样存在改变<循环条件>结果的语句。

2. N-S 图

另一种流程图描述方法是 N-S 图，它的特点是控制结构的作用范围明确；不允许任意的转移控制；嵌套关系清晰，容易表示模块的层次结构。**N – S** 图表示结构化程序设计基本符号如图 7-4 所示。N-S 图的三种基本结构的执行顺序与 ANSI 流程图相同。这里来看多重条件分支结构，首先是判断条件，若条件的值为<值 1>，则执行<语句块 1>；若条件的值为<值 2>，则执行<语句块 2>，依此进行，若条件值不等于其中的值，即为其他，则执行<语句块 *n*+1>。

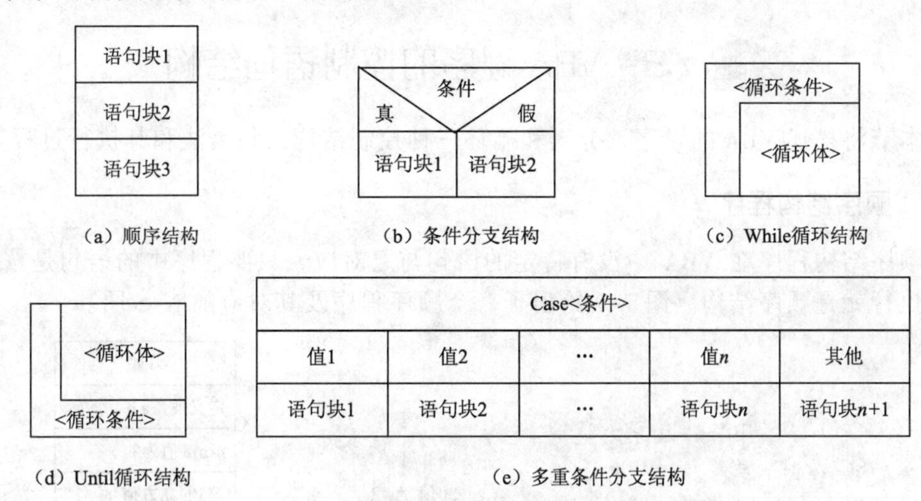

（a）顺序结构　（b）条件分支结构　（c）While循环结构

（d）Until循环结构　（e）多重条件分支结构

图 7-4　使用 N-S 图元表示三种基本程序结构

3. 算法应用举例

【例 7-1】输入任意的三个数到 X、Y、Z，将它们按升序输出。

分析：直观的想法是将三个数据之间加以比较，根据比较的结果按不同的顺序输出变量 X、Y、Z。其流程图如图 7-5 所示。可以看到在理解上有些复杂。

图 7-6 是改进后的算法。其思想是首先比较 X 和 Y，将较大的数据放在变量 Y 中，接着比较 X 和 Z，将较大的数据放在 Z 中，此时 X 中一定是最小的数据。再比较 Y 和 Z，将较大的数据放在 Z 中，这样顺序的数据序列为 X，Y，Z。

思考：输入任意的三个数到 X、Y、Z，将它们按降序输出，画出流程图。

通过例子可以看到算法的重要性。

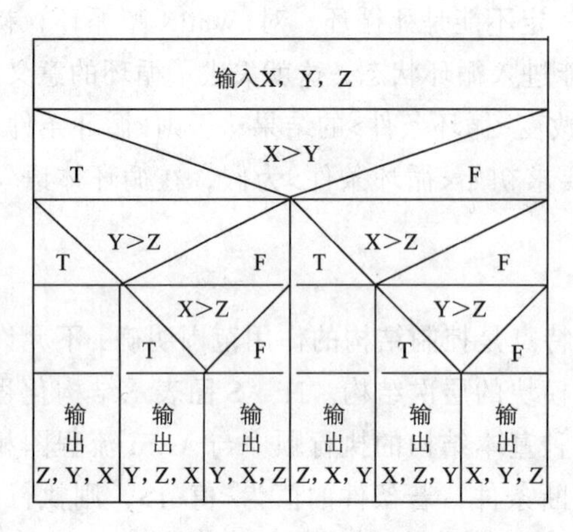

图 7-5　比较数据 X、Y、Z 按升序输出算法

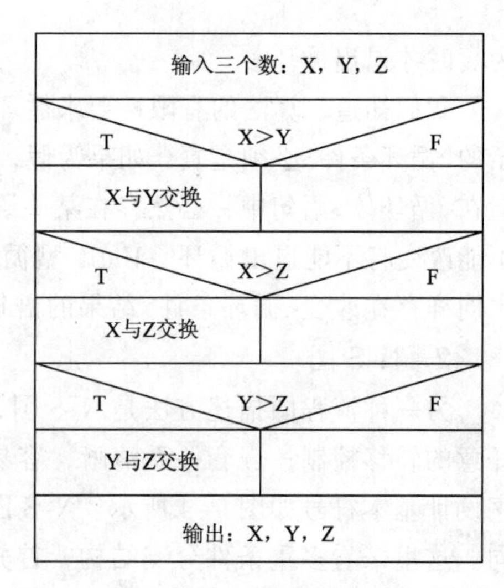

图 7-6　比较数据 X、Y、Z 按升序输出改进后的算法

7.2　VBA 程序的控制语句结构

本节将描述 VBA 的顺序、分支和循环三种控制结构语句语法和其执行过程。

7.2.1　顺序结构程序

顺序结构程序在 VBA 中没有特定的语句与之对应，只要程序中的语句是按顺序逐条执行就是顺序结构。图 7-7 给出了一个顺序程序及其对应的 N-S 图。

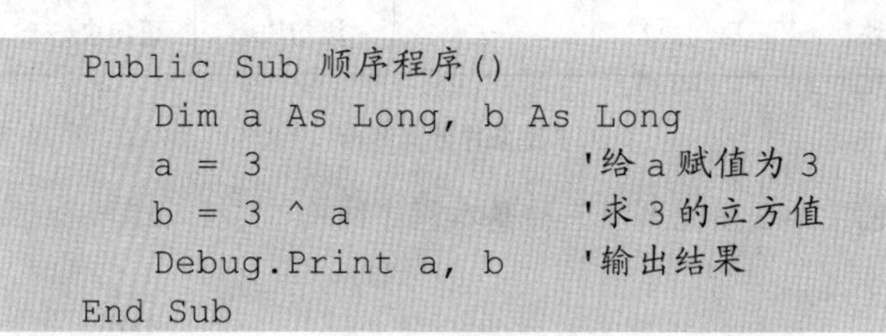

```
Public Sub 顺序程序()
    Dim a As Long, b As Long
    a = 3                    '给 a 赋值为 3
    b = 3 ^ a                '求 3 的立方值
    Debug.Print a, b         '输出结果
End Sub
```

（a）程序

开始
定义变量a,b
给a赋值为3
求3的立方值
输出结果
结束

（b）N-S 图

图 7-7　顺序执行程序及对应的 N-S 流程图

说明：

（1）一个 VBA 程序由以 Sub <过程名>开头、以 End Sub 结尾的过程构成。这里 Public 是过程访问限定符，本章的过程通常以 Public 修饰，后面可以看到，过程也可以使用 Private 修饰。Sub <过程名>中的语句均缩格，表示该语句隶属于 Sub <过程名>，缩格提高了程序可读性。

（2）VBA 过程中包含了多条 VBA 语句，通常一条语句占用一行，为便于理解后面使用注释符对语句进行注释。

（3）过程的前半部分是变量定义，后半部分语句是数据处理。语句书写的先后顺序就是它们执行的顺序。

7.2.2 分支结构程序

在日常生活中，常常需要对给定的条件进行分析、比较和判断，并根据判断结果采取不同的操作。例如，对成绩不及格者要发补考通知，而成绩及格者则不需要。VBA提供了语句用于分支结构编程。

1. If 分支语句

语句格式：

```
If <条件> Then
    <语句块 1>
[Else
    <语句块 2>]
End If
```

功能：系统执行该语句时，首先判断条件表达式的值，若为真，则执行<语句块1>，然后执行 End If 后的语句；若为假，则执行<语句块 2>，然后执行 End If 后的语句。其对应的程序流程图如图 7-8 所示。

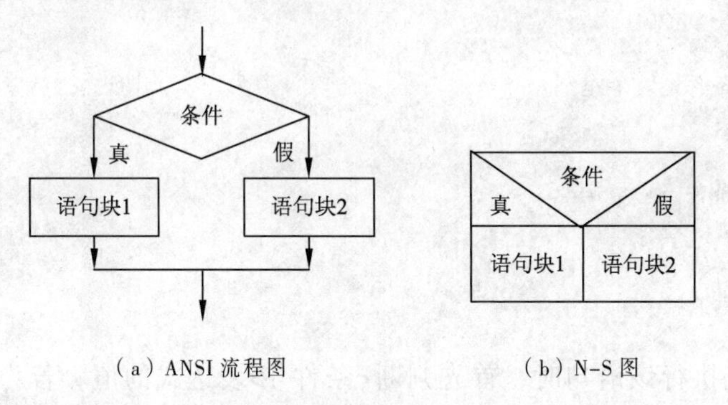

（a）ANSI 流程图　　（b）N-S 图

图 7-8　双重分支结构程序的 ANSI 和 N-S 图

说明：If（Else）和 End If 必须配对使用，且这三条子句应各占一行。<语句块 2>为可选项，如果没有<语句块 2>，则不需要 Else 部分。为增加程序的可读性，可用**程序缩格**使得程序清晰、易懂，即<语句块 1>和<语句块 2>必须缩格。在程序编制时，通常使用【Tab】键完成缩格。后面将看到<语句块 1>和<语句块 2>中可以嵌套 If 语句。

【例 7-2】实现例 7-1 中对 X、Y、Z 排升序的改进后程序。

程序编制如下：

```
Public Sub Compare1()
    Dim strX As String, strY As String, strZ As String
    Dim X As Integer, Y As Integer, Z As Integer, T As Integer
    strX = InputBox("请输入 X", "提示")
    strY = InputBox("请输入 Y", "提示")
    strZ = InputBox("请输入 Z", "提示")
    X = Val(strX)    '将输入的字符类型转换为数值类型
    Y = Val(strY)
```

```
    Z = Val(strZ)
    If X > Y Then
        T = X          '缩格的目的是增加可读性
        X = Y
        Y = T
    End If
    If X > Z Then
        T = X
        X = Z
        Z = T
    End If
    If Y > Z Then
        T = Y
        Y = Z
        Z = T
    End If
    Debug.Print X, Y, Z
End Sub
```

2. 多重分支选择语句 If

语句格式：

```
If <条件 1> Then
   [<语句块 1>]
[ElseIf <条件 2> Then
    [<语句块 2>]]
...
[ElseIf <条件 n> Then
    [<语句块 n>]]
[Else
    [<语句块 n+1>]]
End If
```

功能：系统执行该语句时，首先判断<条件 1>表达式的值，若为真，则执行<语句块 1>，然后执行 EndIf 后的语句；若<条件 1>为假，则判断<条件 2>表达式的值，若为真，执行<语句块 2>，然后执行 EndIf 后的语句；若<条件 2>为假，则判断<条件 3>表达式的值，若为真，执行<语句块 3>，然后执行 EndIf 后的语句，……，直到<条件 n>。若<条件 1>到<条件 n>均为假，则执行<语句块 n+1>的语句，其对应的程序流程图如图 7-9 所示。

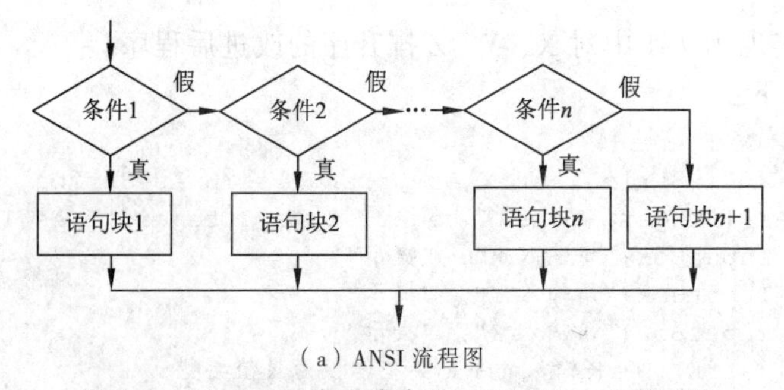

（a）ANSI 流程图

图 7-9　If...ElseIf 多重分支的 ANSI 和 N-S 流程图

Case <条件>				
值1	值2	…	值n	其他
语句块1	语句块2	…	语句块n	语句块n+1

（b）N-S 图

图 7-9 If...ElseIf 多重分支的 ANSI 和 N-S 流程图（续）

【例 7-3】从键盘随机输入成绩分数，根据成绩分数来判断该成绩属于优、良、中、差。规定：90≤成绩≤100 为优；80≤成绩<90 为良；60≤成绩<80 为中；成绩<60 为差；其他为非法输入。

使用 If...ElseIf...End If 语句程序编制如下：

```
Public Sub multicase()
    Dim grade As Double
    grade = Val(InputBox("请输入成绩"))
    If grade <= 100 And grade >= 90 Then
      Debug.Print Str(grade) & "的成绩为:" & "优"   '缩格的目的是增加可读性
    ElseIf grade < 90 And grade >= 80 Then
        Debug.Print Str(grade) & "的成绩为:" & "良"
    ElseIf grade < 80 And grade >= 60 Then
        Debug.Print Str(grade) & "的成绩为:" & "中"
    ElseIf grade < 60 And grade > 0 Then
        Debug.Print Str(grade) & "的成绩为:" & "差"
    Else
        Debug.Print "您输入的成绩不对!"
    End If
End Sub
```

3. Select Case 多重分支语句

和多重分支 If 语句相同，VBA 提供了 **Select Case 语句**来实现多重分支，其语句格式为：

```
Select Case <测试表达式>
[Case <条件表达式 1>
    [<语句块 1>]]
...
[Case Else
    [<语句块 n+1>]]
End Select
```

功能：系统从多个条件中依次测试条件表达式的值，若为真，即执行相应<条件表达式>后的<语句块>，然后执行 End Select 后面的语句。若所有的条件表达式的值均为假，则执行 Case Else 后面的<语句块 n+1>。Select Case 语句的程序流程如图 7-10 所示。

注意：

（1）Select Case 和第一个 Case 子句之间不能插入任何语句。

（2）Select Case 和 End Select 必须配对使用，且 Select Case、Case、Case Else 和

End Select 各子句必须各占一行。

（3）为增加程序的可读性，要正确使用缩格。

（4）Select Case 语句中的<语句块 n+1>中可嵌套 Select Case 语句。

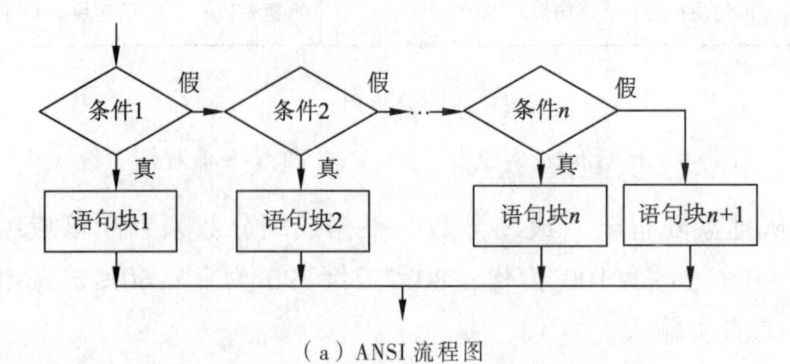

（a）ANSI 流程图

Case<条件>				
值1	值2	…	值n	其他
语句块1	语句块2	…	语句块n	语句块n+1

（b）N-S 图

图 7-10　Select Case 多重分支结构的 ANSI 和 N-S 图

【例 7-4】从键盘随机输入成绩分数，根据成绩分数来判断该成绩属于优、良、中、差。规定：90≤成绩≤100 为优；80≤成绩<90 为良；60≤成绩<80 为中；成绩<60 为差；其他为非法输入。

使用 Select Case...End Select 语句程序编制如下：

```
Public Sub multicase()
    Dim grade As Double
    grade = Val(InputBox("请输入成绩"))
    Select Case grade
        Case 90 To 100
          MsgBox( Str(grade) & "的成绩为:" & "优") '缩格的目的是增加可读性
        Case 80 To 90
            MsgBox( Str(grade) & "的成绩为:" & "良")
        Case 60 To 80
            MsgBox( Str(grade) & "的成绩为:" & "中")
        Case 0 To 60
            MsgBox( Str(grade) & "的成绩为:" & "差")
        Case Else
            MsgBox( "您输入的成绩不对!")
    End Select
End Sub
```

【例 7-5】从键盘随机输入一个整数，根据下列要求，输入不同，其输出信息不同。

（1）若为 1、3、5、7、9，则输出“你输入的是小于 10 的单数”。

（2）若为 8 到 12 的数，则输出“你输入的是 8 到 12 的数”。

（3）若为 13 到 25 的数，则输出“你输入的是 13 到 25 之间的数”。

（4）若为 31 到 35 或大于 50 的数，则输出“你输入的是 31 到 35 之间的数或者大于 50 的数”。

（5）若不在上述范围，则输出“你输入的数不在上述范围”。

程序编制如下：

```
Public Sub SelectCase例子()
    Dim a As Integer
    a = Val(InputBox("请输入一个整数"))
    Select Case a
        Case 1, 3, 5, 7, 9
            MsgBox ("你输入的是小于10的单数")
        Case 8 To 12
            MsgBox ("你输入的是8到12的数")
        Case 13 To 25
            MsgBox ("你输入的是13到25之间的数")
        Case 31 To 35, Is > 50
            MsgBox ("你输入的是31到35之间的数或者大于50的数")
        Case Else
            MsgBox ("你输入的数不在上述范围")
    End Select
End Sub
```

本例编程的输出语句不同于例 7-4，这里输出语句换为图形化输出语句 MsgBox1。

4. 分支嵌套

VBA 允许在 If...Else...End If 的<语句块>中使用 If...Else...End If 语句，这样就发生了 **If 语句的嵌套**。下面通过示例进行说明。

【例 7-6】随机输入年份，判断该年是否为闰年。判断闰年的条件是：年份如能被 4 整除但不能被 100 整除，是闰年；若年份能被 400 整除，则是闰年。

分析：当随意输入一年份时，该年份如不能被 4 整除，则该年肯定不是闰年。问题是当该年份能被 4 整除时，有可能是闰年，也可能不是闰年。因为 100 是 4 的倍数，400 又是 100 的倍数。因此，首先判断该年份是否被 4 整除，再判断是否被 100 整除，最后判断是否被 400 整除。程序流程如图 7-11 所示。

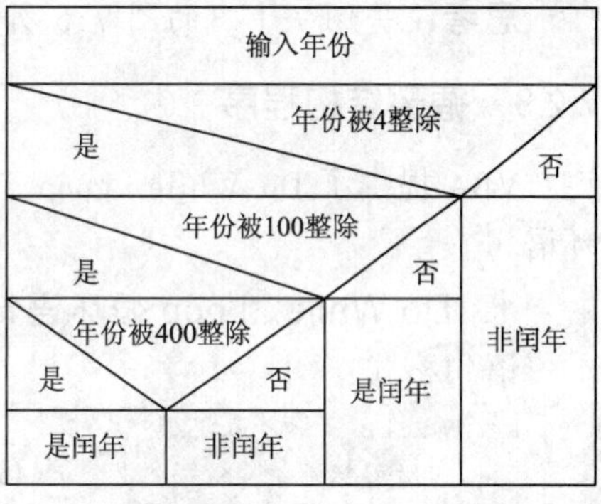

图 7-11　求闰年的程序流程图

流程图编写的要点是在每种情况下，只有一个结论：是闰年或不是闰年。

根据流程图，程序编制如下：

```
Public Sub LeapYear1()
    Dim nyear As Integer
    nyear = Val(InputBox("请输入年份"))
    If nyear / 4 = Int(nyear / 4) Then
        If nyear / 100 = Int(nyear / 100) Then
            If nyear / 400 = Int(nyear / 400) Then
```

```
                Debug.Print "闰年"
            Else
                Debug.Print "非闰年"
            End If
        Else
            Debug.Print "闰年"
        End If
    Else
        Debug.Print "非闰年"
    End If
End Sub
```

注意：上述程序使用了正确的缩格来保证程序的可读性，减少发生错误的可能。可以看到使用 If 的嵌套可以清晰表示出问题。

如果将条件综合，可以得到如下求闰年的程序。该程序的理解要点是要清楚算符运算的优先级。

```
Public Sub LeapYear2()
    Dim y As Integer
    y = Val(InputBox("请输入年份"))
    If y / 4 = Int(y / 4) And y / 100 <> Int(y / 100)_
                                                  '这里“_”是 VBA 续行符
                Or y / 400 = Int(y / 400) Then
            Debug.Print y; "是闰年"
    Else
            Debug.Print y; "不是闰年"
    End If
End Sub
```

思考：将例 7-1 中的图 7-5 所示算法编写为 VBA 程序。

7.2.3 循环结构程序

VBA 提供了 Do While...Loop、Do Until...Loop、For...Next 和 While...Wend 四种循环语句。

1. Do While...Loop 循环语句

语句格式：

```
Do While <条件表达式>
    <语句块>
    [Exit Do]
Loop
```

这里<条件表达式>是循环条件，它用来决定循环是继续还是结束。循环执行时，先测试循环条件的值。若循环条件为真，则进入循环，执行循环体内的语句，即 Do While 与 Loop 之间的语句；若循环条件为假，则退出循环，执行 Loop 后面的语句。

注意：

（1）Do While 和 Loop 子句要配对使用，Loop 的作用是使循环回到循环的开始，即到 Do While 语句。

（2）在第一次执行到 Do While 语句时，循环条件必须为真，才能进入循环体。在执行完成循环体语句后，再判断循环条件是否为真，如果为真，则继续循环，直到循环条件为假时，才退出循环语句，执行 Loop 后面的语句。

（3）循环体中，一定存在一条或若干条语句改变循环条件。如果循环条件恒为真，则是死循环。

（4）要小心改变循环条件，如果不适当地修改循环条件，则循环将不能按预先的设想进行，程序也达不到预期的效果。

（5）为增加程序的可读性，使程序清晰易懂，必须使用缩格。

（6）关于 Exit Do 语句使用参见本节后面的内容。

循环控制结构的流程图如图 7-12 所示。

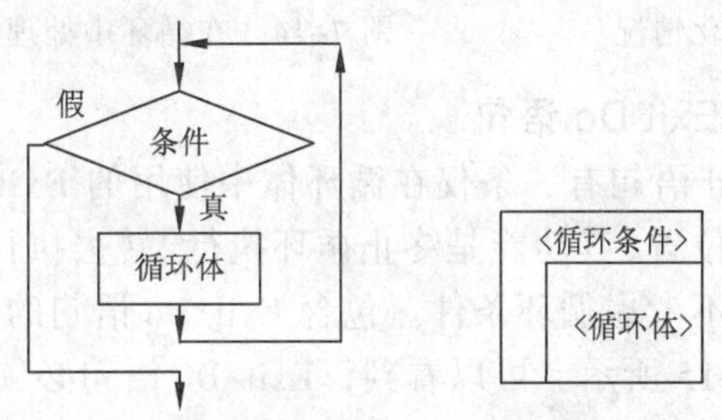

图 7-12　循环控制结构的流程图

【例 7-7】求 1～10 的累加和，即 S=1+2+3+…+8+9+10。

分析：简单地看是一个赋值过程，但由于是求多个数值的和，问题变得有些复杂。可以利用一个变量 i 控制循环的开始和结束过程，即 i 从 1 变到 10。然后循环结束。在 i 每次变化前，引用 i 的值（注意是引用，而不是对 i 赋值），即循环体中使用一个累加式 s=s+i，该式称为**循环不变式**，即语句形式不变，但数值随循环次数变化。当循环结束时，S 的数值为所求，即在循环语句外输出循环结果。

程序编制如下：

```
Public Sub sum_example()
    Dim s As Interger, i As Interger
    s = 0                    '求累加和的变量
    i = 1                    '循环变量赋初值
    Do While i <= 10         '循环条件，      使用缩格，提高可读性
        Debug.Print i        '此处输出变量 i 的值是方便理解循环的过程
        s = s + i            '求累加，即循环不变式
        Debug.Print s;       '输出 s 的结果，理解每次累加结果的变化
        i = i + 1            '改变循环变量的值
    Loop
    Debug.Print s            '循环体外输出结果
End Sub
```

每次循环变量 i 和变量 s 值的变化如图 7-13 所示。

思考：仿照上面的程序结构，求 1000 以内偶数的累加和，即 S=2+4+6+…+996+998+1000。

图 7-14 给出了在循环结构中处理此类问题的一般程序结构。

i值	s值
1	1
2	3
3	6
4	10
5	15
6	21
7	28
8	36
9	45
10	55

图 7-13　例 7-7 的值变化情况

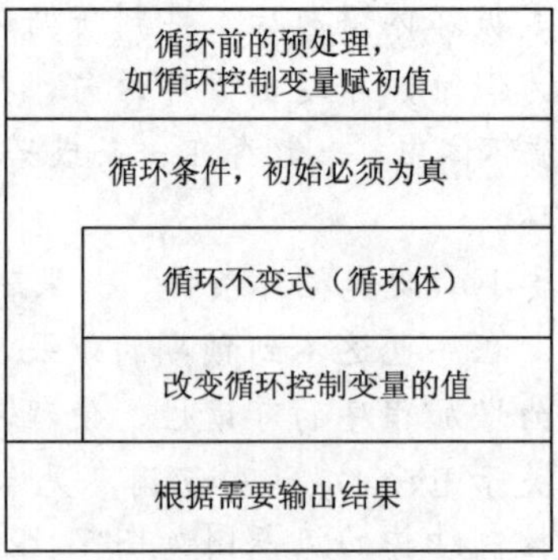

循环前的预处理，
如循环控制变量赋初值
循环条件，初始必须为真
循环不变式（循环体）
改变循环控制变量的值
根据需要输出结果

图 7-14　在循环中处理循环不变式的一般结构

2. 循环结构中的 Exit Do 语句

Do While 和 Do Until 语句有一条仅在循环体中使用的 **Exit Do 语句**。Exit Do 可以出现在循环体内的任何位置，其功能是终止循环执行，转去执行循环语句后面的语句。这种执行是强制的，它不考虑循环条件。包含 Exit Do 语句的循环结构流程图及程序语句的一般格式如图 7-15 所示。可以看到，Exit Do 语句必须包含在 If...End If 语句中，即仅当某种特殊条件成立时，它才会被执行。

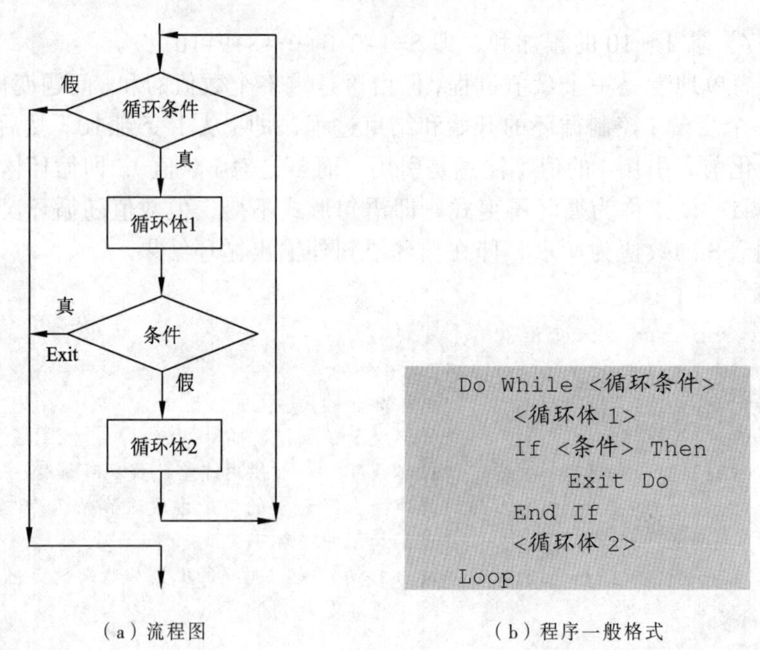

假
循环条件
真
循环体1
真
条件
Exit
假
循环体2

（a）流程图

```
Do While <循环条件>
    <循环体 1>
    If <条件> Then
        Exit Do
    End If
    <循环体 2>
Loop
```

（b）程序一般格式

图 7-15　含 Exit 语句的 Do While 循环结构流程图及程序一般格式

注意：

（1）Exit Do 语句不能在循环体外使用，Exit Do 语句不但可以出现在 Do While 循环中，而且可以出现在 Do Until 循环和 For 循环中。

（2）由于循环结构允许嵌套，Exit Do 语句只对它们所在的循环结构起作用，即如果循环结构嵌套的话，则某层循环中的Exit Do语句不能对该循环结构的内层或外层循环起作用。

（3）为使程序有良好的可读性，尽可能不要使用Exit Do语句，记住在程序编制中，简洁易懂是基本原则。

【例7-8】求1～100间奇数之和。

程序编制如下：

```
Public Sub 死循环使用Exit退出()
    Dim s As Integer, i As Integer
    s = 0
    i = 1                          '循环控制变量赋初值
    Do While True                  '这是一个死循环
        If i >= 100 Then           '满足条件时，退出循环
            Exit Do
        End If
        Debug.Print i;             '输出i是方便看到循环过程
        s = s + i                  '循环不变式
        i = i + 2                  '修改循环控制变量，按奇数变化
    Loop
    Debug.Print                    '循环体外输出结果
    Debug.Print "S="; s
End Sub
```

3. Do Until...Loop循环语句

语句格式：

```
Do Until <条件表达式>
    <循环体>
    [Exit Do]
Loop
```

这里<条件表达式>是循环条件，它用来决定循环是继续还是结束。循环执行时，先执行一次<语句块>中的语句，再测试循环条件的值。若循环条件为假，则进入循环，执行循环体内的语句，即Do While与Loop之间的语句；若循环条件为真，则退出循环，执行Loop后面的语句。Do Until循环结构的流程图如图7-16所示。

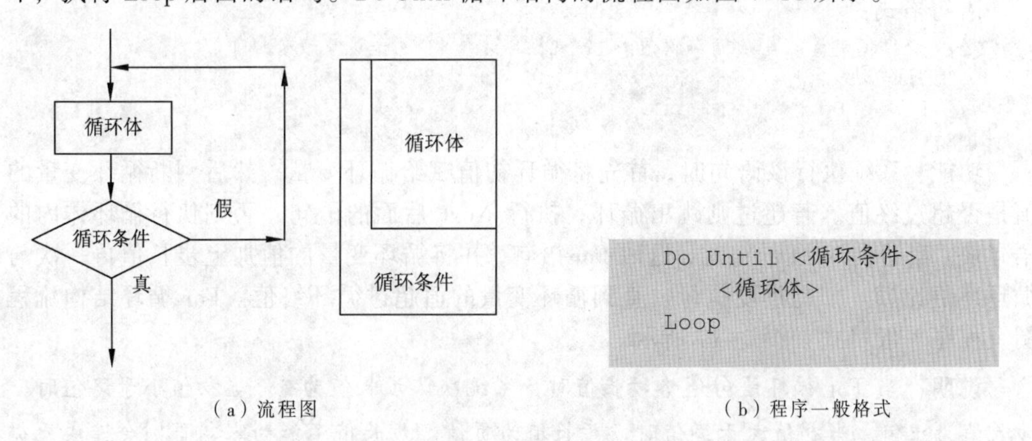

图7-16　Do Until循环结构流程图及程序一般格式

Exit Do 语句的功能和用法与 Do While 循环中该语句的功能和用法相同。

【例 7-9】相传国际象棋是古印度舍罕王的宰相达依尔发明的。舍罕王十分喜爱这位聪明的宰相，决定让达依尔自己选择何种赏赐。达依尔指着 8×8 共 64 格的国际象棋盘说："陛下，请您赏给我一些麦子吧，就在棋盘的第 1 格中放 1 粒，第 2 格放 2 粒，第 3 格放 4 粒，以后每格都比前一格增加一倍，依次放完棋盘上 64 格，我就感激不尽了。"舍罕王心想这有何难，他要兑现他的许诺。

问：舍罕王可以兑现他的许诺吗？（已知：1 m^3 麦子约 1.42×10^8 粒）

问题分析：

$$S=2^0+2^1+2^2+\cdots+2^{62}+2^{63}$$

程序编制如下：

```
Public Sub Until循环使用()
    Dim s As Double, i As Double
    s = 1
    i = 1                               '循环控制变量赋初值
    Do Until i>63                       '这是一个 Until 循环
        Debug.Print i;                  '输出 i 是方便看到循环过程
        s = s + 2^i                     '循环不变式
        i = i + 1                       '修改循环控制变量，按奇数变化
    Loop
    Debug.Print                         '循环体外输出结果
    Debug.Print "总麦粒数: "; s
    Debug.Print "已知: 1 立方米麦子有 142000000 粒, 1.42e8 粒"
    Debug.Print "折合体积为: "; s/1.42e8; "立方米"
End Sub
```

程序运行结果：

```
总麦粒数: 1.84467440737096E+19
已知: 1 立方米麦子有 142000000 粒
折合体积为: 129906648406.405 立方米
```

这是一个非常庞大的数值，相当于全世界若干世纪的全部小麦。看来舍罕王失算了，他无法兑现他的诺言。

4. For...Next 循环语句

语句格式：

```
For < 循环变量> = <循环初值> To <循环终值>[ Step <步长> ]
    <语句块>
    [Exit For]
Next
```

功能：系统执行该语句时，首先将循环初值赋给循环变量，然后判断循环变量的值是否超过终值。若超过则跳出循环，执行 Next 后面的语句；否则执行循环体内的语句块。当遇到 Next 子句时，返回 For 语句，并将循环变量的值加上步长值再一次与循环终值比较。如此重复执行，直到循环变量的值超过循环终值。For 循环结构流程图及程序一般格式如图 7-17 所示。

说明：当 For 循环语句省略步长值时，系统默认步长值为 1。当初值小于终值时，步长值为正值；当初值大于终值时，步长值为负值。步长值不能为零，否则会造成死循环。在循环体内不要随便改变循环变量的值，否则会引起循环次数发生不可预知改变。

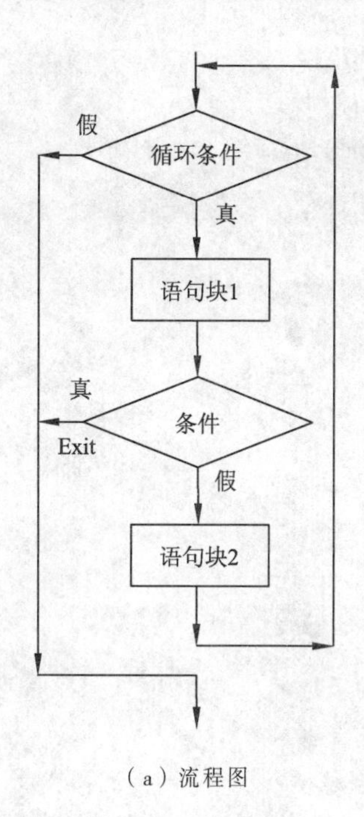

（a）流程图

```
    For < 循环变量> = <循环初值> To <循环终
值>[ Step <步长> ]
            <循环体 1>
            If <条件> Then
                Exit For
            End If
            <循环体 2>
    Next
```

（b）程序一般格式

图 7-17　For 循环结构流程图及程序一般格式

Exit For 语句的功能和用法与 Do While 循环中 Exit Do 语句的功能和用法相同。

【例 7-10】 求 $N!$，即求 N 的阶乘。

分析：$P= N!=1\times 2\times 3\times 4\times \cdots \times (N-1)\times N$。这里每个数字较前面的数字大 1，可以通过引用循环变量 i 的值，在循环体中使用循环不变式 p = p * i 来求 N 的阶乘。

程序编制如下：

```
Public Sub 求阶乘()
   Dim i As Integer, n As Integer, p As Double
   p = 1
   n = Val(InputBox("请输入 n 的值:"))
   For i = 1 To n Step 1              'Step 1 可以省略
      p = p * i                       '循环不变式，完成累乘
      '输出 p 值，是方便理解程序的运行过程，同时，可以判断程序是否存在错误
      'Debug.Print p
   Next
   Debug.Print Str(n) & "的阶乘是:" & Str(p)
End Sub
```

思考： 请画出该程序的流程图，理解其编程思路。

7.2.4　循环嵌套程序设计举例

如果循环体语句中含有循环语句，则构成**循环嵌套**，循环嵌套的情况又称多重循环。

【例 7-11】 打印九九乘法表。

程序编制如下：

```
Public Sub MultiTab()
   Dim i As Integer, j As Integer
```

```
    Debug.Print "   ";
    For i = 1 To 9      ' 循环用来生成第一行的数据
       Debug.Print Format(i, "  0#");    ' Format()函数来控制输出
    Next
    Debug.Print        '用来另起一行输出
    For i = 1 To 9
       Debug.Print i;
       For j = 1 To i
          Debug.Print Format(i * j, "  0#");
       Next
       Debug.Print
    Next
End Sub
```

程序运行结果如下：

```
    01  02  03  04  05  06  07  08  09
1   01
2   02  04
3   03  06  09
4   04  08  12  16
5   05  10  15  20  25
6   06  12  18  24  30  36
7   07  14  21  28  35  42  49
8   08  16  24  32  40  48  56  64
9   09  18  27  36  45  54  63  72  81
```

例 7-11 中，For j 循环处于 For i 循环的内部。处于循环体内的循环称为内循环，处于外层的循环称为外循环。内外循环的层次必须分明，不允许有交叉现象出现。内外循环的循环变量不要同名。在嵌套情况下，Exit Do 语句使控制跳到下方离其最近的 Loop 之后。

图 7-18 说明了使用 For 语句与 Next 语句的配套情况，即每个 For 语句有自己的循环控制变量，对图中的不允许的情况，VBA 将自动解释为循环 For1/Next2 中包含循环 For2/Next1。程序在编译过程中不会出现错误，但程序不能达到所要求的结果。正确使用程序缩格，可以方便判断程序嵌套是否存在错误。

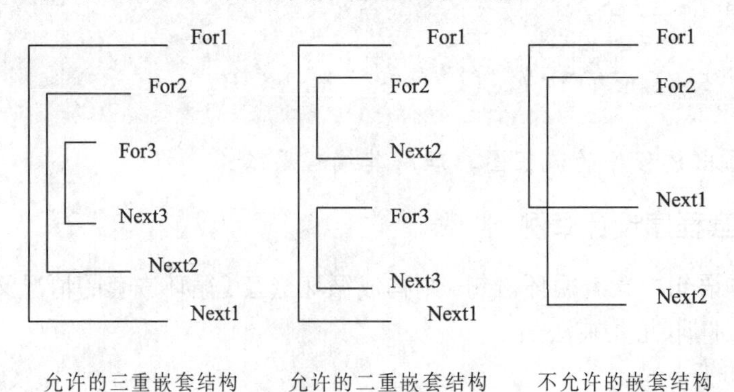

图 7-18　循环嵌套示意图

【例 7-12】打印如下所示对称三角图形，要求第一行的*在第 10 列。

```
   *
  ***
 *****
*******
```

分析：图形看似简单，只要输出 4 行即可。但由于各行的*存在对齐关系，且各行*数量不同，因此使用循环嵌套来完成。通过观察发现：每行星号个数的变化是 1、3、5、7；每行第一个星号的起始列位置是较上行星号列位置减一，其中第一行的列位置为 10。

程序编制如下：

```
Public Sub 三角状星形输出()
    Dim i As Integer, j As Integer
    For i = 1 To 4                '循环用来控制输出的行数本例为共 4 行，循环 4 次
        Debug.Print Tab(11 - i); "*";  '确定每行第一个*所在的列数
        For j = 1 To 2 * i - 2    '循环次数控制每行除第一个以外的*的个数
           Debug.Print "*";       '输出后继的*
        Next j
        Debug.Print               '输出另起一行
    Next i
End Sub
```

【例 7-13】输入一个大于 1 的正整数，判断该数是否是素数。

分析：素数又称质数，是指只能被 1 和它自身整除的数。如果给定数据 x，要判断它是否能够被 3 整除，可使用条件表达式 x/3 = int(x/3)。函数 int()的功能是取整。假定变量 x 的值分别为 8、9，将两个数据带入上面的条件表达式，不难理解条件表达式 x/3 = int(x/3)是如何判断整除的。对于输入的数据 x，判断它是否为素数的过程，就是修改上面条件表达式的分母，让分母的数值从 2 变到 x–1，如果分母从 2 到 x–1 都不能整除 x，则 x 是素数。实际上程序可以改进，只需让分母从 2 变到 int(x/2)，这是因为如果一个确定的整数 P，其中 P=I*J，当 I 增大时，则 J 减小，反之相同。只要让 I 变化到 int(P/2)，即可判断 P 是否能够被整除的情况。因为 P 最多等于(int(P/2))*(int(P/2))。

程序编制如下：

```
Public Sub 求素数()
    Dim flag As Boolean
    Dim i As Integer, x As Integer
    flag = True           '设置标志，假定为素数
    x = Val(InputBox("请输入整数数据"))
    '通过循环将 x 除以 2 到 int(x/2)的数，
    '如果有整除发生，则 x 不是素数，退出循环
    For i = 2 To Int(x / 2)
        If x / i = Int(x / i) Then   '另一种条件表达式为 x mod i = 0
            flag = False
            Exit For
        End If
    Next
    '下面的 If 语句为输出结果，
    '通过判断标志 flag 来决定 x 是否为素数
```

```
    If flag Then
        Debug.Print Str(x) + "是素数。"
    Else
        Debug.Print Str(x) + "不是素数。"
    End If
End Sub
```

求 x 能否被 3 整除的另外两个关系表达式分别为：

（1）x mod 3 = 0，运算符 mod 的功能是求余数，若 x mod 3 = 0，表示 x 可以整除 3。

（2）x/3 = x\3，式子 x\3 表示 x 整除 3，其等同于 int(x/3)。

思考：将上面程序关于整除的条件改为使用 mod 的关系表达式或整除运算符\。

7.3 数组及其应用

VBA 除了提供常规的变量外，还提供了数组变量的功能。**数组**是具有相同变量名而下标不同且按一定顺序排列的一组变量。数组被使用前要对数组进行定义。每个数组有一个作为标识的名字称为数组名，数组中元素的顺序号称为下标。例如：一维数组 A：A(0)，A(2)，A(3)，…，A(n)，数组名及其不同的下标值表示了不同的数组元素。由于数组中的元素是由下标来进行区别的，所以数组元素也称**下标变量**，下标放在数组名后面的括号内，例如 A(2)是一个下标变量。通过改变下标可以方便引用不同的下标变量，这为排序等运算提供了方便。

1. 数组的定义和使用

数组在使用之前，必须加以定义，然后才能使用该数组。

数组定义语法：

```
Dim <数组名>( [ <下限数值表达式 1> to ] <上限数值表达式 1>
    [ , [ <下限数值表达式 2> to ] <上限数值表达式 2>, ... ] ) As <类型>]
```

功能：定义一个或多个数组中下标变量的个数。

说明：语句中的上（下）限数值表达式可以是常量、变量或表达式，但必须大于等于 0，如果是非整数，则系统自动取整。数组可以重复定义，重复定义时，前面定义的元素保持不变。

每个数组有一个作为标识的名字称为数组名，数组中元素的顺序号称为下标。

【例 7-14】数组举例。

（1）一维数组示例：

Dim A(1 to 10)语句定义了下列变量：

A(1)，A(2)，…，A(10)

而 Dim A(10)语句定义了下列变量：

A(0)，A(1)，A(2)，…，A(10)

（2）二维数组示例：

Dim B(5,8) 语句定义了下列变量：

B(0,0)，B(0,1)，B(0,2)，…，B(0,8)

B(1,0)，B(1,1)，B(1,2)，…，B(1,8)

B(2,0)，B(2,1)，B(2,2)，…，B(2,8)

…

B(5,0)，B(5,1)，B(5,2)，…，B(5,8)

下面给出数组在排序中的应用。

【例 7-15】随机输入 N 个数据到数组，并对数组的数据进行降序排列。

分析：假定数据已经输入到下列数组中。

A(1)	A(2)	……	A(N−1)	A(N)

降序排列的过程如下：首先取 A(1)的数据，逐个与后面 A(2)～A(N)的数据进行比较，假定比较数据为 A(x)，如果 A(x)>A(1)，则将 A(x)与 A(1)变量的数据进行交换；处理完 A(1)后，A(1)中存放了该数组所有元素的最大数据。处理 A(2)的过程与 A(1)相同，即将 A(2)逐个与后面 A(3)～A(N)的数据进行比较，完成后，A(2)为次大的数据。再依次处理 A(3)，A(4)，…，A(N−1)，这样可以完成整个降序排列的过程。之所以处理到 A(N−1)，是因为最后 A(N)肯定是最小的数据。

对数组 A(N)进行降序排列的核心代码如下：

```
For i=1 to N - 1
'i 是指针，表示将 A(i)与后面的 A(i+1)到 A(N)数据相比，必须是最大的数据
    For j=i+1 to N      '用来对 A(i+1)到 A(N)数据进行逐个比较
        If A(i)<A(j) Then
            '下面这段代码是交换 A(i)和 A(j)的数值
            t=A(i) : A(i)=A(j) : A(j)=t
        End If
    Next
Next
```

思考：如何将上面程序改成排升序的程序。

完整的程序编制如下：

```
Public Sub 数据排序()
   Dim i As Integer, j As Integer
   Dim a(1 to 10) As Double, t As Double
   For i = 1 To 10
      a(i) = Val(InputBox("请输入数据到数组" & "A(" & i & ")", "数组输
入", "1"))
   Next i
   '输出排序前结果
   For i = 1 To 10
      Debug.Print a(i);
   Next i
   Debug.Print
   '下面为排升序的程序
   For i = 1 To 10 - 1
      For j = i + 1 To 10
         If a(i) > a(j) Then
            t = a(i): a(i) = a(j): a(j) = t
         End If
      Next j
   Next i
```

```
    '输出排序后的结果
    For i = 1 To 10
       Debug.Print a(i);
    Next i
End Sub
```

程序运行结果此处略。如果在程序编写时，不知道要定义的数组下标长度或数组数据类型，可以使用动态数组定义语句 ReDim 语句。其语句格式为：

```
ReDim <数组名>( [ <下限数值表达式 1> to ] <上限数值表达式 1>
       [ , [ <下限数值表达式 2> to ] <上限数值表达式 2>, ... ] ) As <类型>]
```

【例 7-16】使用 InputBox()函数输入整数 n，用随机函数 Rnd()产生 n 个 60～999 间整数将其放入数组 a(n)中，并输出，应用擂台比较算法求最大和最小数。

程序编制如下：

```
Public Sub ForMaxMin()
    Dim i As Integer, n As Integer
    Dim Max As Integer, Min As Integer
    n = Val(InputBox("请输入整数 n"))
    ReDim x(1 To n) As Integer
    '初始化随机数生成器
    Randomize
    For i = 1 To n
    'Int(上限-下限+1)*RND+下限
       x(i) = Int(1000 * Rnd + 60)        '产生 60-999 之间的随机数 n 个
       Debug.Print Spc(5 - Len(Str(x(i)))); x(i);  '输出这些数,5 个一行
       If i Mod 5 = 0 Then
          Debug.Print
       End If
    Next
    Max = a(1)
    Min = a(1)
    For i = 2 To n
       If a(i) > Max Then
          Max = a(i)
       End If
       If a(i) < Min Then
          Min = a(i)
       End If
    Next
    Debug.Print "Max="; Max, "Min="; Min
End Sub
```

最后给出数组在计算内部收益率中的应用的示例。

【例 7-17】王鹏筹备开办一家零售商店，预计投资为 100 000 元，并预期今后五年的净收益为 33 000 元、37 000 元、41 000 元、45 000 元和 49 900 元。求出投资五年后的内部收益率。

分析：该问题为求 5 笔现金流量之实质报酬率（Internal Rate of Return，IRR）。IRR()函数将计算由数组 Values()（参见金融函数 IRR）内所含一系列期间的 5 笔现金流量，第一个数组元素为一负数现金流，代表预计投资的初始成本（事业初始成本）。其余 4 个正数现金流代表后续 4 年内的收入状况。Guess 为实质报酬率之估计值。

程序编制如下：

```
Public Sub IRR函数()
    Dim RetRate As Double
    Static Values(5) As Double    ' 声明数组
    Values(0) = -100000    '预计投资的初始成本，采用负数表示
    ' 正数现金流代表连续五年的收入状况
    Values(1) = 33000: Values(2) = 37000
    Values(3) = 41000: Values(4) = 45000: Values(5) = 49900
    RetRate = IRR(Values(), 0.1)    ' 计算实质报酬率，Guess 由 10% 开始
    '显示实质报酬率
    MsgBox ("六年现金内部实质报酬率为" & Format(RetRate, "#0.00%"))
End Sub
```

运行结果为 27.62%。

2．数组遍历语句 For Each

语法：

```
For Each element In group
    [语句块]
    [Exit For]
    [语句块]
Next [element]
```

功能：For Each...Next 语句功能是针对一个数组或集合中的每个元素，重复执行一组语句。这里循环控制变量是 For Each...Next 语句语法的 element 部分，要求 For Each...Next 的 element 部分必须是 Variant 或 Object 类型。

For Each...Next 语句的语法具有以下几个部分：

说明：

（1）element 是必要参数，用来遍历集合或数组中所有元素的变量。对于集合来说，element 可能是一个 Variant 变量、一个通用对象变量或任何特殊对象变量。对于数组而言，element 只能是一个 Variant 变量。如果集合中至少有一个元素，就会进入 For...Each 块执行。一旦进入循环，便先针对 group 中第一个元素执行循环中的所有语句。如果 group 中还有其他元素，则会针对它们执行循环中的语句，当 group 中的所有元素都执行完毕，便会退出循环，然后从 Next 语句之后的语句继续执行。Exit For 语句功能同 For 语句。

（2）group 是必要参数。对象集合或数组的名称（用户定义类型的数组除外）。

（3）语句块为可选参数，针对 group 中的每一项执行的一条或多条语句。

（4）可以将一个 For...Each...Next 循环放在另一个之中来组成嵌套式 For...Each...Next 循环。但是每个循环的 element 必须是唯一的。

【例 7-18】For Each 针对数组。

程序编制如下：

```
Public Sub ForEach语句示例()
    Dim strLetters(0 To 6) As String
    Dim y As Variant    '变量 y 是对象变量，它必须是 Variant 类型
    strLetters(0) = "A"
    strLetters(1) = "B"
    strLetters(2) = "C"
    strLetters(3) = "D"
```

```
    strLetters(4) = "E"
    strLetters(5) = "F"
    strLetters(6) = "G"
    For Each y In strLetters
        Debug.Print y
    Next
End Sub
```

结果是在立即窗口逐行输出字符 A～G。

7.4 过程与自定义函数

现实世界中，实际的问题往往非常复杂。解决这类问题时，人们常常采用将一个大的、复杂的问题分解成若干小的、简单的问题来解决。在一个个小的、简单问题解决后，再将它们拼装在一起来解决大的、复杂问题。这种解决问题的思路称为**模块化**。模块化容易实现分工协作，利于团队开发；可使程序更加简练，可读性增强，便于调试和维护。VBA 提供的模块化程序设计方法是**过程和模块**。

1. 引例

【例 7-19】给定的一个数，编写一个函数 IsPrimeNum()判断它是否为素数。然后调用该函数求 2～1000 间的所有素数。

程序编制如下：

```
Public Function IsPrimeNum(x As Integer) As Boolean
    Dim i As Integer
    For i = 2 To x - 1
        If x / i = Int(x / i) Then
            IsPrimeNum = False
            Exit Function
        End If
    Next
    IsPrimeNum = True
End Function

Public Sub 求2to1000素数()
    Dim i As Integer
    For i = 2 To 1000
        If IsPrimeNum(i) Then
            Debug.Print i;
        End If
    Next
End Sub
```

通过例 7-19 可以看到，程序功能的完成由两部分构成。函数 IsPrimeNum(x As Integer)用来判断 x 是否为素数，如果是，则函数返回 True，否则返回 False。主程序则通过循环中调用函数 IsPrimeNum()来判断循环控制变量是否是素数。这样编程分工明确，思路简单，易于理解。

VBA 过程可以细分为以下几种：

（1）以“Sub”保留字开始，称为**Sub过程**。

（2）以“Function”保留字开始，称为**函数过程**。

（3）以“Property”保留字开始，称为**属性过程**。

（4）以“Event”保留字开始，称为**事件过程**。

注意区分Sub过程和过程，我们约定后面的术语“过程”是泛指上述四种过程。本章我们仅介绍Sub过程和函数过程。

Sub过程与函数过程的相似之处是：它们都一个可以获取参数，执行一系列语句，以及改变其参数的值的独立过程。而与函数过程不同的是：带返回值的Sub过程不能用于表达式。

多个VBA过程被封装在一个模块中，模块中包含应用程序内的允许其他模块访问的过程和声明。每个模块可包含：

（1）声明部分。每个模块只有一个声明部分，声明部分可以包括常数声明、变量声明、类型声明、外部过程声明、全局声明（或模块级声明）和动态链接库（DLL）过程的声明。

（2）过程代码部分。每个模块可有多个过程。过程是完成一个特定功能可执行的代码片段，它是VBA的最小功能单元。VBA中过程包括Sub过程、函数过程、属性过程和事件过程四种。

在VBA中，模块包括标准模块和类模块。

2. 过程与函数定义

1）Sub过程定义

声明Sub子过程的名称、参数，以及构成其主体的代码语法结构为：

```
[Private | Public | Friend] [Static] Sub <过程名> [(<参数变量列表>)]
    [<语句块1>]
    [Exit Sub]
    [<语句块2>]
End Sub
```

其各部分功能描述如表7-1所示。

表7-1 Sub语句各部分功能描述

部　分	描　述
Public	可选的。表示所有模块的所有其他过程都可访问这个Sub过程。如果在包含Option Private的模块中使用，则这个过程在该工程外是不可使用的
Private	与编写Private过程处于同一模块中的其他过程可以访问该Private过程
Friend	可选的。只能在类模块中使用。表示该Sub过程在整个工程中都是可见的，但对对象实例的控制者是不可见的
Static	可选的。表示在调用之间保留Sub过程的局部变量的值。Static属性对在Sub外声明的变量不会产生影响，即使过程中也使用了这些变量
<过程名>	必需的。Sub的名称；遵循标准的变量命名约定
<参数变量列表>	可选的。代表在调用时要传递给Sub过程的参数变量列表。多个参数变量则用逗号隔开
<语句块>	可选的。Sub过程中所执行的任何语句组

<参数变量列表>中的每个参数变量具有下列语法：

```
[Optional] [ByVal | ByRef] [ParamArray] <参数变量>[( )] [As <类型>] [=默认值]
```

其各部分功能描述如表 7-2 所示。

表 7-2　Sub 过程各部分功能描述

部　分	描　述
Optional	可选的。表示参数不是必需的关键字。如果使用了该选项，则 arglist 中的后续参数都必须是可选的，而且必须都使用 Optional 关键字声明。如果使用了 ParamArray，则任何参数都不能使用 Optional
ByVal	可选的。表示该参数按值传递
ByRef	可选的。表示该参数按地址传递。ByRef 是 Visual Basic 的默认选项
ParamArray	可选的。只用于 arglist 的最后一个参数，指明最后这个参数是一个 Variant 元素的 Optional 数组。使用 ParamArray 关键字可以提供任意数目的参数。ParamArray 关键字不能与 ByVal、ByRef，或 Optional 一起使用
参数变量	必需的。代表参数的变量的名称；遵循标准的变量命名约定
类型	可选的。传递给该过程的参数的数据类型，可以是 Byte、Boolean、Integer、Long、Currency、Single、Double、Decimal（目前尚不支持）、Date、String（只支持变长）、Object 或 Variant。如果没有选择参数 Optional，则可以指定用户定义类型，或对象类型
默认值	可选的。任何常数或常数表达式。只对 Optional 参数合法。如果类型为 Object，则显式的默认值只能是 Nothing

说明：

（1）如果没有使用 Public、Private 或 Friend 显式指定，Sub 过程默认是 Public。如果没有使用 Static，则在调用之后不会保留局部变量的值。Friend 关键字只能在类模块中使用。Friend 过程可以被工程的任何模块中的过程访问。Friend 过程不会在其父类的类型库中出现，且 Friend 过程不能被后期绑定。

（2）Sub 过程可以是递归的，也就是说，该过程可以调用自己来完成某个特定的任务。不过，递归可能会导致堆栈上溢。通常 Static 关键字和递归的 Sub 过程不在一起使用。

（3）所有的可执行代码都必须属于某个过程。不能在别的 Sub、Function 或 Property 过程中定义 Sub 过程。

（4）Exit Sub 语句使执行立即从一个 Sub 过程中退出。程序接着从调用该 Sub 过程的语句下一条语句执行。在 Sub 过程的任何位置都可以有 Exit Sub 语句。

（5）在 Sub 过程中使用的变量有作用范围问题，详细说明请参阅本节“5. 变量、过程的作用域”部分。

2）函数的定义

函数语法定义如下：

```
[Public | Private | Friend] [Static] Function 函数名 [(参数变量列表)] [As 类型]
    [语句块1]
    [Exit Function]
    [语句块2]
```

```
    [函数名 = 表达式]
End Function
```

函数定义的各部分功能与Sub过程相同，其不同之处为：

（1）需要说明函数返回的数据类型。可以是Byte、Boolean、Integer、Long、Currency、Single、Double、Date、String（除定长）、Object、Variant或任何用户定义类型。

（2）函数体中必须包含语句“函数名 = 表达式”，表示函数返回的值。

3. 过程与函数调用

1）Sub过程调用的两种形式

```
子过程名 [参数列表]
Call 子过程名 [参数列表]
```

2）函数调用

```
变量名=函数名([参数列表])
```

函数属于表达式范畴，有返回值，不能单独作为语句调用，它与一般系统函数调用形式相同。

注意：如果实参参数为数组时，实参参数应省略数组维数。

4. 传值与传址区别

Sub过程或函数过程的定义中的<参数变量列表>是Sub过程或函数过程与其他程序交互的接口。Sub过程或函数过程的定义中的<参数变量列表>称为**形参**；调用Sub过程或函数过程语句中的参数称为**实参**。调用Sub过程或函数过程有两种方式：传值与传址。传值（ByVal）调用时，实参的值不随形参变量的值变化而变化；传址（ByRef）调用时，实参向被调过程传递的是地址，实参与形参变量共用一个存储单元，所以，实参与形参变量的值一起变化，这种方式常用于字符串、对象、数组以及需要从被调过程中返回值的情况。但引用调用增加过程间的耦合，不利于程序的模块化。为了程序的可靠性和便于调试，减少各过程间的关联，一般用传值方式。传值与传址联系与区别为：

（1）传址：调用过程时，实参变量将其地址传递给形参，在被调过程中对形参值的改变相当于对实参的修改。

（2）传值：调用过程时，将实参的值复制到形参，实参与形参断开联系。被调过程中，形参在自己存储单元中进行，过程调用结束后，形参占用的存储空间自动释放，实参保留初始值。常用于模块间传递信息，但不影响主调过程，可减少程序之间的耦合。

注意：使用传址时，对应的实参不能是表达式、常数，因为要传变量地址。

【例7-20】传值与传址区别示例。

传值调用程序如下：

```
Public Sub fa1(ByVal n As Integer)
    '这里的n是形参
    n = n * n + 1
    Debug.Print "被调用过程输出n（ByVal）"; n
End Sub
Private Sub Call_fa1()
```

```
    Dim n As Integer
    n = 3
    '下面语句中的 n 是实参
    Call fa1(n)
    Debug.Print "调用过程输出 n（ByVal）"; n
End Sub
```

被调用过程输出 n（ByVal） 10。

调用过程输出 n（ByVal） 3。

传址调用程序如下：

```
Sub fa(n As Integer)
    '这里的 n 是形参
    n = n * n + 1
    Debug.Print "被调用过程输出 n（ByRef）"; n
End Sub
Private Sub Call_fa()
    Dim n As Integer
    n = 3
    '下面语句中的 n 是实参
    Call fa(n)
    Debug.Print "调用过程输出 n（ByRef）"; n
End Sub
```

被调用过程输出 n（ByRef） 10。

调用过程输出 n（ByRef） 10。

总之，按值传递时（ByVal）形参的改变不会影响实参；按址传递时（ByRef）形参的改变会影响实参。

5. 变量或过程作用域

在 Sub 过程或函数过程中使用的变量分为两类：一类是在过程内显式声明的；另一类则不是。在过程内使用 Dim 语句显式声明的变量都是局部变量。对于那些没有在过程中显式声明的变量，除非它们在该过程外更高级别的位置有显示地声明，否则也是局部的。

过程可以使用没有在过程内显式声明的变量，但只要有任何在模块级别中定义的名称与之相同，就会产生名称冲突。如果过程中使用的未声明的变量与另一个过程、常数或变量的名称相同，则会认为过程使用的是模块级的名称。显式声明变量可以避免这类冲突。可以使用 Option Explicit 语句来强制显式声明变量。

变量和过程所处的位置不同，其可被访问的范围不同，变量、过程可被访问的范围称为**变量或过程作用域**。

变量的作用域如表 7-3 所示，过程的作用域如表 7-4 所示。

表 7-3 变量的作用域

作用范围	局部变量	窗体/模块级变量	全局级	
			窗体	标准模块
声明方式	Dim,Static	Dim,Static	Public	

续表

<table>
<tr><th rowspan="2">作用范围</th><th rowspan="2">局部变量</th><th rowspan="2">窗体/模块级变量</th><th colspan="2">全局级</th></tr>
<tr><th>窗体</th><th>标准模块</th></tr>
<tr><td>声明位置</td><td>在过程中</td><td>窗体/模块的“通用声明”段</td><td colspan="2">窗体/模块的“通用声明”段</td></tr>
<tr><td>被本模块其他过程调用</td><td>不能</td><td>能</td><td colspan="2">能</td></tr>
<tr><td>被本程序其他模块调用</td><td>不能</td><td>不能</td><td>能，但必须在变量名前加窗体名</td><td>能</td></tr>
</table>

表 7-4 过程的作用域

<table>
<tr><th rowspan="2">作用范围</th><th colspan="2">模块级</th><th colspan="2">全局级</th></tr>
<tr><th>窗体</th><th>标准模块</th><th>窗体</th><th>标准模块</th></tr>
<tr><td>定义方式</td><td colspan="2">过程名前加 Private
例：Private Sub sub1(形参表)</td><td colspan="2">过程名前加 Public 或省略
例：Private Sub M1(形参表)</td></tr>
<tr><td>被本模块其他过程调用</td><td>能</td><td>能</td><td colspan="2">能，但必须在过程名前加窗体名，例：窗体名.M1</td></tr>
<tr><td>被本程序其他模块调用</td><td>不能</td><td>不能</td><td colspan="2">能，但过程名唯一，否则窗体名前加在标准模块名</td></tr>
</table>

7.5 VBA 程序调试方法

程序调试是查找和解决 VBA 程序代码错误的过程。

7.5.1 程序错误的种类

程序代码存在两种类型错误。

1. 语法错误

语法错误是由于输入错误，导致 VBE 出现编译错误。例如，标点符号丢失、括号不匹配、使用了全角符号、引用不存在的变量名、If 和 End If 不匹配等均会导致 VBA 编译器出现错误。当出现语法错误时，程序根本无法运行。VBE 会提示出错位置。语法编译错误的一种提示信息如图 7-19 所示。

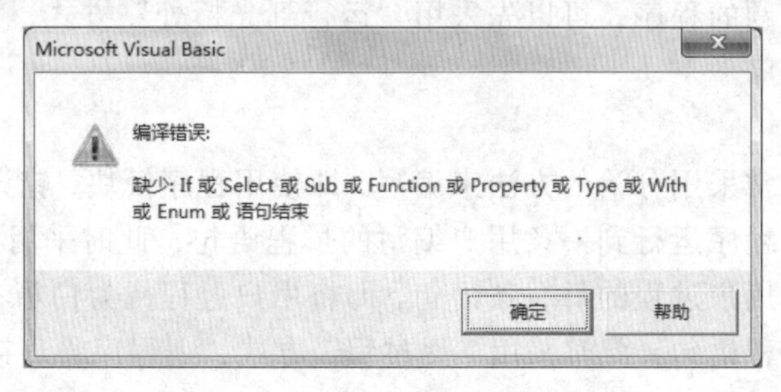

图 7-19 语法编译错误的提示信息

2. 逻辑错误

逻辑错误是指程序编译没有报错，但程序运行结果不是所预期的。如果错误是由于程序的分支条件或循环条件没有设置正确导致的，则通过程序调试可以发现问题所在。通过调试可以使程序得到预期的结果。如果程序设计的存在算法错误，则需要重新设计算法，再次编写程序后，通过调试得到正确结果。

7.5.2 良好编程风格

程序编写中，对程序的可读性要求远远高于程序效率要求。因此编写程序遵循下列几点：

（1）变量显式声明，在程序模块的开头加入 Option Explicit 语句，强制要求模块中的变量必须显式声明。

（2）注释，在模块开始处加入注释来描述模块功能。在关键语句处加入注释来描述其完成功能。

（3）良好的命名格式，如定义变量不简单的使用 x、y 等名称。如使用“作用范围_类型_变量名称”的变量命名约定可以提高程序可读性。

7.5.3 使用 VBA 调试器调试程序

通常编写的 VBA 程序存在一些语法错误或逻辑错误，要使程序能够运行并得到正确的结果，程序调试是必需的步骤。这里简单给出 VBA 程序调试方法。

1. 逐步执行 VBA 代码的方式

VBE 提供了多种程序代码执行方式，通过不同的代码运行方式，可以快速定位到需要仔细调试的地方。VBE 提供四种程序运行方式来快速定位程序错误。

1）逐语句

逐语句执行方式就是每次仅单步执行一条程序代码。在 VBE 中，当前被执行的语句处于黄色高亮状态，其快捷键为【F8】。通过逐语句单步执行，可以及时、准确地跟踪变量的值，从而发现错误。逐语句方式虽然调试精细，但不能大范围使用。这是因为整个程序采用这种方式运行效率不高。VBE 提供了运行到光标处方式来加快程序调试。

2）运行到光标处

运行到光标处，相当在光标处设置了程序断点，即程序运行到断点处时，程序处于挂起状态。调试人员可以在立即窗口输入“? 变量名”来查看变量运行到光标处时的值。对于存在问题的程序，可以先采用“运行到光标处”方式，再采用“逐语句”执行方式来调试程序。

3）逐过程

复杂的程序通常采用分治的方法来编写，即使用程序模块，错误可能出现在某个程序模块中。如果程序运行到一条用户编写的过程语句，此时采用“逐语句”方式，则程序将逐条运行用户过程的每一条语句，即将用户过程视为白箱；如果程序运行到一条用户编写的过程语句，此时采用“逐过程”方式，则程序将直接运行用户过程的下一条语句，即将用户过程视为黑箱。

4）跳出

如果程序运行到一条用户编写的过程语句，此时采用“逐语句”方式，则程序将进入用户过程的并逐条运行每一条语句，如果在运行到用户过程的某条语句时，选择“跳出”，则程序将从用户过程返回到调用该用户过程的下一条语句。

可以看到，程序的四种运行方式有不同的应用场合，在实际程序调试中，要结合实际要求，分别采用不同的执行方式。

2. VBA 程序断点设置方式

1）利用 VBE 环境设置断点

在 VBE 中，程序代码左侧有一竖条浅灰色，在需要暂停程序运行的语句处，单击此竖条，会出现红色圆点，语句处于红色高亮状态，即设置了断点。设置断点的快捷键为【F9】。当运行程序，并执行到该语句时，该语句处于黄色高亮状态，表示程序处于挂起状态。此时，可以根据需要，逐条运行语句，并查看指定的变量值。

2）利用 Stop 语句设置断点

编程人员可以在需要挂起的程序语句处输入 Stop 语句，当程序运行到 Stop 语句时，将处于挂起状态，此时 Stop 语句为黄色高亮状态。

3. 查看变量值的方法

VBE 提供多种查看变量值的方法。

1）在代码窗口查看数据

当一条语句处于黄色高亮状态时，将鼠标指向该语句的变量，将出现提示来显示该变量的当前取值。此时也可以查看该语句前的所有变量取值。

2）在本地窗口查看数据

本地窗口会显示表达式、表达式值和表达式类型三部分内容。

3）在监视窗口查看变量和表达式

与在本地窗口查看数据类似，在监视窗口可以查看变量、表达式的值。

4）在立即窗口查看数据

当语句处于挂起状态时，在立即窗口输入“？变量名”可以查看变量取值。

5）跟踪 VBA 代码调用过程

通过“调用堆栈”窗口，可以跟踪 VBA 代码调用过程。

 习　　题

1. 问答题

（1）什么是算法？算法有什么特性？如何表示一个算法？

（2）什么是结构化程序设计？它的三种基本结构是什么？它们有什么特点？

（3）分支和循环语句中的条件是什么表达式表示？

（4）Do While 型循环结构的程序构造中，对循环结构的要求是什么？

2. 求程序运行结果题

（1）求下列程序的运行结果。

```
Public Sub Fig1()
    Dim i As Integer
    Debug.Print Tab(10); "*"
    For i = 1 To 5
        Debug.Print Tab(10 - i); "*"; Spc(i - 1); "*"; Spc(i - 1); "*"
    Next i
    For i = 4 To 1 Step -1
```

```
        Debug.Print Tab(10 - i); "*"; Spc(i - 1); "*"; Spc(i - 1); "*"
    Next i
    Debug.Print Tab(10); "*"
End Sub
```

（2）求下列程序的运行结果。

```
Public Sub 作业2()
    Dim x As Double, y As Double, i As Double
    x = 0: y = 0
    For i = 1 To 8
        If i Mod 2 <> 0 Then
            x = x - i
        Else
            y = y + i
        End If
    Next
    Debug.Print "i="; i
    Debug.Print "x="; x
    Debug.Print "y="; y
End Sub
```

（3）求下列程序的运行结果。

```
Public Sub 作业3()
    Dim m As Double, s As Double, k As Double
    m = 28
    s = 0
    k = 1
    Do While k <= Int(m / 2)
        If Int(m / k) = m / k Then
            Debug.Print k
            s = s + k
        End If
        k = k + 1
    Loop
    Debug.Print "s="; s
End Sub
```

（4）当 n=10 时，求下列程序的运行结果。

```
Public Sub 作业4()
    Dim n As Double, a1 As Double
    Dim a2 As Double, a3 As Double, i As Double
    n = Val(InputBox("请输入n，要求n>=3"))
    If n <= 2 Then
        Exit Sub
    End If
    a1 = 1
    a2 = 1
    Debug.Print a1; a2
    For i = 2 To n - 1
        a3 = a1 + a2
        a1 = a2
        a2 = a3
```

```
        Debug.Print a3
    Next
End Sub
```

3. 程序改错题

下面的每个程序均有两个错误，试调试修改正确。

（1）计算 1+2+3+⋯+N 的值。

```
Public Sub Sum()
    Dim i As Double, n As Double, s As Double
    n = Val(InputBox("请输入 n"))
    i = 1: s = 1
    Do While i < n
        s = s + i
        i = i + 1
    Loop
    Debug.Print "S="; s
End Sub
```

（2）程序的功能是计算公式 Y=1−1/3！+1/5！−1/7！+⋯，式中除第 1 项外，其余各项可用 1/（2N+1)！表示。

4. 编程题

（1）已知

$$Z=\begin{cases}X+Y & 当X<Y\\ X\times Y\times \mathrm{Sgn}(Y) & 当X=Y\\ X/Y & 当X>Y\ 且\ Y\neq 0\end{cases}$$

试编成求 Z 的值，请分别使用 Select Case 和 If...ElseIf...End If 编写程序。

（2）编写程序，求一元二次方程 $Ax^2+Bx+C=0$ 的解，输入为系数 A、B 和 C。

（3）用整数 0～6 依次表示星期日、星期一、……、星期六，编程实现下列功能：用键盘输入一个整数，在显示器上输出对应的中文表示星期几，如果键入的整数范围不在-1～6 之内，则显示“输入数据错误”，返回要求再次键入正确数字。当键入-1 时，程序终止。

（4）设乘火车旅行的行李收费标准如下：成年人可免费携带重量 20 kg 的行李，未成年人可免费携带 10 kg 的行李，超出这个重量，火车站将加收费用，收费标准是每千克每百公里收费 0.20 元，不足百公里按百公里记。试编程按不同类型的人和行李重量来记收费用。

（5）试求 $S=1-\frac{1}{2}+\frac{1}{3}-\frac{1}{4}+\ldots+\frac{1}{99}-\frac{1}{100}$。

（6）编写程序完成求和 S=1+(1+2)+(1+2+3)+…+（1+2+…+10）。以及 S=1! + 2! + 3! + … + 10!。试编写程序并比较其同异。

（7）编程求 100～200 之间即能被 3 整除又能被 5 整除的正整数的个数，并显示这些数。

（8）编程完成下列图形的打印。其中第一个*所在列为第 10 行，第 20 列。

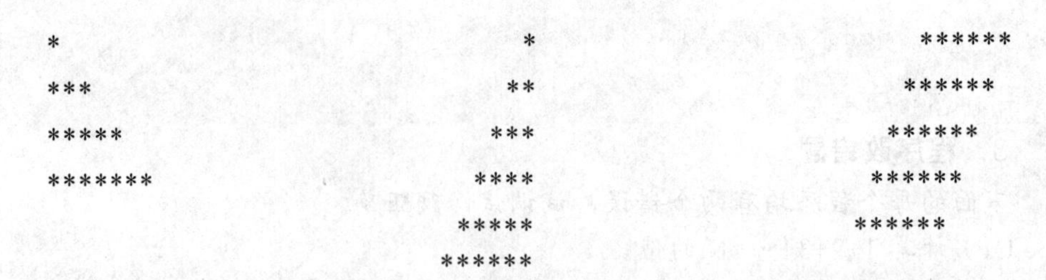

（9）使用数组输入十个评委的评分，要求去除最高分、最低分，求应试者的最后得分。

（10）编程求 2～100 间的所有素数，并求它们的和。

（11）使用循环嵌套语句编程求：在 0～999 的范围内，找出所有这样的数，其值等于该数中各位数字的立方和。如：$153 = 1^2+5^2+3^2$。

（12）有一个分数数列：$\frac{2}{1},\frac{3}{2},\frac{5}{3},\frac{8}{5},\frac{13}{8},\frac{21}{13},\cdots$，求出这个数列前 20 项之和。

（13）设二年期人民币整存整取年利率为 2.25%，王大妈选择二年期整存整取，存款金额 10 000 元，她希望有 1000 元以上的净利息。由于银行对最后的利息征 20%所得税，故至少要税前为 1200 元利息，才有 1000 元的净利息。请编程帮王大妈算一算，要存几年才能达到她的目标。

（14）输入两个正整数 m 和 n，求其最大公约数和最小公倍数。

（15）有 M 个人围成一圈，每人—个的编号（1，2，3，...，M），从第一个人数起，报到 N 时这个人就出圈，再继续数，报到第 N 个又出圈，出圈人的位置不再数，直到只剩下一个人为止，排出出圈人的顺序。

第 8 章 面向对象程序设计基础

结构化程序设计是所有程序语言设计的基础，它主要反映了程序语言中语句执行的有序性。然而，基于图形化界面的现代软件设计比较复杂，在结构化程序设计的基础上，人们引入了描述简洁、可重用性高、错误处理便利的面向对象程序设计方法。

不同于标准的结构化程序设计，在进行面向对象的程序设计时，程序设计人员不再是单纯地从代码的第一行一直编到最后一行，而是考虑如何创建对象，利用对象来简化程序设计，提高代码的可重用性。本章给出面向对象程序设计的基本概念。

8.1 面向对象的基本概念与示例

结构化程序设计的系统观认为：一个系统由多个程序模块和这些模块间的调用构成，其第一个被运行的模块称为主模块。每个模块一旦被运行，其代码按照结构化程序运行的有序性，将从第一条运行到最后一条。

而面向对象的系统观认为：一个系统是由若干对象和这些对象间的交互构造而成。对象的交互是调用了某个对象的一个特定方法（或事件），此时该方法（或事件）中的代码将按照结构化程序运行的有序性原则，从第一条运行到最后一条。面向对象系统观反映了基于面向对象的方法如何构造软件系统。

8.1.1 面向对象核心概念

面向对象涉及许多概念，这里给出这些概念的定义。

1. 对象

简单地说，对象就是现实或抽象世界中具有明确含义或边界的事物。例如，学生“江华”就是一个对象。为描述对象，面向对象观点认为**对象**由属性和方法（或事件）构成，即对象是属性和方法（或事件）的封装体，如图 8-1 所示。后面可以看到，对象是类的实例。

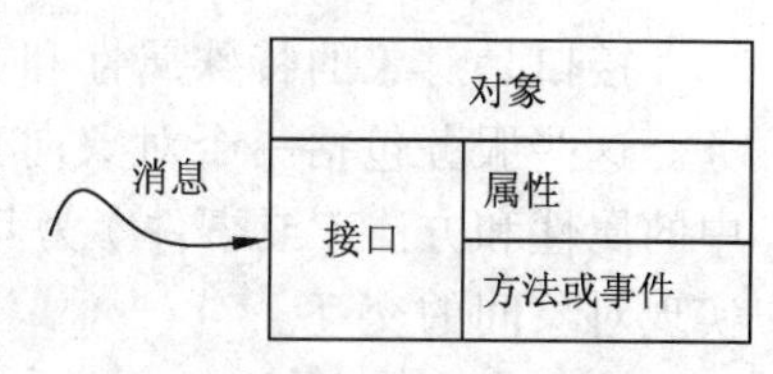

图 8-1 对象示意图

2. 属性

属性用来刻画对象所具备的特性，属性具有属性名和属性值两个部分。例如，江华的籍贯为“江西赣州”。这里“江西赣州”为学生“江华”的籍贯属性取值。属性取值不同，可以使对象具有不同的状态。对图形化界面中的命令按钮 确定 来说，属性

用来控制其显示的特性，例如，“标题”属性的取值为“确定”，决定命令按钮上显示的文字为“确定”。命令按钮的“可用”属性决定命令按钮是否有效，如图 8-2 所示，左侧命令按钮的“可用”属性取值为“是”，而右侧命令按钮的“可用”属性取值为“否”。命令按钮部分属性如图 8-3 所示。

确定　　确定

图 8-2　命令按钮“可用”属性取值不同的效果

3．方法和事件

方法（或**事件**）是对象具有的某种处理功能，在程序代码上表现为一个程序过程。例如，学生“江华”的“注册学籍”“选修课程”操作就是学生对象具有的方法。对象的方法调用是使用特定格式的显式调用（请参见 8.2.4 节），而事件的调用方式是隐式的，即通常不存在一条语句来说明事件被调用。事件的调用或触发是由用户的操作来实现的，这称为**事件驱动**。例如，命令按钮上存在鼠标的单击事件，当用户使用鼠标指向该命令按钮并单击时，将触发在命令按钮上单击事件中预先编写的代码。通常一个对象包括很多事件，例如图 8-4 所示的为命令按钮具有的事件。

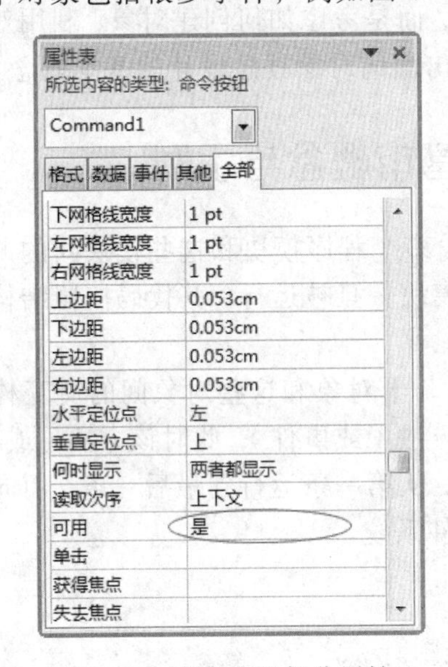

图 8-3　命令按钮部分属性

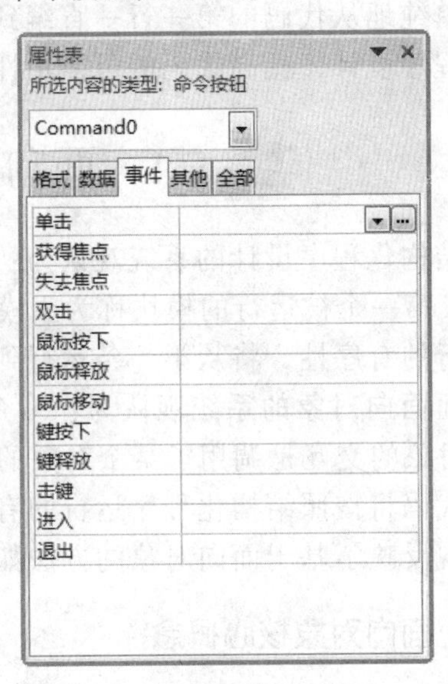

图 8-4　命令按钮具有的事件

4．接口

接口是对象的特殊属性和方法（或事件），它表示一个对象为其他对象提供的服务。这些服务包括一个对象向其他对象公开的属性和方法（或事件）。一个对象接口中的属性和方法（或事件）为其他对象所知道，故其他对象通过发送消息到该对象来实现对象间的交互。

5．消息

消息实现了对象间的交互。一个对象通过接口向外界公布其提供的属性和方法（或事件），其他对象通过发送一个特定的消息来与这个对象进行交互，可能有结果返回到发送消息的对象，也可能没有结果返回发送消息的对象。消息的描述除了和对象公布的属性和方法（或事件）有关外，还有特定的格式。有关 Access VBA 消息格式参请阅 8.2.4 节相关介绍。

6. 类

在面向对象程序设计中,为提高程序代码的重用,一个特定对象的属性和方法(或事件)由一个特定类来定义。**类**可以视为生产多个具有相同属性和方法(或事件)的对象模板。一般利用类来组织相似的多个对象。在面向对象系统和程序中,具有相同结构和功能的对象一般用类进行描述,并把一个特定对象称为其所属类的**实例**。简单地说,类描述的是具有相同属性和方法(或事件)的一组对象。例如,江华和杨阳都是学生,即他们是“学生”类的实例,他们都具有“学号”“姓名”等属性,同时都具有“注册学籍”“选修课程”等操作方法。为此,面向对象方法中提出将具有相同属性和方法(或事件)对象抽象到类的方法,即类是对象的抽象,而一个具体对象是某个类的实例。

由于类与对象使用相同的描述方式,即都具有属性和方法(或事件),这使得类、对象的概念容易混淆。下面通过一个示例来说明两者的区别。我们可以将一个图章看成一个类,而图章所盖出的图章印是一个对象。首先,图章和图章印具有相同的图案,即类与由该类实例化的对象具有相同属性方法;其次,由于一个图章可以盖出多个图章印,即一个类可以被实例化为多个对象。总之,在面向对象概念中,类是对象的抽象,对象是类的实例。

8.1.2 类或对象的特性

类和对象有许多特性,下面分别给出类和对象特性的描述。

1. 对象的可标识性

每个对象实例都有标识自己的**对象名称**(Name)或**对象标识号**(Identifier,简写为 ID)。例如,如果图章具有自动改变序号功能,则每个实例化出来的图章印,虽具有相同的属性和操作,但它们具有不同的标识号——序号不同。图 8-5 左侧选中的复选框名称为“chk 可移动”,名称“chk 可移动”被用来标识左侧的复选框对象。

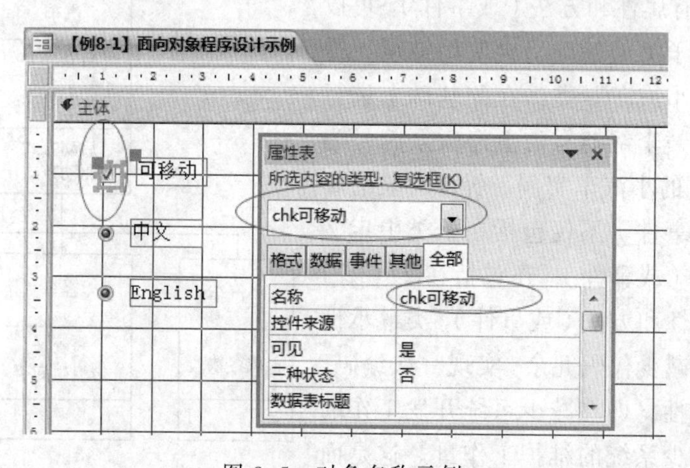

图 8-5 对象名称示例

2．类或对象的封装性

类（或对象）的**封装性**是指属性和方法（或事件）被封装在类（或对象）中。封装性的好处是可以隐藏内部的实现细节，即信息隐蔽原则，也可以理解为黑箱。信息隐蔽原则使得人们在使用一个类（或对象）时，只关心它提供的功能，不关心其功能是如何编写实现。信息隐蔽原则的另一个好处是可以杜绝由于某个类（或对象）的方法（或事件）改变对其他类（或对象）的影响，通过独立的分治原则可以减低问题的复杂性。

3．对象的状态性

对象的**状态性**是通过给对象的属性赋值来表现的，即对象的取值不同，对象就处于不同状态。例如，学生“江华”对象。这里类为“学生”，类“学生”的姓名属性值为“江华”。

4．对象的自治性

由于对象是属性和方法（或事件）的封装体。对象状态的改变是由该对象自身实施的，即其他对象通过发送消息，请求一个对象改变其状态，该对象的状态是否改变取决于该对象当前的状态。在某些状态下可能无法改变该对象的状态，这称为对象的**自治性**。

5．类的继承性

面向对象的概念中，类与对象间的关系可以描述为“类是对象的抽象，对象是类的实例”。那么类与类之间是否存在关系呢？实际上，一个类与另一个类之间可能存在**类继承关系**。例如图 8-6 中，“汽车”类是一个抽象的类，它具有一般汽车具有的属性和方法（或事件），这里它被称为**父类**（基类）。“小汽车”类代表“汽车”类下面的一个分类，这里被称为**子类**，子类继承了父类的所有属性和方法（或事件），即“小汽车”类具有“汽车”类所具有的所有属性和方法（或事件），如属性：自重、载重；方法（或事件）：驱动方式等。同样，“客车”子类和“货车”子类也继承了“汽车”父类的所有属性和方法（或事件）。可以在“小汽车”子类的基础上再使用继承，得到“上海大众小汽车”类，在此基础上进行实例化，得到“李纲拥有的上海大众牌号为沪 A－76456”的小汽车实例。所得对象的属性和方法（或事件）不仅包括在子类中定义的属性和方法（或事件），还包括在父（基）类中定义的属性和方法（或事件）。类继承性的好处是可以减少代码冗余。实现一次编码，多处使用的特性，即在减少系统开发工作的同时，可以减少系统的维护工作量。这是面向对象编程方式带来的好处。

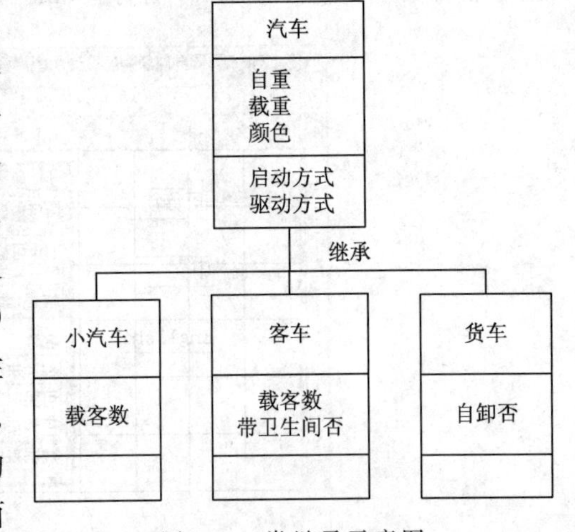

图 8-6　类继承示意图

6．对象的多态性

将同样的消息发给同一个对象，根据对象当前所处状态的不同，对象可能给出不同的响应，这称为对象的多态性。多态性是面向对象的高级应用，本书将不涉及。

7．面向对象编程过程

对于面向对象程序设计语言来说，编写具备特定功能程序的过程大致分为三步：

（1）根据给出的实际问题，抽象出相关的名词术语，再将这些名词变成该系统中的各个核心概念——类，类封装了其代表核心概念的属性和方法（或事件）。

（2）将类实例化为对象。

（3）描述这些对象间的交互，即这些对象间的消息关系。

Access 的 VBA 面向对象编程的过程根据用户涉及自己编写类部分的不同，可分为初级、中级和高级三个不同层次。

（1）初级阶段。对于 Access VBA 初学者而言，用户不用编写自己的类代码，仅需将 Access 对象模型提供的类实例化为对象，再编写这些对象间的交互部分的程序。由于 Access 的对象模型提供了几乎所有的 Access 界面构成元素的类库，初级阶段的用户在构造定制窗体的过程，就是将相应的（控件）类实例化为对应（控件）对象的过程，用户定制窗体方法（或事件）的过程就是编写程序来描述多个对象间交互的过程。在初级阶段，用户不涉及类的编写，仅使用 Access 系统提供的类库构造图形化程序。其好处是编程简单、编写程序代码可靠性高。初级阶段的程序编写主要强调对象的可标识性、自治性和状态性，本书主要针对初级阶段的面向对象程序设计编写。

（2）中级阶段。中级阶段在初级的基础上增加了用户自定义类，但这个类不从其他类继承任何的属性和方法（或事件），它仅仅是一个简单的类。在这个阶段，用户除了初级阶段工作，还需要将自己编写的类先实例化为对象，再引用该对象对应的属性和方法。

（3）高级阶段。高级阶段的工作是在中级阶段的基础上增加的用户自定义类，涉及从其他类继承的属性和方法（或事件）。同样，用户也需要实例化该类才能够描述交互。

表 8-1 给出了类与对象之间的关系。

表 8-1　类与对象之间的关系

类与类关系	类与对象关系	对象与对象关系
父类 继承 子类	类 实例化　抽象 对象	对象 交互 对象
类与类间为继承关系	类可以实例化到多个对象；多个对象抽象到一个类	对象与对象间是交互关系。对象间交互就是消息，消息中引用对象属性和调用对象方法有严格格式

8.1.3 面向对象编程示例

1．程序示例

【例 8-1】面向对象程序编写示例。

具体操作步骤如下：

（1）运行 Access 软件，新建一个空白数据库，并将数据库命名为“【例 8-1】面向对象编程示例”。

（2）单击“创建”命令选项卡“窗体”组中的“空白窗体”按钮，如图 8-7 所示。

图 8-7 创建空白窗体

（3）在出现的“窗体 1”选项卡空白处右击，在弹出的快捷菜单中选择“属性”命令，如图 8-8 所示。

（4）在属性表窗体，选择“其他”选项卡，如图 8-9 所示。

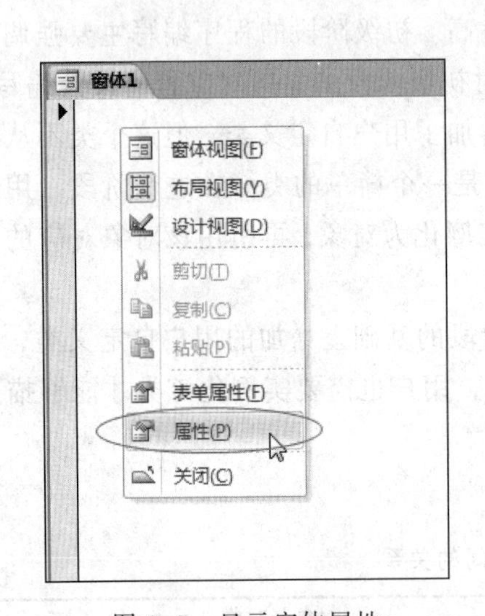

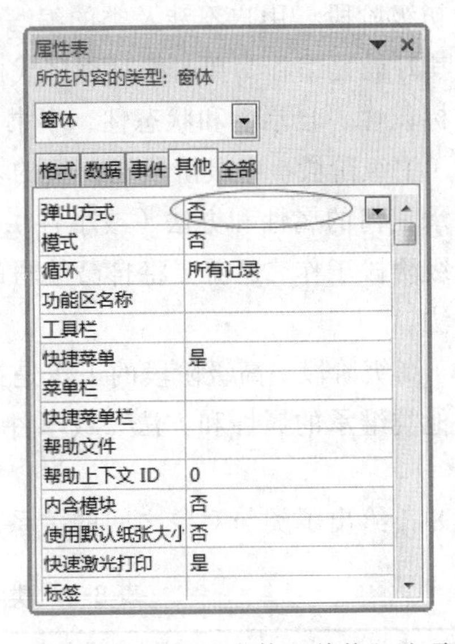

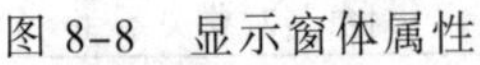

图 8-8 显示窗体属性

图 8-9 选择属性表窗体“其他”选项卡

（5）单击“弹出方式”右侧的组合框，选择“是”。同时设置“格式”选项卡中的“标题”属性为“面向对象程序示例”，如图 8-10 所示。

说明：修改“弹出方式”为“是”可以使窗体成为一个浮动的窗体，而不是默认的占据整个工作区选项卡方式，这样可以验证窗体可移动属性。

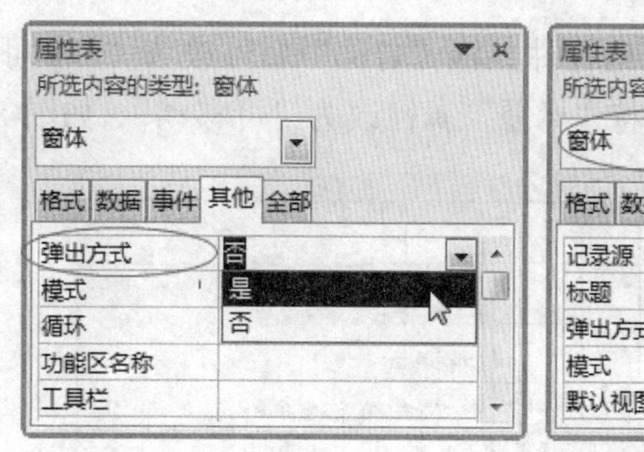

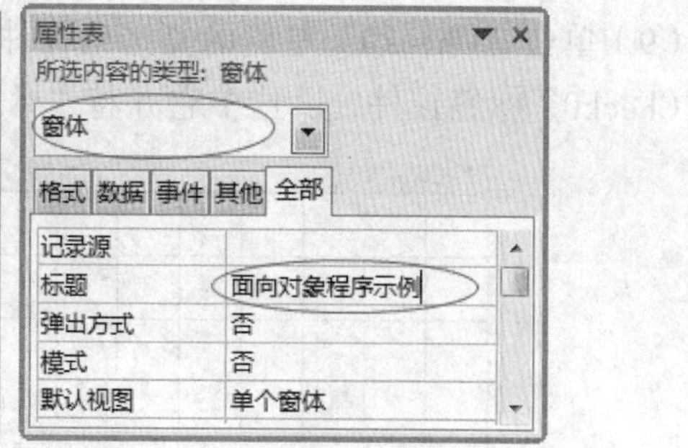

图 8-10 设置“弹出方式”和“标题”属性

（6）将鼠标指针指向“面向对象程序示例”选项卡，右击，选择“设计视图”命令，如图 8-11 所示。

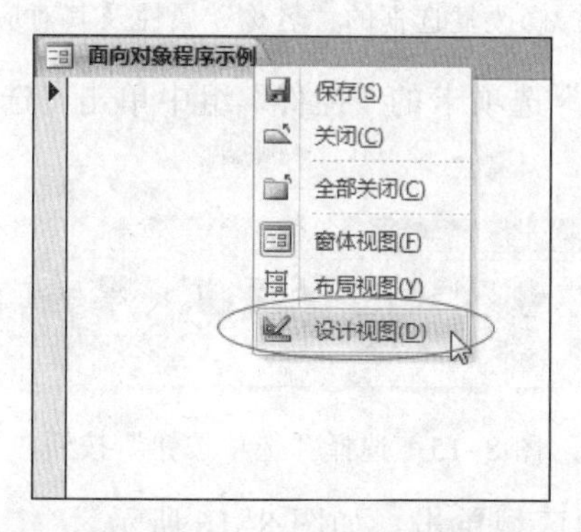

图 8-11 切换到设计视图

（7）在“设计”选项卡“控件”组中单击“复选框”按钮，如图 8-12 所示。

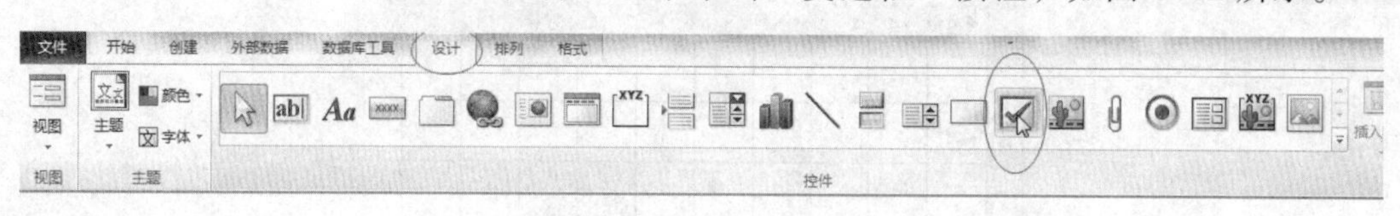

图 8-12 选择“复选框”按钮

（8）在“主体”下方空白区域单击，并调整白色区域的大小，如图 8-13 所示。

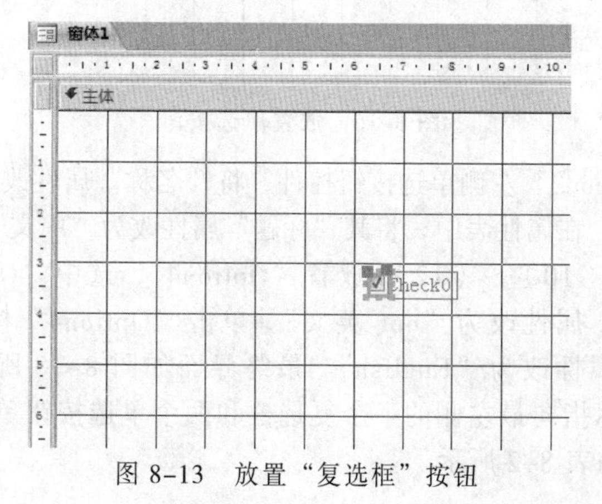

图 8-13 放置“复选框”按钮

（9）单击“Check0”左侧的复选框控件，将“名称”属性改为“chk 可移动”。单击“Check0”标签控件，以选中它并将“标题”属性改为“可移动”，如图 8-14 所示。

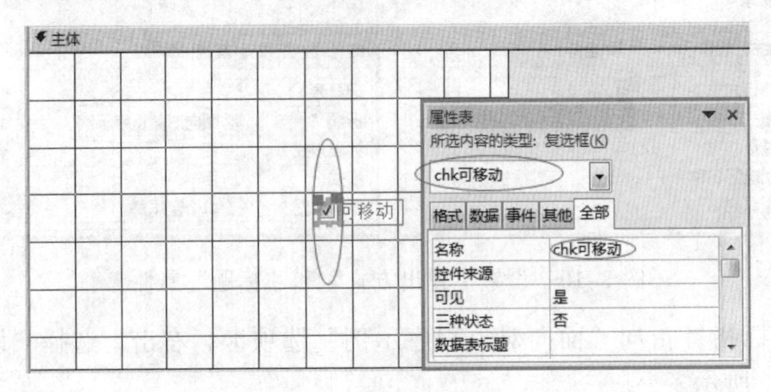

图 8-14　修改复选框的“名称”属性及其对应的结果

（10）在功能区“设计”选项卡的“控件”组中单击“选项按钮”控件，如图 8-15 所示。

图 8-15　选择“选项按钮”按钮

（11）在“主体”空白区域单击，如图 8-16 所示。

图 8-16　放置单选按钮

（12）单击“Option2”左侧单选按钮控件，将“名称”属性改为“opt 中文”，单击“Option2”标签控件，在属性表中，将其“标题”属性改为“中文”，如图 8-17 所示。

（13）重复步骤（10）～（12），放置“Option4”，选中“Option4”左侧单选按钮控件，将“名称”属性改为“opt 英文”。单击“Option4”标签控件，在属性表中，将其“标题”属性改为“English”。最终界面如图 8-18 所示。

（14）分别将鼠标指向最左侧的一个复选框和两个单选按钮单击，如图 8-19 所示。确保其对应的名称如表 8-2 所示。

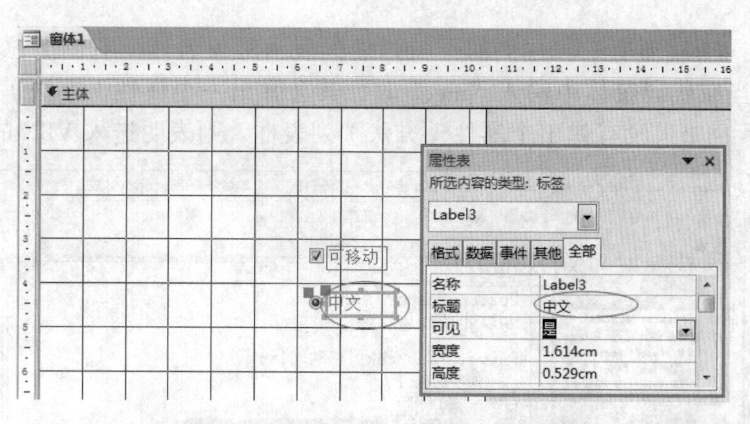

图 8-17 修改单选按钮侧的标签“标题”属性及其对应的结果

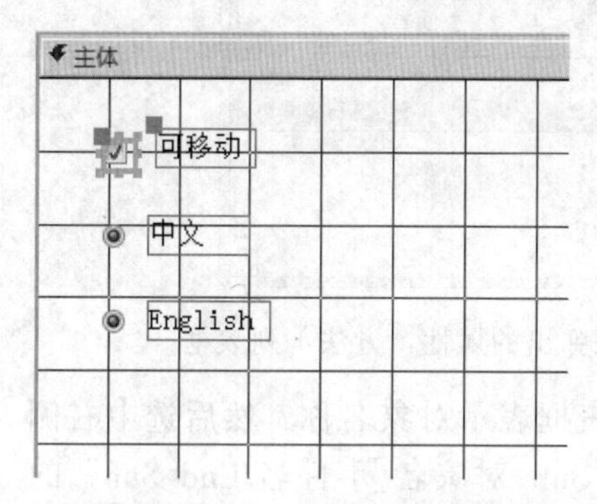

图 8-18 窗体最后的设计效果

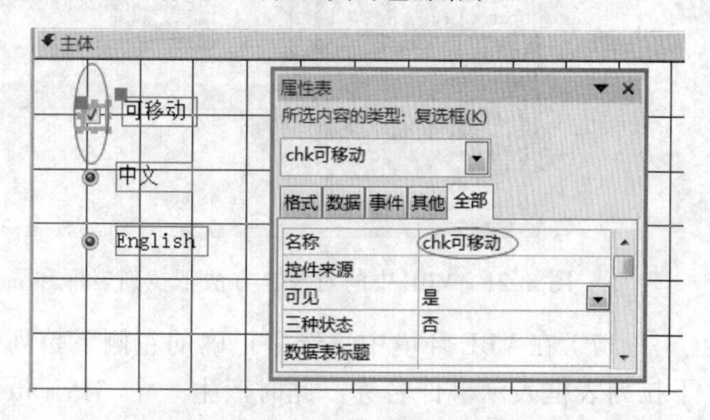

图 8-19 查看不同控件名称

表 8-2 例中的对象实例名

窗体对象界面元素	对象实例名称
☑	chk 可移动
◉	opt 中文
○	opt 英文

（15）将鼠标指向“chk 可移动”复选框右击，在弹出的快捷菜单中选择“事件生成器”命令，然后在“选择生成器”对话框中选择“代码生成器”，如图 8-20 所示。至此进入 VBE。

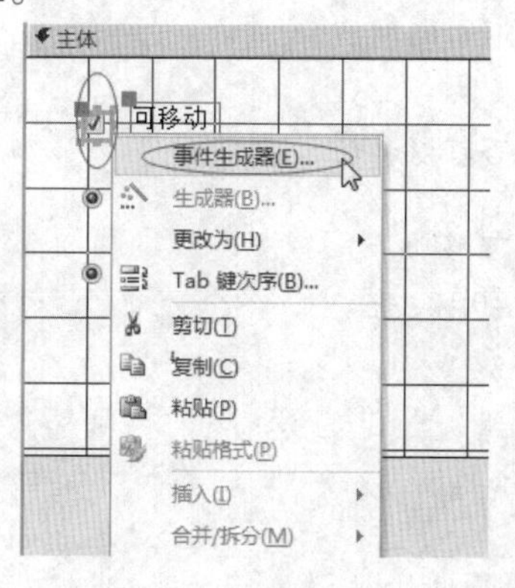

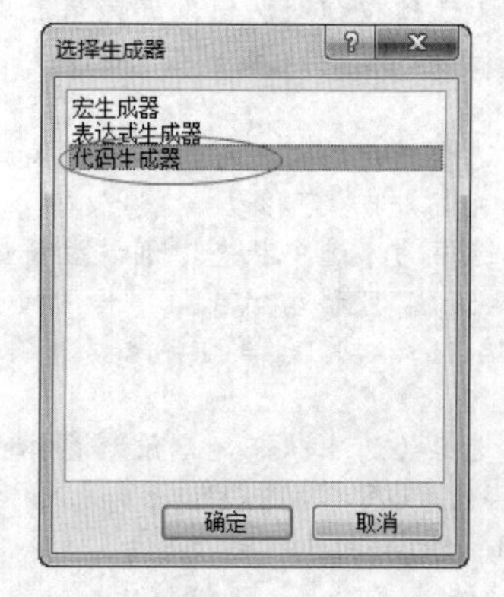

图 8-20 进入事件代码编写环境的方法

（16）在 VBE 环境中，左侧的下拉列表框表示对象名称，右侧下拉列表框表示事件名称。当在代码窗体中输入“me.”时，其会弹出一个属性（方法）列表框，如图 8-21 所示。如果没有弹出个属性（方法）列表框，则表明进入 VBE 的方法不对。

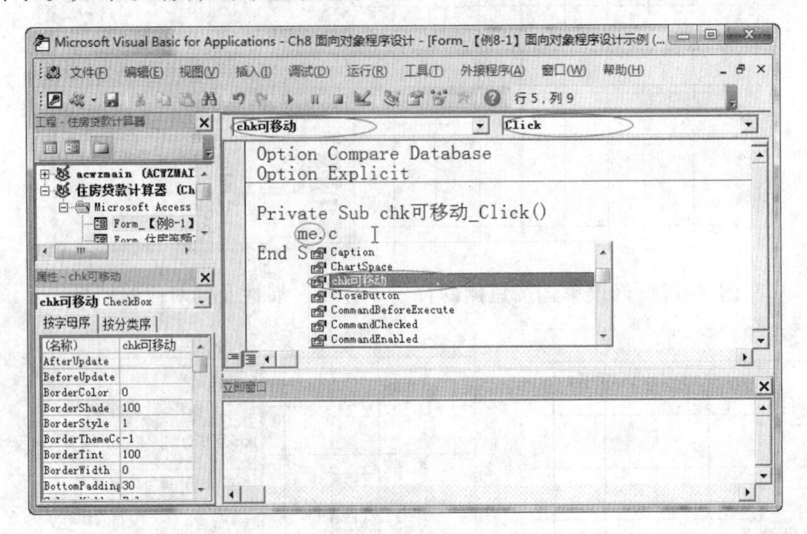

图 8-21　VBE 中的对象、方法下拉列表框和 me.弹出的属性（方法）列表框

（17）在 VBE 环境中，选中正确的左侧下拉列表框表示对象名称，然后选中右侧下拉列表框表示事件名称。此时产生一个“Private Sub 对象名_事件名/End Sub”的事件代码。将光标置于此事件中，再按【Tab】键缩格后，输入事件对应的代码。注意：使用“me.”弹出的属性（方法）列表框，再输入属性（方法）名称后，会自动选中属性（方法），再按【Tab】键即可将选中的属性（方法）输入代码窗体中。最后给出完整的程序代码。

```
Option Compare Database
Option Explicit
Private Sub Form_Load()
    '将复选框默认值设置为选中状态
    Me.chk可移动.Value = True
    '将中文选项按钮默认值设置为选中状态
    Me.opt中文.Value = True
    '将英文选项按钮默认值设置为未选中状态
    Me.opt英文.Value = False
End Sub
'这是对复选框进行编写程序，以确定窗体是否可以移动
Private Sub chk可移动_Click()
    '若复选框为未选中状态，则设置窗体不可移动
    If Me.chk可移动.Value = False Then
        Me.Moveable = False
    End If
    '若复选框为选中状态，则设置窗体可移动
    If Me.chk可移动.Value = True Then
        Me.Moveable = True
    End If
End Sub
```

```
'这是对中文选项按钮编写程序，以确定窗体标题为中文
Private Sub opt中文_Click()
    '选中“中文”选项按钮。
    Me.opt中文.Value = True
    '不选中“英文”选项按钮。
    Me.opt英文.Value = False
     '设置窗体标题为中文。
    Me.Caption = "面向对象程序设计示例"
End Sub

'这是对英文选项按钮编写程序，以确定窗体标题为英文
Private Sub opt英文_Click()
    '选中“英文”选项按钮
    Me.opt英文.Value = True
    '不选中“中文”选项按钮
    Me.opt中文.Value = False
     '设置窗体标题为英文
    Me.Caption = "A Demonstration for Object-Oriented Program"
End Sub
```

（18）选择“文件”→“另存为”命令，将窗体存为“面向对象程序设计示例”，如图 8-22 所示。

（19）将鼠标指针指向“面向对象程序示例”选项卡，右击，在弹出的快捷菜单中选择“窗体视图”命令，可以验证窗体程序移动和更改窗体标题的效果，如图 8-23 和图 8-24 所示。

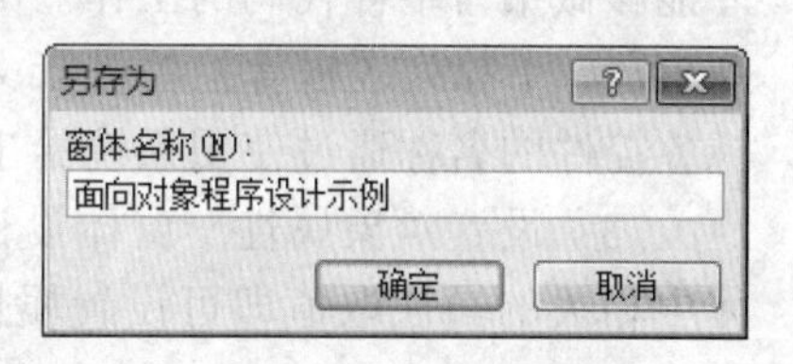

图 8-22 “另存为”对话框

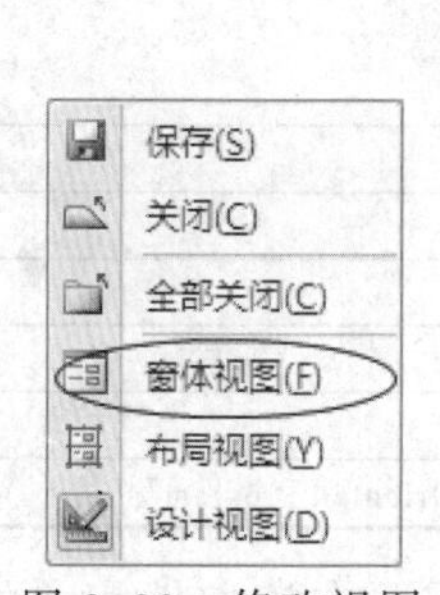

图 8-23 修改视图

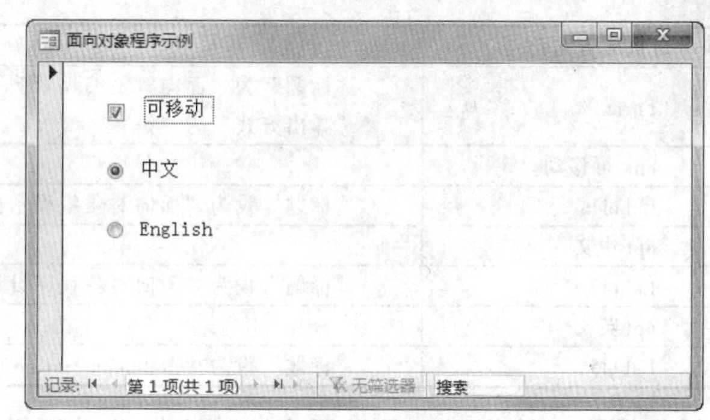

图 8-24 最终结果

运行结果说明：

（1）当选中“可移动”复选框时，窗体可以移动；当没有选中该复选框时，窗体不可移动。

（2）单击“中文”单选按钮时，窗体标题显示为“面向对象程序设计示例”；当单击“English”单选按钮时，窗体标题显示为“A Demonstration for Object-Oriented Program”。

2. 面向对象程序说明

前面例 8-1 可以简化为下面四个步骤：构造界面，命名控件名称，设置对象属性，编写事件代码。

（1）构造界面。它是 Access 图形化界面程序构造的第一步。其主要步骤是在窗体设计视图下将“设计”选项卡中的文本框等控件放置到窗体。相关构造方法可以参见第 4 章个性化窗体设计。例 8-1 涉及的对象和对象所属的类如表 8-3 所示。

表 8-3　例 8-1 中的对象实例名及所属的类

窗体对象界面元素	对象实例名称	对象所属的类	对象事件
窗体	Form	窗体	Load
☑	chk 可移动	复选框	Click
文字“可移动”	Label1	标签	
⊙	opt 中文	选项按钮	Click
文字“面向对象程序设计示例”	Label3	标签	
○	opt 英文	选项按钮	Click
文字“A Demonstration for Object-Oriented Program”	Label5	标签	

（2）命名控件名称。命令按钮、文本框等“名称”属性的取值是用来命名用户放置到窗体上控件的名称，即对这些控件进行唯一性标识。因为这一步决定了在 VBE 代码编辑环境中输入“me.”时弹出列表框条目包含的控件名称，即必须先完成本步骤，才能够做编写事件代码的工作。由于标签控件通常用来对文本框、单选按钮、复选框、列表框、下拉列表框等控件进行文字说明，其编程时也不会涉及这些标签控件。因此，标签控件的名称通过使用系统给出的默认名称，而不会对这些标签控件进行命名。

（3）设置对象属性。窗体设计视图下选中需要设置属性的对象，通过“属性”窗体中相关的属性取值即可设置属性。例 8-1 中的对象实例属性设置如表 8-4 所示。

表 8-4　例 8-1 中的对象实例属性设置

对象实例名称	对象属性设置
Form	“标题”为“面向对象编程示例” “弹出方式”为“是”
chk 可移动	
Label1	“标题”设为“面向对象编程示例”
opt 中文	
Label3	“标题”设为“面向对象程序设计示例”
opt 英文	
Label5	“标题”设为“A Demonstration for Object-Oriented Program”

（4）编写事件代码。通常用户对哪个控件进行操作，就需要在该控件相关的事件上编写代码。编写事件代码通常是从输入的“me.”后面弹出的列表框中选中需要的对象或属性，再按【Tab】键输入的。例 8-1 中对象事件代码编写如表 8-5 所示。

表 8-5　例 8-1 中事件代码编写

对象实例名称	对象事件	事件功能
Form	Load	打开窗体时，将复选框标记为选中状态；将中文选项按钮标记为选中状态；将英文选项按钮标记为非选中状态
chk 可移动	Click	若复选框为选中状态，则设置窗体可移动。 若复选框为未选中状态，则设置窗体不可移动

续表

对象实例名称	对象事件	事件功能
Label1		
opt 中文	Click	先设置“中文”选项按钮为选中状态，而“英文”选项按钮为不选中状态，再设置窗体标题为中文
Label3		
opt 英文	Click	先设置“英文”选项按钮为选中状态，而“中文”选项按钮为不选中状态，再设置窗体标题为英文
Label5		

注意：在后面的例子中，不再给出窗体界面构造过程，仅给出窗体界面和界面控件对应的名称。由于标签控件在窗体界面中仅起提示信息的功能，修改标签提示信息的属性为“标题”属性，同样不给出标签属性设置过程。

8.2 Access VBA 面向对象方法

对使用 VBA 编写应用系统的用户来说，VBA 应用系统包括可见的用户界面和不可见的数据加工处理。可见的用户界面实现用户与计算机交互的界面，计算机通过这些控件元素向用户提出问题，用户通过选择或回答窗体上的控件元素选项来回答计算机的提问，即通过这些标准控件元素实现用户与计算机的对话。Access 非可视的对象主要用来完成用户数据的处理，即非可视对象主要用来完成数据的统计累加等有关按某种业务功能。

8.2.1 Access 对象模型

对无须编写自己类的初级阶段用户而言，Access 系统提供的类分为三种。

（1）Access 对象模型，它涉及 Access 中窗体、报表、控件和宏等所有 Access 元素。Access 对象模型中的类包含在 MSACC.OLB 文件中，其默认位置为 C:\Program Files\Microsoft Office\Office12\。

（2）VBA 类库对象，它主要支持对 VBA 调试、错误处理和对 Windows 系统文件的访问等。其文件名为 VBE6.DLL，所在目录默认为 C:\Program Files\Common Files\Microsoft Shared\VBA\VBA6\。

（3）用户引用其他的不含源代码的类。例如，Access 日历控件不在 Access 对象模型中，可以通过引用 C:\windows\system32\msacal70.ocx 文件实现 Access 日历控件功能。对包含 DAO 数据库编程的用户，可引入 Microsoft Office 12.0 Access database engine Object Library，它在 C:\Program Files\Common Files\Microsoft Shared\OFFICE12\ACEDAO.DLL，这里 ACE 表示 Access Connectivity Engine。如果使用 ADO 数据库编程的用户，则引入 Microsoft ActiveX Data Objects 2.8 Library，它在 C:\Program Files\Common Files\System\ado\msado15.dll 中。本书数据库编程方法是 DAO。

Access 对象模型提供了 VBA 程序对 Access 应用的对象访问方法，它是 Access VBA 开发的面向对象程序接口。该接口封装了构成 Access 应用的所有元素的功能和属性，VBA 开发人员通过 Access 对象模型编程可以操控构成 Access 应用元素的功能和属性，从而开发出具备自定义功能的 Access 应用。实际上，微软针对其 Office 系列 VBA 编程有不同对象模型（如 Word 对象模型、Excel 对象模型等），这使得通过 VBA 编程可以实现 Office 不同应用程序间数据共享。例如，将 Access 数据库通过 VBA 编程自动生成 Word 文档。图 8-25 给出了 Access 对象模型，表 8-6 给出了 Access 对象模型中部分对象的含义。

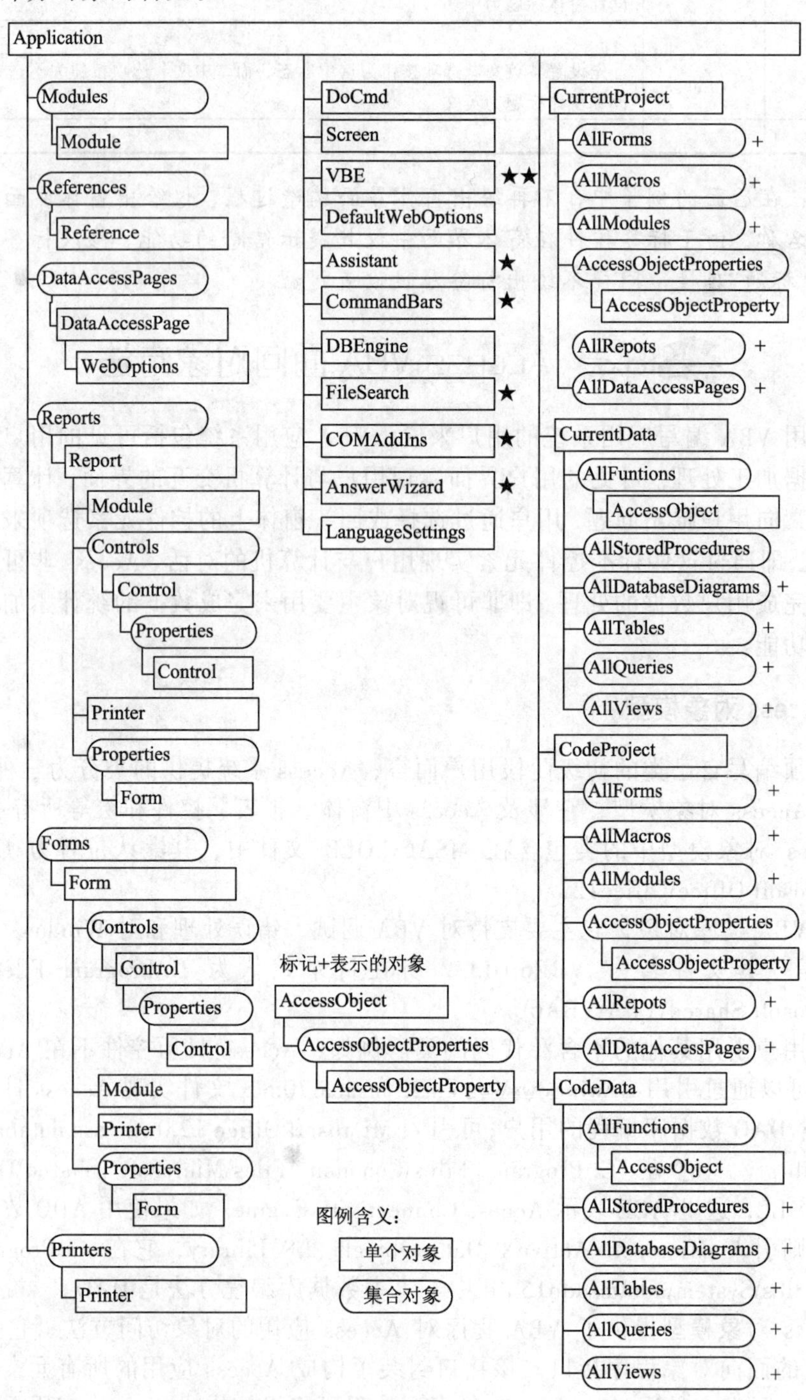

图 8-25 Access 对象模型（非全部）

表 8-6 Access 对象模型中部分对象含义（中英文对照）

序号	Access 对象英文名	Access 对象中文名	含义
1	Application	应用对象	应用对象表示正在运行的 Access 应用程序
2	Attachment	附件对象	要对内容字段的附件数据类型进行操作时，可使用附件控件
3	BoundObjectFrame	绑定对象框控件对象	绑定对象框对象可用来显示在 Access 数据库表中存储的图片、图表或任意 OLE 对象
4	CheckBox	复选框控件对象	复选框是一个独立的控件，显示“是/否”值
5	ComboBox	组合框控件对象	组合框控件兼具文本框和列表框的功能。如果希望用户既可以键入值又可以从预定义列表中选择值，则可使用组合框
6	CommandButton	命令按钮控件对象	窗体上的命令按钮可以启动一项操作或一组操作
7	Control	控件对象	控件对象代表窗体、报表或节上的控件，或位于另一个控件中或附加到另一个控件的控件
8	Controls	控件集合对象	控件集合包含窗体、报表或子窗体中以及另一控件中或附加到另一控件的所有控件。控件集合是窗体、报表和子窗体对象的成员
9	CustomControl	ActiveX 控件对象	表示第三方的控件，它基于 ActiveX 技术。例如，日历控件不在 Access 对象模型中，通过引用日历控件所在库文件，就可以在窗体（或报表）中放入日历
10	DoCmd	DoCmd 对象	DoCmd 对象用来运行 Access 宏操作。例如，关闭窗口、打开窗体及设置控件值等任务
11	Form	窗体对象	窗体对象引用一个特定的 Access 窗体
12	Forms	窗体集合对象	窗体集合包含 Access 数据库中当前打开的所有窗体
13	Hyperlink	超链接控件对象	超链接对象用来实现窗体、报表或数据访问页上的控件相关联的超链接
14	Image	图像控件对象	图像控件可将图片添加到窗体或报表中
15	Label	标签控件对象	窗体或报表上的标签显示说明性文本，例如标题、说明或简短指示
16	Line	直线控件对象	直线控件在窗体或报表中显示水平线、垂直线或对角线
17	ListBox	列表框控件对象	列表框控件显示值或类似内容的列表
18	OptionButton	选项按钮控件对象	用于显示“是/否”值
19	OptionGroup	选项按钮组控件对象	窗体或报表上的选项组可显示有限个选项的集合。因为可以只单击所需的值，所以使用选项组进行值的选取非常容易。在选项组中，一次仅能选取一个选项
20	Page	页对象	页对象与选项卡控件上的一个独立页相对应
21	Pages	页集合对象	页集合包含选项卡控件中的所有页对象
22	Properties	属性集合对象	属性集合包含一个打开的窗体、报表或控件的实例中的所有内置属性。这些属性唯一地标识了该对象实例的特性
23	Rectangle	矩形控件对象	此对象对应于一个矩形控件。矩形控件在窗体或报表上显示矩形
24	Report	报表对象	报表对象引用特定的 Microsoft Access 报表
25	Reports	报表集合对象	报表集合包含 Access 数据库中当前打开的所有报表
26	SubForm	子窗体控件对象	子窗体控件将一个窗体嵌入另一个窗体中
27	SubReport	子报表控件对象	子报表控件将一个报表到另一个报表中
28	TabControl	标签控件对象	选项卡控件包含多个页，可以将其他控件放在其中，如文本框或选项按钮。当用户单击相应选项卡时，该页即转入活动状态
29	TextBox	文本框控件对象	窗体或报表上的文本框用于显示来自记录源的数据
30	ToggleButton	切换按钮控件对象	窗体上的切换按钮是一个独立控件，用于显示基础记录源中的“是/否”值

由图 8-25 和表 8-6 可以看到，Access 对象模型中，对象的差异体现在三个方面。

（1）对象间层次关系。Access 对象模型中，对象间有上下级层次关系。层次关系表示用户在引用某个对象属性（或方法）时，通过分隔符“!”或“.”来表示多个对象间的这种层次关系，即上一级的对象可以包含下一级对象，反之则错误。关于引用方法的具体内容请参见本章 8.2.4 节。

（2）集合对象与单个对象。Access 对象模型中存在两种类型的对象：集合对象与单个对象，它们的差别是引用对象的属性和方法（或事件）不同。关于集合对象属性（或方法）的引用请参见本章 8.2.4 节。

（3）控件对象与非控件对象。控件是放置在窗体或报表上与用户交互的对象，Access 对象模型中所有控件均位于 Controls 集合中。因为所有基于图形化用户界面的程序，和用户交互功能实现均依赖控件。在 Access 对象模型中，由于控件对象均处于 Controls 集合中，它们处于整个模型的下层，Access 对象模型没有详细描述。常见标准控件包括标签、文本框、组合框等。表 8-7 以中英对照方式给出了 Access 控件名称和图标。

表 8-7　Access VBA 控件名称和图标

控件中（英）文名称	图　标	控件中（英）文名称	图　标
命令按钮 CommandButton	XXXX	选项卡 TabControl	
文本框 TextBox	ab|	超链接 Hyperlink	
标签 Label	Aa	图像 Image	
复选框 CheckBox		子窗体/子报表 SubForm/SubReport	
选项按钮 OptionButton		直线 Line	
组合框 ComboBox		矩形 Rectangle	
列表框 ListBox		切换按钮 ToggleButton	
导航 NavigationButton		附件 Attachment	
插入图表 Graph		绑定对象框（未绑定对象框）BoundObjectFrame	XYZ
插入分页符 PageBreak		选项组 OptionGroup	XYZ
ActiveX 控件 CustomControl	第三方扩展控件	Web 浏览器 WebBrowser	

控件又可分为：**绑定控件**和**非绑定控件**。所谓绑定控件就是将数据表中的数据通

过该控件来显示，即该控件绑定了数据。通过绑定可以显示和编辑绑定到表、查询或SQL语句中的字段的数据。绑定控件包括文本框、复选框、选项按钮、组合框、列表框。由于标签控件仅起提示作用，它不具备数据绑定功能。根据绑定的数据是单个数据还是多个记录集合，绑定控件又可以分为单个数据绑定控件和多数据绑定控件。例如，文本框、复选框、选项按钮是单数据绑定控件，而组合框和列表框是多数据绑定控件。

8.2.2 Access对象模型常见属性、方法和事件

如前所述，Access 对象模型封装了 Access 应用中的不同对象，这里给出常见Access对象的属性、方法和事件。

1. 常见属性

由例8-1面向对象示例程序可以看到，可视的对象(控件)属性通常决定其外观，而非可视对象（控件）属性决定其某些特性功能。由于 Access 对象模型涉及许多属性，不可能将其全部列出，这里列出 Access 对象常见属性供读者参考查阅，更详细的属性说明请使用联机帮助。其中表8-8给出**Access控件常见属性**，表8-9给出Access控件常见格式属性，表8-10给出窗体“格式”属性，表8-11给出窗体“数据”属性，表8-12给出窗体“其他”属性。

注意：属性名称均给出中、英文名称，因为在属性窗口显示的是中文名称，但程序设定属性时使用英文名称。在程序编写使用属性时，必须使用英文名称。为便于学习，重要的属性和方法（或事件）给出*标记。

表8-8 最常见Access控件属性

中（英）文属性名	含　义
名称* Name	可以使用名称属性来标识对象，名称是引用对象的标识，其为字符串类型
标题* Caption	指定对象标题中显示的文本，即标题属性。例如标签的标题属性就是其显示的字符
可用* Enabled	指定控件是否可用。可选项：(1) True—是（默认值）：为可用；(2) False—假：不可用，呈暗淡色，禁止用户进行操作
可见 Visible	指定控件是否可见。可选项：(1) True—是（默认值）：为可见；(2) False.—假：不可见，但控件本身存在
Tab键索引* TabIndex	指定窗体上控件焦点的Tab键次序
Tab键终止 TabStop	指定用户是否可以使用Tab键把焦点移到对象上。可选项：(1) True—可以；(2) False—不可以
控件值* Value	指定控件的当前状态。适用于复选框、列表框、组合框、命令按钮组、编辑框、表格、文本框、选项按钮组、微调按钮。对于列表框、组合框、命令按钮组、编辑框、表格、文本框、微调按钮，Value属性的设置为当前所选的字符或数值
控件来源* ControlSource	使用控件来源属性可以指定在单个控件中绑定的数据。包括文本框、检查框、单选框等。“控件来源”属性与窗体的“记录源”属性有对应关系

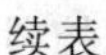

续表

中（英）文属性名	含　义
行来源类型* RowSourceType	可以使用行来源类型（和行来源）属性告知组合框、列表框多数据绑定控件，如何为其提供数据。可选项包括：（1）表/查询；（2）值列表；（3）字段列表
行来源* RowSource	可以使用行来源属性告知 Access 如何为指定的对象提供数据。如果行来源类型为“表/查询”，则在行来源属性中写入 SQL 查询语句

说明：“控件来源”属性通常用来指定返回单个值的绑定控件，它与窗体的“记录源”属性有对应关系。“行来源”属性用来指定返回记录集合的绑定控件，如列表框和组合框，它与“行来源类型”有对应关系。

表 8-9　常见的 Access 控件格式属性

中（英）文属性名	含　义
高度 Height	指定对象在屏幕上的高度。以缇（Twips）为计量单位，等于“磅”的 1/20，英寸的 1/1 440。一厘米有 567 缇。后面涉及计量单位与此相同
宽度 Width	指定对象在屏幕上的宽度
上边距 Top	对于控件，指定相对父对象最顶端所在位置
左边距 Left	对于控件，指定相对父对象的左边界
字体名称 FontName	指定对象显示文本的字体名
字号 FontSize	指定对象文本的字号
对齐 Alignment	控件上正文水平对齐方式。可选项：（1）0—左：正文左对齐；（2）1—右：右对齐；（3）2—中间：正文居中；（4）3—自动（默认值）
输入掩码 InputMask	指定控件中数据的输入格式和显示方式。应用于微调、文本框、组合框
前景色 ForeColor	设置控件的前景颜色（即正文颜色）。用户可以在属性窗口中用调色板直接选择所需颜色，也可以在程序中用 RGB()函数设置
背景色 BackColor	设置背景颜色，选择方法同前景颜色

表 8-10　窗体“格式”属性

中（英）文属性名	描述与选项
标题* Caption	窗体标题名
默认视图 Default View	确定窗体运行时的视图类型。选项为：（1）单个窗体；（2）连续窗体（默认选项）；（3）数据表视图；（4）数据透视表视图；（5）数据透视图视图；（5）分割窗体
允许窗体视图 Allow Form View	是否允许窗体视图

续表

中（英）文属性名	描述与选项
允许数据表视图 Allow Datasheet View	是否允许数据表视图
允许数据透视表视图 Allow PivotTable View	是否允许数据透视表视图
允许数据透视图视图 Allow PivotChart View	是否允许数据透视图视图
允许布局视图 Allow Layout View	是否允许布局视图
图片 Picture	用来输入整个窗体背景的位图文件名
图片平铺 Picture Tiling	确定图片是否平铺
图片对齐方式 Picture Alignment	确定图片对齐方式。选项为：（1）左上：以窗体左上角对齐；（2）右上：以窗体右上角对齐；（3）中心（默认）：以窗体中心对齐；（4）左下：以窗体左下角对齐；（5）右下：以窗体右下角对齐；（6）窗体中心：水平方向为窗体中心，垂直方向为保护窗体最上和最下部分控件在内的中心
图片类型 Picture Type	确定图片是嵌入还是链接。选项为：（1）嵌入：图片嵌入窗体，是数据库文件的一部分；（2）链接：图片被链接到窗体，Access 仅存放图片位置，每次窗体打开时，检索图片
图片缩放模式 Picture Size Mode	确定图片怎样显示。选项为：（1）剪辑：按图片实际大小显示；（2）伸拉：调整图片大小适应窗体的大小（非比例调整）；（3）缩放：调整图片大小适应窗体的大小（比例调整），这可能导致图片在水平或垂直方向不适合窗体大小；（4）水平伸拉：调整图片大小适应窗体的水平大小（非比例调整）；（5）垂直伸拉：调整图片大小适应窗体的垂直大小（非比例调整）
宽度 Width	显示窗体宽度值
自动居中 Auto Center	窗体打开时是否处于屏幕中心
自动调整 Auto Resize	窗体打开时，是否显示一条完整记录
边框样式 Border Style	确定窗体边界样式。选项为：（1）无：无边界或边界元素（如：滚动条、导航按钮）；（2）细边框：细的边框，不可调整大小；（3）可调边框：正常窗体设置；（4）对话框边框：厚边框，用于对话框
记录选择器 Record Selectors	确定垂直记录选择器是否显示
导航按钮 Navigation Buttons	确定导航按钮是否显示
导航标题 Navigation Caption	获取或设置出现在窗体导航按钮左侧的文本。其为可读写 String 类型。
分割线 Dividing Lines	确定窗体节之间的线条是否显示

续表

中（英）文属性名	描述与选项
滚动条 Scroll Bars	确定滚动条显示方式。选项为：（1）两者均无：滚动条不显示；（2）只水平：仅显示水平滚动条；（3）只垂直：仅显示垂直滚动条；（4）两者都有：同时显示水平和垂直滚动条
控制框 Control Box	确定控制菜单是否有效
关闭按钮 Close Button	确定窗体右上角的“关闭”按钮是否显示
最大/小化按钮 Min/Max Buttons	确定“最大”和“最小”按钮是否显示在窗体上。选项为：（1）无：不显示按钮；（2）最小化按钮：仅显示最小化按钮；（3）最大化按钮：仅显示最大化按钮；（4）两者都有：最小化和最大化按钮均显示
可移动的 Moveable	确定窗体是否可以移动
分割窗体大小 Split Form Size	分割窗体中，窗体部分大小
分割窗体方向 Split Form Orientation	确定窗体在分割窗体视图中的数据表的位置。选项为：（1）数据库表在上；（2）数据库表在下；（3）数据库表在左（4）数据库表在右
分割窗体分割条 Split Form Splitter Bar	确定分割窗体上是否存在分割条
分割窗体数据表 Split Form Datasheet	确定分割窗体中的数据表是否允许编辑。选项为：（1）允许编辑；（2）只读
分割窗体打印 Split Form Printing	确定分割窗体的哪一节将被打印。选项为：（1）仅表单；（2）仅数据表
保存分割条位置 Save Splitter Bar Position	确定是否保存分割条位置
子数据表展开 Sub-datasheet Expanded	确定表或查询中，所有子数据表被保存状态是否展开。选项为：（1）是：子数据表被保存状态展开。（2）否：子数据表被保存状态关闭
子数据表高度 Sub-datasheet Height	展开子数据表时，确定其高度
网格线 X 坐标 Grid X	当 X 网格显示时，显示网格线 X 坐标每英寸的点阵数
网格线 Y 坐标 Grid Y	当 Y 网格显示时，显示网格线 Y 坐标每英寸的点阵数
打印布局 Layout for Print	确定窗体使用屏幕字体还是打印机字体。选项为：（1）是：打印机字体；（2）否：屏幕字体
方向 Orientation	选项为：（1）从左到右；（2）从右到左

表 8-11 窗体“数据”属性

中（英）文属性名	描述与选项
记录源* Record Source	确定窗体所显示数据的来源，或当建立一条新记录时，该记录数据的存放位置。可以是表或查询。窗体的“记录源”属性与控件的“控件来源”属性有对应关系
记录类型* Recordset Type	用来确定涉及多表的窗体能否更新。选项为：(1) 动态集：仅默认表的字段控件能够编辑；(2) 动态集（不一致的更新）：所有表的字段可以编辑。(3) 快照：没有字段可以编辑（实际为只读）
抓取默认值 Fetch Defaults	确定默认值是否应该检索
筛选 Filter	当一个筛选器被应用到窗体时，筛选器将确定显示的记录子集。可以使用窗体的宏或 VBA 设置
加载时的筛选器 Filter on Load	是否在窗体/报告启动时加载筛选器
排序依据 Order by	说明数据显示排序的字段或字段组合
加载时的排序方式 Order by on Load	是否在窗体/报告启动时加载排序
数据输入 Data Entry	是否窗体打开到一条新的空白记录，且不显示任何已保存的记录
允许添加 Allow Additions	是否允许用户添加记录
允许删除 Allow Deletions	是否允许用户删除记录
允许编辑 Allow Edits	是否允许用户编辑记录
允许筛选 Allow Filters	是否允许用户筛选记录
记录锁定 Record Locks	确定窗体上默认多用户记录加锁方式。选项为：(1) 不锁定：仅保存时，记录加锁；(2) 所有记录：当使用窗体时，整个窗体记录加锁。(3) 已编辑的记录：仅当前被编辑的记录加锁

表 8-12 窗体“其他”属性

中（英）文属性名	描述与选项
弹出方式 Pop Up	窗体是否为浮动于其他所有对象上的弹出方式
模式 Modal	用来确定是否必须关闭窗体才能够操作其他窗体。当模式设置为真时，其他窗体无法激活。当“弹出方式”设置为“是”时，模式关闭菜单和工具栏，创建一个对话窗体
循环 Cycle	当焦点在记录的最后一个字段时，确定【Tab】键如何工作。选项为：(1) 所有记录：从一条记录的最后字段移动到下一条记录；(2) 当前记录：从一条记录的最后字段移动到该一条记录的第一个字段；(3) 当前页：从一条记录的最后字段移动到当前页的第一字段

续表

中（英）文属性名	描述与选项
功能区名称 Custom Ribbon ID	打开窗体时，载入的定制功能区名称
工具栏 Toolbar	使用这个属性说明本窗体的工具栏
快捷菜单 Shortcut Menu	确定是否快捷菜单（右击）激活
菜单栏 Menu Bar	用来说明替换的菜单栏
快捷菜单栏 Shortcut Menu Bar	指定一个定制的快捷菜单
帮助文件 Help File	与窗体对应的帮助文件名称
帮助文件 ID Help Context Id	将显示的帮助文件上下文感知的 ID
内含模块 Has Module	使用该属性来说明窗体是否有类模块。设置为“否”可以增加性能和减少数据库大小
使用默认纸张大小 Use Default Paper Size	打印时是否使用默认纸张设置
快速激光打印 Fast Laser Printing	是否线和矩形打印规则
标签 Tag	用来存放窗体的额外信息

2. 常见方法

表 8-13 列出了 Access 常见方法，其中标记了“*”的为后面使用的方法。

表 8-13　Access 常见方法

方法名称	含义
AddItem* （RemoveItem）	AddItem 将一个条目加入到列表框或组合框（RemoveItem 将一个条目从列表框或组合框中删除），适用于列表框、组合框
Move	将一个对象位置从一个地方移动到另一个地方。Move(Left, Top, Width, Height)。适用于复选框、组合框、命令按钮、窗体、标签、列表框、单选按钮、选项组、选项卡、文本框、页、报表
Refresh	Refresh 方法用于立即更新特定窗体或数据表的基础数据源中的记录，以反映在多用户环境下某个用户或其他用户对数据的更改。适用于窗体
Repaint	Repaint 方法用于完成指定窗体还没有实现的屏幕更新。如果在窗体上执行，Repaint 方法还完成该窗体上控件的任何还没有完成的重新计算任务。适用于窗体
Requery*	Requery 方法通过控件的数据源来更新基于活动窗体上的指定的数据。适用于复选框、组合框、命令按钮、窗体、页、报表、标签等对象。适用于复选框、组合框、命令按钮、窗体、标签、列表框、单选按钮、选项组、选项卡、文本框、页、报表

续表

方法名称	含义
SizeToFit	使用 SizeToFit 方法，可以调整控件的大小，使其能够容纳所包含的文本或图像。适用于复选框、组合框、命令按钮、窗体、标签、列表框、单选按钮、选项组、选项卡、文本框、页、报表
SetFocus	SetFocus 方法将焦点移到特定的窗体、活动窗体上特定的控件，或者活动数据表的特定字段上。适用于复选框、组合框、命令按钮、窗体、列表框、单选按钮、选项组、文本框、页、报表
Undo	在控件或窗体的值发生更改时，可使用 Undo 方法进行重置。适用于复选框、组合框、窗体、列表框、选项组、文本框、页、报表

3. 常见事件

我们知道，一个事件功能与 VBA 过程相同，只是事件的触发方式不同。事件触发是由于用户操作导致相应事件被触发。例如，如果对一个命令按钮的 Click（单击）事件编写了程序代码，当用户单击这个命令按钮时，这些程序代码将被执行。表 8-14 给出了窗体常见事件，表 8-15 给出了窗体数据事件，表 8-16 给出了窗体鼠标和键盘事件，表 8-17 给出了控件常见事件。

表 8-14　窗体常见事件

事件名称	事件触发时机
Open	当窗体打开，但第一条记录尚未显示之前，Open 事件发生
Load*	当窗体被调入内存但还未打开之前，Load 事件发生
Resize	当改变窗体大小时，Resize 事件发生
Unload*	当窗体被关闭且记录已卸载，但窗体从屏幕移除之前，Unload 事件发生
Close	当窗体关闭且从屏幕移除时，Close 事件发生
Activate	当一个打开的窗体收到焦点变成活动窗体时，Activate 事件发生
Deactivate	将另一个的窗体变成活动窗体，但当前窗体在失去焦点前时，当前窗体 Deactivate 事件发生
GotFocus	当一个窗体没有激活或可用的控件得到焦点时发生
LostFocus	当窗体失去焦点时发生
Timer	当指定的时间间隔到达时发生。时间间隔单位为毫秒
BeforeScreenTip	当屏幕提示功能激活时发生

表 8-15　窗体数据事件

事件名称	事件触发时机
Current	当焦点移到一条记录上，使它成为当前记录时发生，或者当刷新或重新查询窗体时，Current 事件发生
BeforeInsert	在用户在新记录中键入第一个字符后，但在实际创建该记录之前， BeforeInsert 事件发生
AfterInsert	在新记录被追加到数据表之后，AfterInsert 事件发生
BeforeUpdate	在更改的数据被更新到记录前，BeforeUpdate 事件发生
AfterUpdate	在更改的数据被更新到记录后，AfterUpdate 事件发生
Dirty	当记录被修改时，Dirty 事件发生
Undo	当用户将窗体返回干净状态（记录集返回到未修改状态）时，Undo 事件发生，即将记录由 Dirty 修改为非 Dirty

续表

事件名称	事件触发时机
Delete	当记录被删除但在记录被真正删除前，Delete 事件发生
BeforeDelConfirm	在“删除对话框”即将显示之前，BeforeDelConfirm 事件发生
AfterDelConfirm	在“删除对话框”中选择“确定”删除后，AfterDelConfirm 事件发生
Error	如果在窗体拥有焦点时 Microsoft Access 中产生了一个运行时错误，则 Error 事件发生
Filter	当用户通过单击“按窗体筛选”、“高级筛选/排序”或“按窗体服务器筛选”来打开筛选窗口时，Filter 事件发生
ApplyFilter	对窗体应用筛选器时，ApplyFilter 事件发生

表 8-16 窗体鼠标和键盘事件

事件名称	事件触发时机
Click*	当单击窗体上的控件时，Click 事件发生
DblClick*	当双击窗体上的控件时，DblClick 事件发生
MouseDown	当鼠标指针在窗体上，按下任意鼠标键时，MouseDown 事件发生
MouseMove	当鼠标指针在窗体中移动时，MouseMove 事件发生
MouseUp	当鼠标指针在窗体上，释放任意鼠标键时，MouseUp 事件发生
MouseWheel	当滚动鼠标滚轮时，MouseWheel 事件发生
KeyDown	当用户在窗体或控件获得焦点的情况下按下某个键时，将发生 KeyDown 事件。在宏中使用 SendKeys 操作或在 Visual Basic 中使用 SendKeys 语句将键击发送到窗体或控件时，也会发生此事件
KeyUp	当窗体或控件具有焦点时，如果用户释放某个键，则 KeyUp 事件发生。在宏中使用 SendKeys 操作或在 Visual Basic 中使用 SendKeys 语句将键击发送到窗体或控件时，也会发生此事件
KeyPress	在窗体具有焦点的情况下，当用户按下并释放一个对应于 ANSI 代码的键或组合键时，将发生 KeyPress 事件。如果在宏中使用 SendKeys 操作或在 Visual Basic 中使用 SendKeys 语句将 ANSI 键击发送到窗体或控件，也将发生该事件

表 8-17 控件常见事件

事件名称	事件触发时机
BeforeUpdate	在控件中改变的数据被更新到数据表之前发生
AfterUpdate	在控件中改变的数据被更新到数据表之后发生
Dirty	当窗体内容、组合框内容、选项卡控件内容被改变时发生
Undo	当窗体返回到为改变状态时发生
Change*	当文本框或组合框内容改变时发生
Updated*	当一个 ActiveX 控件的数据已经被时发生
NotInList	当输入一个组合框中不存在的值时发生
Enter	当控件从其他控件处获得焦点时发生
Exit	当控件的焦点即将移动到其他控件之前发生
GotFocus	当非激活或有效的控件获得焦点时发生
LostFocus	当控件失去焦点时发生
Click*	当鼠标单击控件时发生。单击通常是指鼠标左键的一次按下和抬起

续表

事 件 名 称	事件触发时机
DblClick*	当鼠标双击控件（或标签）时发生
MouseDown	当鼠标指针指向控件时，鼠标的一个键被按下时发生
MouseMove	当鼠标指针被移动到控件上方时发生
MouseUp	当鼠标指针指向控件时，鼠标的一个键被释放时发生
KeyDown	当控件获得焦点或宏 SendKeys 被使用时，键盘中任何键被按下时发生
KeyPress	当控件获得焦点或宏 SendKeys 被使用时，键盘中任何键被按下且抬起时发生
KeyUp	当控件获得焦点或宏 SendKeys 被使用时，键盘中任何键被抬起时发生

4. 事件发生的顺序

有时，用户一个非常简单的操作，将导致多个事件按先后顺序快速发生。例如，用户每次敲击键盘就导致 KeyDown、KeyPress 和 KeyUp 事件发生。同样，单击鼠标操作除导致 Click（单击）事件发生，还导致 MouseDown 和 MouseUp 事件发生。对用户操作触发的事件，VBA 程序员必须小心地将相应事件处理代码放置正确事件过程中，否则，编写的程序将得不到期望的效果。实际上，如果多个事件时，这些事件发生的顺序不会以随机次序发生，它们有固定的顺序。下面给出其触发顺序。

1）窗体打开与关闭操作时，事件发生顺序

（1）当窗体打开时，事件发生顺序：

Open (窗体) → Load (窗体) → Resize (窗体) → Activate (窗体) → Current(窗体) → Enter (控件) → GotFocus (控件)

（2）当窗体关闭时，事件发生顺序：

Exit (控件) → LostFocus (控件) → Unload (窗体) → Deactivate (窗体) →Close (窗体)

2）焦点改变时，事件发生顺序

（1）当焦点从一个窗体移动到另一个窗体时，事件发生顺序：

Deactivate (窗体 1) → Activate (窗体 2)

（2）当焦点移动到一个窗体控件时，事件发生顺序：

Enter (控件)→ GotFocus(控件)

（3）当焦点离开一个窗体控件时，事件发生顺序：

Exit (控件)→ LostFocus(控件)

（4）当焦点从一个控件移动到另一个控件时，事件发生顺序：

Exit (控件 1) → LostFocus (控件 1) → Enter (控件 2) → GotFocus (控件 2)

（5）当焦点离开一条数据已经改变的记录，但在进入下一条记录前，事件发生顺序：

BeforeUpdate (窗体) → AfterUpdate (窗体) → Exit (控件) → LostFocus(控件) → Current (窗体)

8.2.3　VBA 面向对象编程常见操作方法

下面给出面向对象编程中常见的界面设计和事件编程方法。

关于界面设计中窗体控件放置（对齐）、【Tab】键次序设置和属性设置等问题参见第 4 章。

1. 事件编写代码

如果要对某个对象的某个事件编写程序，有两种方法。

（1）将窗体切换到设计视图，选中需编写程序的对象，在其属性窗口选择事件，再单击其后面的按钮，在出现的“选择生成器”对话框中，选择代码生成器后，单击“确定”按钮，即可进入已经选择了事件的 VBE 编程界面，如图 8-26 所示。

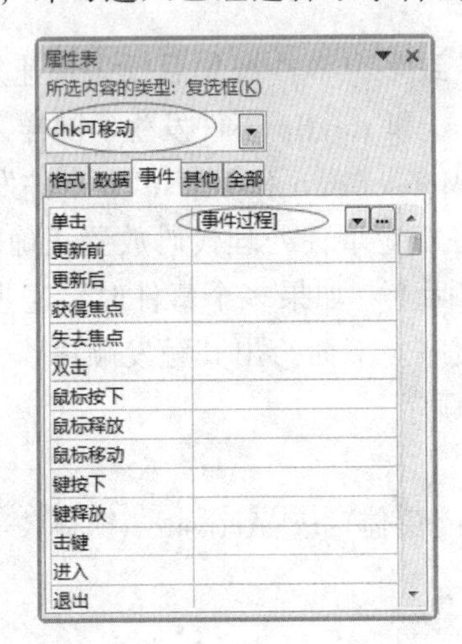

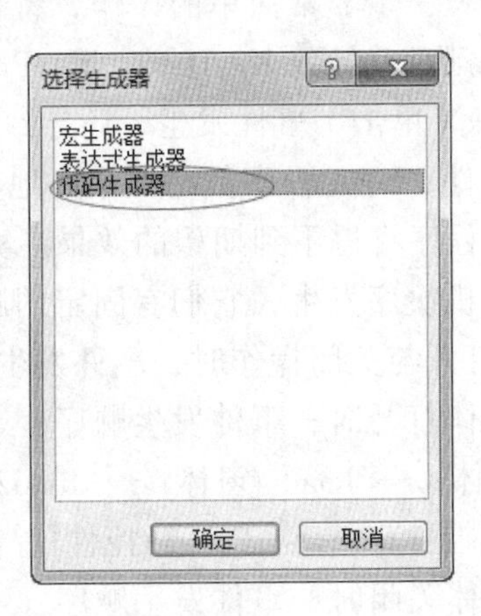

图 8-26　事件编写方法一

（2）进入 VBE 编程界面，在代码窗，选择需编写程序的对象（本例为“chk 可移动”），再选择需编写程序的事件（本例为 Click），即可进入已经选择了事件的程序编写，如图 8-27 所示。

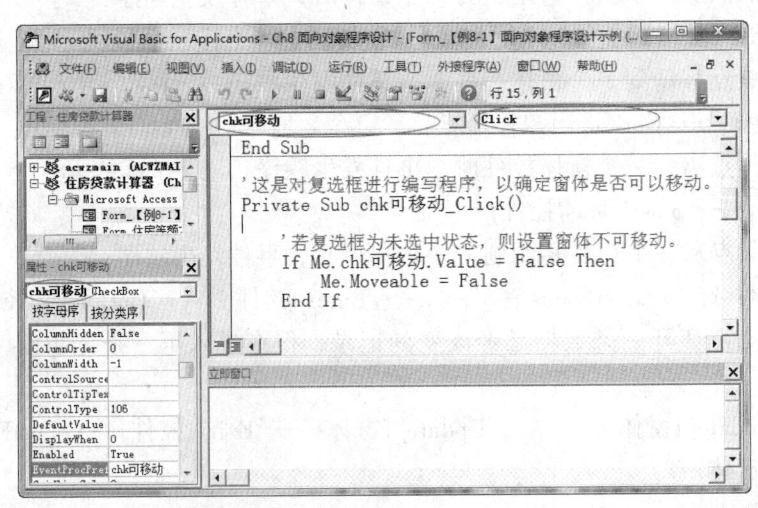

图 8-27　事件编写方法二

2. 查看对象实例所属的类

在 VBE 环境中，属性窗口的组合框给出对象名称的同时（本例为“chk 可移动”），后面有该控件所属类名称（本例为 CheckBox），如图 8-28 所示。

3. 查看类所属的文件或引入无源码其他类库

查看类所属的文件的方法是进入 VBE 环境，单击“工具”|“引用”命令，在打开的“引用”对话框中，选择列表框中引用库，下面的提示文字给出了该库所在文件位置，如图 8-29 所示。

若要引入其他无源码控件（类库），可以选中图 8-29 左侧列表框中的复选框。

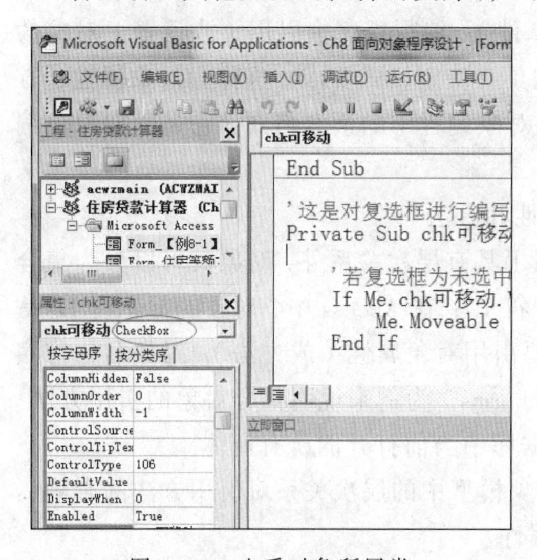

图 8-28 查看对象所属类

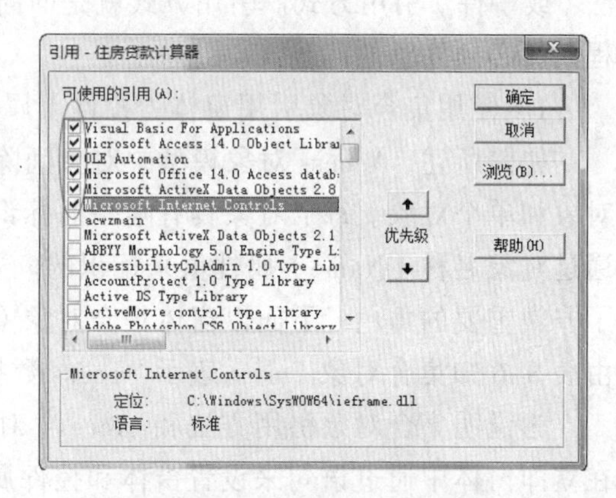

图 8-29 “引用“对话框

8.2.4 Access VBA 面向对象编程方法

为了便于读者理解 VBA 面向对象编程方法，这里列出了 VBA 常见面向对象编程的方法。重点是对象属性值的引用和重新赋值，以及对象方法（或事件）的触发引用格式。

1. 类实例化为对象方法

由于初级阶段的编程不涉及用户自己定义类，窗体类实例化为窗体对象的过程是新建窗体，用户在窗体设计视图将控件放入窗体的过程就是将该控件实例化为对象的过程。

如果用户定义了自己的类，Access VBA 有两种方法实例化对象。

方法一：

```
Dim 对象实例名 As New 类名
```

例如，语句 Dim appAccess As New Access.Application 就是将 Access.Application 类实例化为 appAccess 对象。

方法二：

```
'首先定义为 Object 类型
Dim 对象实例名 As Object
```

```
'再使用 CreateObject 创建对象
Set 对象实例名 = CreateObject("类名")
```

2. 对象属性、方法（或事件）引用方式

当用户创建窗体时，通常在窗体上放置不同对象，如文本框、标签、复选框、组合框和命令按钮等，这些对象通常绑定了数据表中的字段。当这些对象被在放置在窗体时，Access 给每一个对象“名称”属性分配一个默认值。名称属性的取值被用来标识这些对象，并且所有这些对象的标识名称是唯一的。这些对象具有自己的属性和方法（或事件）。面向对象编程中，对象间交互的程序编写，就是修改（设置）对象属性值或者调用对象编写了代码的方法（或事件）。编写程序中引用（或设置）对象的属性格式及调用对象方法（或事件）格式均具有特定格式要求。这称为对象属性、方法（或事件）**引用方式**。引用方式就是面向对象编程中的消息格式，它是面向对象编程人员必须注意的问题。

1）使用集合对象引用窗体（控件）属性和方法

如前所述，Access 对象模型中对象间除了具有层次关系外，对象又可以分为集合对象和单个对象。每个对象具有唯一的标识符 ID，在 Access 中，对象的标识符 ID 是通过对象名称（Name）属性值来标识的。要引用对象属性（或方法），对象名称扮演了非常重要的角色。下面以窗体集合对象（Forms）为例来说明集合对象的引用方法。由表 8-6 知集合对象 Forms 表示 Access 数据库中当前打开的所有窗体。

为说明集合对象引用方法和 Access 对象模型中的层次关系对引用方法的影响，在立即窗体中通过语句来设置窗体和控件属性。

【例 8-2】在立即窗口通过集合对象引用方法，设置例 8-1 中的窗体和控件对象属性。

为便于理解，将例 8-1 中的对象名称重复列于此，如表 8-18 所示。

表 8-18 例 8-1 中的对象实例名及所属的类

窗体对象界面元素	对象实例名称	对象所属的类	对象事件
窗体	Form	窗体	Load
☑	chk 可移动	复选框	Click
文字“可移动”	Label1	标签	
◉	opt 中文	选项按钮	Click
文字“面向对象程序设计示例”	Label3	标签	
○	opt 英文	选项按钮	Click
文字“A Demonstration for Object-Oriented Program”	Label5	标签	

具体操作步骤如下：

（1）打开例 8-1 窗体，使窗体处于设计视图状态，并打开“属性”窗口。

（2）下面为设置窗体属性示例。在立即窗体输入：

```
forms("【例 8-1】面向对象程序设计示例").Caption = "设置的窗体属性"
```

查看窗体“标题”属性，可以看到其值为“设置的窗体属性”，如图 8-30 所示。

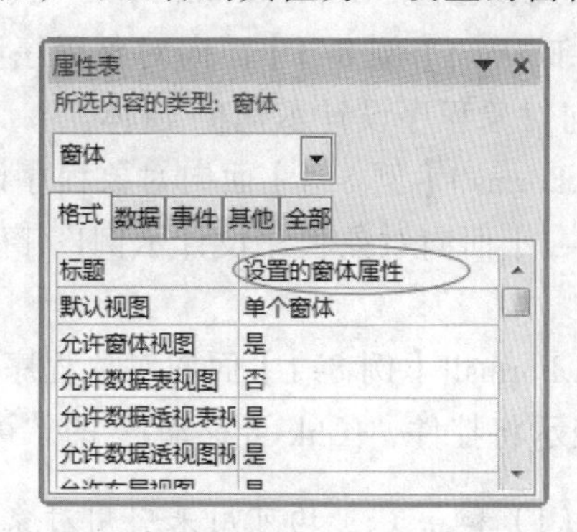

图 8-30 立即窗体通过集合引用方法修改窗体属性效果

再输入语句：

```
forms![【例 8-1】面向对象程序设计示例].Caption = "设置的窗体属性 2"
```

查看窗体“标题”属性，可以看到为“设置的窗体属性 2”。

（3）下面为设置控件属性示例。在立即窗体输入：

```
forms("【例 8-1】面向对象程序设计示例").Controls("Label1").Caption = "设置的控件属性"
```

可以看到，原来的“可移动”变为“设置的控件属性”。

```
forms("【例 8-1】面向对象程序设计示例").Controls("Label1").forecolor = rgb(255,0,0)
```

结果将标签 Label1 前景色改为红色。

```
forms("【例 8-1】面向对象程序设计示例").Controls("Chk 可移动").Enabled = False
```

上述语句将“可移动”复选框改为“不可用”。

```
forms![【例 8-1】面向对象程序设计示例].Controls![Chk 可移动].Enabled = True
```

上述语句将“可移动”复选框改为“可用”。下面是相同功能的语句，它从 Application 开始引用。

```
Application.Forms![【例 8-1】面向对象程序设计示例].Controls("Chk 可移动").Enabled = true
Application.Forms![【例 8-1】面向对象程序设计示例].Controls![Chk 可移动].Enabled = false
```

虽然可以在立即窗口采用集合引用方式设置窗体或控件属性的值，但窗体或控件的属性通常在属性窗口直接设置。例 8-2 中的设置方法通常在程序中来实现。后面的例子均在程序中设置窗体或控件属性和方法（或事件）。

为分析说明例 8-2 思路，要点是 Access 对象模型中对象的层次关系与引用它们属性和方法（或事件）的联系。图 8-31 给出了部分 Access 对象模型的层次关系。

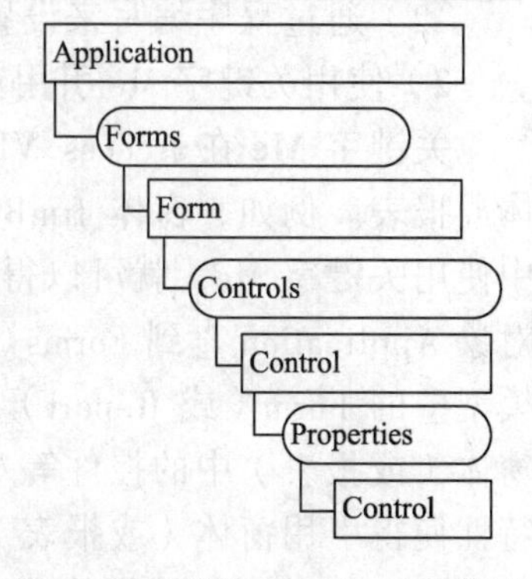

图 8-31 部分 Access 对象模型

（1）语句“Application.Forms![【例 8-1】面向对象程序设计示例].Controls![Chk 可移动].Enabled = false”表

示引用 Access 对象模型中的顶级对象 Application。

（2）语句“Application.Forms![【例 8-1】面向对象程序设计示例]”表示引用窗体集合中的“[【例 8-1】面向对象程序设计示例]”窗体。

（3）语句“Application.Forms![【例 8-1】面向对象程序设计示例].Controls![Chk 可移动]”表示引用“[【例 8-1】面向对象程序设计示例]”窗体中控件集合中的“[Chk 可移动]”控件。

（4）语句“Application.Forms![【例 8-1】面向对象程序设计示例]. Controls ![Chk 可移动].Enabled = false”表示将控件“[Chk 可移动]”的“可用”属性置为 False。

注意：VBA 中感叹号（!）和点（.）均可用来引用对象的属性或控件对象，为不混淆这两个符号的使用，一般遵循：凡 Access 系统命名的名称，使用点（.）符号来引用它；凡编程人员命名名称的对象，使用感叹号（!）符号来引用它。例如，设置窗体属性或控件属性时使用点（.）；引用窗体中的控件时使用感叹号（!）。

表 8-19 以 Forms 集合对象为例说明三种引用形式来引用集合中某个具体对象的方法。

表 8-19　集合对象引用方式

引用方式	引用含义
Forms(0)	使用下标方式引用集合中的对象。
Forms("Form_Name")	使用窗体名称方式引用集合中的对象。这里 Form_Name 可以使用[]括起
Forms!Form_Name	使用运算符!方式引用集合中的对象，这里 Form_Name 可以使用[]括起

对象属性设置一般格式：

```
Application.<上一级（集合）对象>! <下一级（集合）对象>.属性名 = 值
```

对象方法（或事件）调用一般格式：

```
Application.<上一级（集合）对象>! <下一级（集合）对象>.方法（或事件）
```

Access 对象的属性数据设置有两种方法：

（1）在设计时刻设置属性，即选中需设定属性的对象，再通过属性对话框直接修改属性值。

（2）通过程序编写来设置对象属性值，即程序运行时设置对象属性。

2）使用关键字 Me 引用窗体（控件）属性和方法

关键字 **Me** 在 Access VBA 中是非常特殊的关键字，它表示当前代码正在运行窗体或报表。例如，窗体 frmBusiness 中有程序代码，则任何时候只要在这些程序代码中使用关键字 Me，就可以得到对 frmBusiness 的引用。即 Me 关键字省略了从最顶级对象 Application 直到 Forms（或 Reports）间的所有对象，关键字 Me 就是 Access 对象模型中的 Form（或 Report）对象。因此，使用关键字 Me 需要注意，Me 仅可以引用窗体（或报表）中的控件等对象，它不能够引用当前激活或可见的窗体。Me 的这种特性使得引用窗体（或报表）中的控件非常方便。

VBA 窗体属性设置格式一般形式：

```
Me.<属性名> = 值
```

VBA 控件属性设置格式一般形式：

```
Me!<控件名>.<属性名> = 值
```

不同于 Access 对象属性设置方法，Access 对象的方法（或事件）调用方法只能够程序运行时调用。但与对象属性设置方法类似，对象的方法（或事件）引用采用下列格式。

VBA 窗体方法（或事件）调用一般格式：

```
Me.<方法（或事件）>
```

VBA 控件方法（或事件）调用一般格式：

```
Me!<控件名>.<方法（或事件）>
```

【例 8-3】VBA 中控件的属性引用和设置方法示例。

```
'这是对复选框进行编写程序，以确定窗体是否可以移动
Private Sub Chk可移动_Click()
    '若复选框为未选中状态，则设置窗体不可移动
    If Me.Chk可移动.Value = False Then
       Me.Moveable = False
    End If
    '若复选框为选中状态，则设置窗体可移动
    If Me.Chk可移动.Value = True Then
       Me.Moveable = True
    End If
End Sub
```

3. 释放或删除对象实例

控件被放置在窗体或报表上，引用控件的方法是使用关键字 Me。如果不需要使用对象时，应将对象释放，以便释放对象占用的内存空间。

对象释放方法为：

```
Me!对象实例名 = Null
```

另一种删除控件的方法是：

```
Set 对象实例名 = Nothing
```

4. 对象遍历语句 With

语法：

```
With Object
    [语句块]
End With
```

功能：在一个单一对象或一个用户定义类型上执行一系列的语句。

说明：

（1）Object 是一个对象或用户自定义类型的名称，它是必选参数。[语句块]表示要执行在 object 上的一条或多条语句。

（2）With 语句可以对某个对象执行一系列的语句，而不用重复指出对象的名称。例如，要改变一个对象的多个属性，可以在 With 控制结构中加上属性的赋值语句，这时候只是引用对象一次而不是在每个属性赋值时都要引用它。下面的例子显示了如何使用 With 语句来给同一个对象的几个属性赋值。

```
With MyLabel
    .Height = 2000
```

```
    .Width = 2000
    .Caption = "This is MyLabel"
End With
```

说明：

（1）当程序一旦进入 With 块，Object 就不能改变。因此不能用一个 With 语句来设置多个不同的对象。

（2）可以将一个 With 块放在另一个之中，而产生嵌套的 With 语句。但是，由于外层 With 块成员会在内层的 With 块中被屏蔽住，所以必须在内层的 With 块中，使用完整的对象引用来指出在外层的 With 块中的对象成员。

（3）一般来说，不要跳入或跳出 With 块。如果在 With 块中的语句被执行，但是 With 或 End With 语句并没有执行，则一个包含对该对象引用的临时变量将保留在内存中，直到退出该过程。

习　题

问答题

（1）什么是面向对象系统观？

（2）解释概念：类、对象、属性、方法、事件。

（3）面向对象编程中对象和类分别有哪些特性？

（4）讨论类和对象关系，说明初级面向对象编程的过程。

（5）VBA 中如何引用一个对象的属性和方法？关键字 Me 的功能是什么？

（6）Access 对象模型的功能是什么？Access 对象模型的层次关系在引用中如何反映？

（7）当窗体放置了控件时，讨论事件触发顺序。

（8）对话框的作用是什么？它可能包括哪些控件？

第 9 章 VBA 面向对象程序设计

前面我们已经知道，面向对象程序由对象和对象间的交互构成。图形化面向对象程序的设计过程包括：构造界面、命名控件、设置属性、编写事件代码这四个步骤。构造界面过程就是将文本框等类实例化为文本框对象，而编写事件代码就是描述对象间的交互，即对某个对象操作导致结果，则代码就写在该对象的某个事件中。本章将给出文本框、下拉列表框等控件的图形化程序的示例，并给出住房贷款的综合应用示例。

9.1 Access VBA 面向对象编程控件示例

【例 9-1】已知一元二次方程式为 $ax^2+bx+c=0$，求 x 的通解。

分析：根据中学相关数学知识知，输入是 a、b、c，输出是 x。其求解公式为 $x=\frac{-b\pm\sqrt{b^2-4ac}}{2a}$，$\Delta=b^2-4ac$，当 $\Delta\geqslant 0$ 有实数解。

在结构化程序中，其求解过程包含输入、求解和输出三步。其中，输入语句是 InputBox("提示信息")，输出语句是 Debug.Print 变量名。

完整的结构化程序如下：

```
Public Sub 一元二次方程求解()
    Dim strA As String, strB As String, strC As String
    Dim A As Double, B As Double, C As Double
    Dim delta As Double
    Dim X1 As Double, X2 As Double
    strA = InputBox("A=")
    strB = InputBox("B=")
    strC = InputBox("C=")
    A = Val(strA):   B = Val(strB):   C = Val(strC)
    delta = B ^ 2 - 4 * A * C
    If delta >= 0 Then
        X1 = (-B + Sqr(delta)) / (2 * A)
        X2 = (-B - Sqr(delta)) / (2 * A)
    Else
        X1 = "无实数解。"
        X2 = "无实数解。"
    End If
    Debug.Print "X1="; X1, "X2="; X2
End Sub
```

图形化界面的一元二次方程求解过程如下：

（1）新建一个 Access 数据库，再创建一个空白窗体。

（2）构造界面如图 9-1 所示。

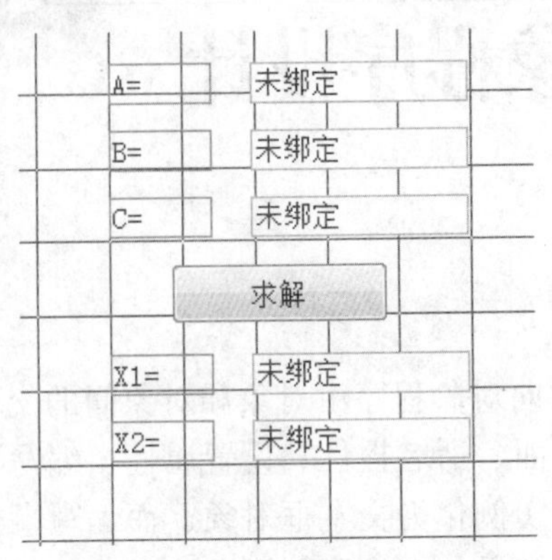

图 9-1　窗体界面

（3）控件名称如表 9-1 所示。

表 9-1　例 9-1 控件名称

界面元素	控件名称
“A=”标签对应的文本框	txtA
“B=”标签对应的文本框	txtB
“C=”标签对应的文本框	txtC
“求解”命令按钮	cmd 求解
“X1”标签对应的文本框	txtX1
“X2”标签对应的文本框	txtX2

由于窗体界面中，标签仅起信息提示作用，只需将其标题（Caption）属性改为界面提示字符串即可，在后面的例子中不再给出标签的控件名称和属性设置。

（4）由于本例中仅修改了标签属性的取值，因此无文本框和命令按钮的控件属性表。

（5）由于是单击“求解”命令按钮后才会输出结果，故代码需要写在“求解”命令按钮的 Click 事件中。代码编写如下：

```
Private Sub cmd求解_Click()
    Dim strA As String, strB As String, strC As String
    Dim A As Double, B As Double, C As Double
    Dim delta As Double
    Dim X1 As Double, X2 As Double
    strA = Me.txtA.Value
    strB = Me.txtB.Value
    strC = Me.txtC.Value
    A = Val(strA):    B = Val(strB):    C = Val(strC)
    delta = B ^ 2 - 4 * A * C
    If delta >= 0 Then
        X1 = (-B + Sqr(delta)) / (2 * A)
        X2 = (-B - Sqr(delta)) / (2 * A)
    Else
```

```
        X1 = "无实数解。"
        X2 = "无实数解。"
    End If
    Me.txtX1.Value = X1
    Me.txtX2.vlaue = X2
End Sub
```

（6）将窗体由设计视图更改为窗体视图后，输入$(x-2)(x-3)=0$方程对应的a、b、c取值，再单击“求解”命令按钮，程序运行结果如图9-2所示。

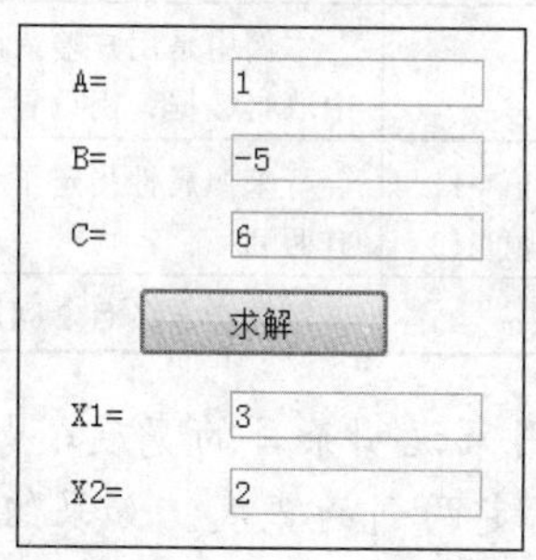

图9-2 一元二次方程运行结果

由上面的例子可以知道，文本框的Value属性既可作为输入、也可作为输出。

其输入格式是：变量名 = 文本框实例名.Value，输出格式则为：文本框实例名.Value =变量名。和文本框相同，单选按钮和复选框的Value属性也同样可作为输入、输出使用。

由于图形化界面其操作次序可能不同于结构化程序，因此其要求许多代码来修正用户不按要求输入时带来的问题。

【例9-2】组合框示例。

具体操作步骤如下：

（1）构造界面如图9-3所示。

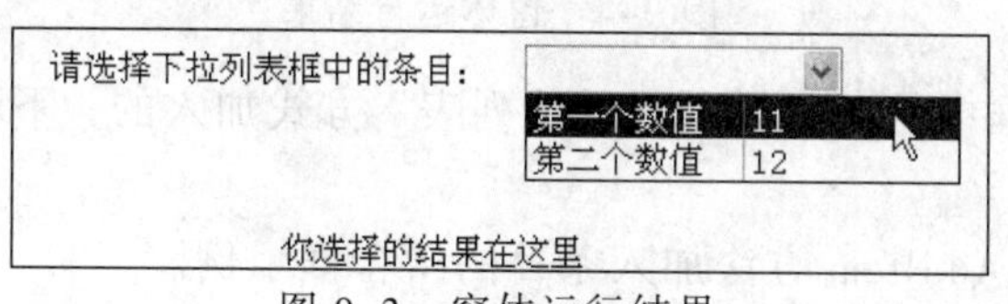

图9-3 窗体运行结果

（2）控件名称如表9-2所示。

表9-2 例9-2控件名称

界面元素	控件名称
标签“请选择组合框中的条目：”	Label1
标签“你选择的结果在这里”	Label2
组合框	Cbo组合框

由于窗体界面中，标签仅起信息提示作用，只需将其标题（Caption）属性改为界面提示字符串即可，在后面的例子中不再给出标签的控件名称和属性设置。

（3）控件属性设置如表 9-3 所示。

表 9-3　控件属性设置

控件名称	属　性	设 置 值	说　明
Cbo组合框	列数	2	表示组合框中有两列，其中第一列用来存放显示给用户的提示信息，第二列用来存放实际存储的数据
	绑定列	2	表示第二列为实际存储的数据，它可以通过 Value 属性取得
	行来源类型	值列表	本例中是用户输入的数据，故取“值列表”。如果从数据表中取得数据，则设置为“字段列表”或“表/查询”
	行来源	"第一个数值";11; "第二个数值";12	行来源属性指定了组合框条目取值，这里共 2 个，每个条目有两列
	列宽	2.5cm; 2.5cm	用来指定条目 2 列的宽度

说明：组合框属性“列宽”用来说明条目的宽度，如果设置“列数”为 2，则可以使用如“2.5cm; 2.5cm”的方式来指定两列的宽度。如果组合框属性“列宽”设置为“2.5cm; 0cm”则只能够看见第一列的内容，第二列的内容不显示在组合框中。

（4）代码编写如下：

对组合框的“Chang（更改）”事件编写代码。

```
Private Sub Cbo组合框_Change()
   Me.Label2.Caption = Me.Cbo组合框.Value
End Sub
```

（5）单击组合框，选择“第二个数值”，程序运行结果如图 9-4 所示。

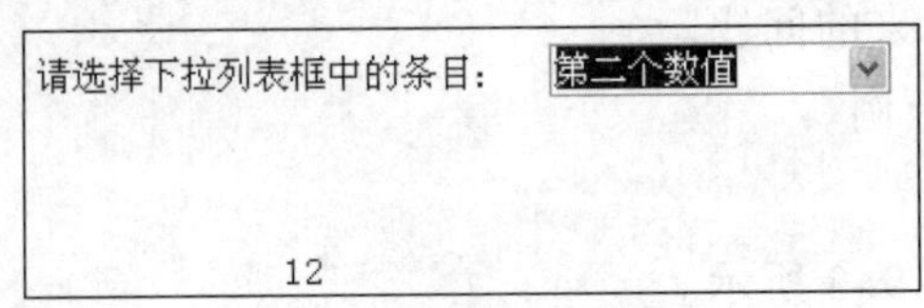

图 9-4　窗体运行结果

例 9-2 中组合框中的条目是通过“值列表”方式加入的，下面使用 Additem 方法来加入条目。

【例 9-3】使用 AddItem 方法加入条目的组合框示例。

具体操作步骤如下：

（1）构造界面如图 9-5 所示。

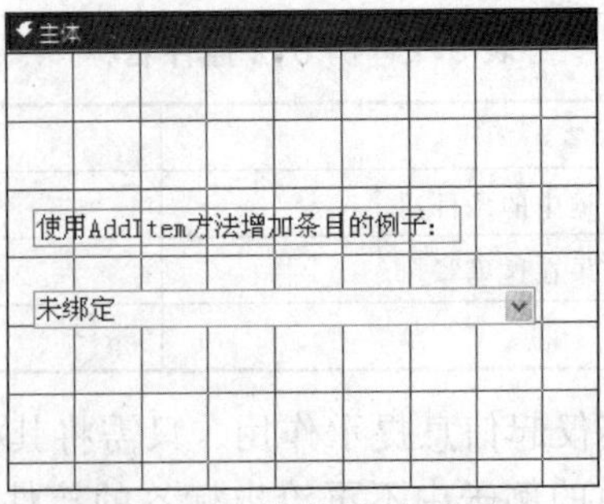

图 9-5　窗体设计界面

（2）控件名称如表 9-4 所示。

表 9-4　例 9-3 控件名称

界面元素	控件名称
标签“使用 AddItem 增加条目的例子：”	Label
组合框	Cbo 组合框

（3）控件属性设置如表 9-5 所示。

表 9-5　控件属性设置

控件名称	属性	设置值	说明
Cbo 组合框	列数	2	表示组合框中有两列，其中第一列用来存放显示给用户的提示信息，第二列用来存放实际存储的数据
	绑定列	2	表示第二列为实际存储的数据，它可以通过 Value 属性取得
	行来源类型	值列表	本例中是用户输入的数据，故取“值列表”。如果从数据表中取得数据，则设置为“字段列表”或“表/查询”

（4）代码编写如下：

对窗体的“Load（载入）”事件编写代码。

```
Private Sub Form Load()
    '使用循环构造 10 个条目，每个条目有两列，“绑定列”属性设置为第 2 列
    Dim i As Integer
    For i = 1 To 10
        Me.Cbo 组合框.AddItem "第" & Trim(Str(i)) & "个条目显示;" & Str(i)
                                    '符号;用来分割两列的数值。
    Next
    Me.Cbo 组合框.DefaultValue = Me.Cbo 组合框.ItemData(5)
                                    '选中第六个条目，计数从 0 开始
End Sub
```

（5）将窗体切换到窗体视图，结果如图 9-6 所示。

图 9-6　运行结果一

如果单击组合框，结果如图 9-7 所示。

图 9-7　运行结果二

9.2 数据库编程中的 DAO 对象模型和 DoCmd 对象

9.2.1 DAO 对象模型

DAO（Data Access Object，数据访问对象）**对象模型**是 VBA 访问和操作 Access 数据库的面向对象编程接口。DAO 的优点是非常容易使用，它非常适合初学者学习通过编程方式来访问数据库。但 DAO 技术是比较陈旧的数据库访问技术。通常，DAO 技术被用来编程访问对速度要求不高和用户人数有限的本地数据库。比 DAO 数据库方法更好的技术是微软的 ADO（ActiveX Database Object）数据库访问方法。

和 Access 对象模型类似，DAO 模型也是层次模型，其包含了集合对象和单个对象。层次模型和集合对象都是引用对象时必须注意的事项，其和 Access 对象模型相同。

要使用 DAO 编写程序，必须打开 VBE，在“工具”|“引入…”中，引入 Microsoft Office 14.0 Access database engine Object Library，它位于 C:\Program Files(x86)\Common Files\Microsoft Shared\OFFICE12\ACEDAO.DLL 中，如图 9-8 所示。文件名 ACE 表示 Access Connectivity Engine。DAO 对象模型如图 9-9 所示。

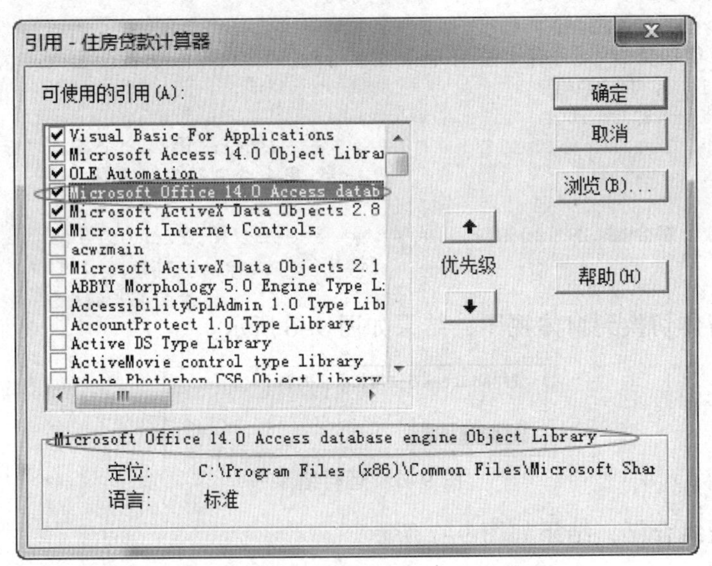

图 9-8 DAO 引入

每个 DAO 对象是属性和方法的封装体，其顶部对象是 DBEngine 对象，它是唯一不被其他对象包含的数据访问对象；DBEngine 对象有 Workspace 集合，该集合含有一个或多个工作区（Workspace 对象）；每个 Workspace 对象有一个 Databases 集合，该集合含有一个或多个数据库（Database 对象）；每个 Database 对象含有一个 RecordSets 集合，该集合有一个或多个 RecordSet 对象；等等。

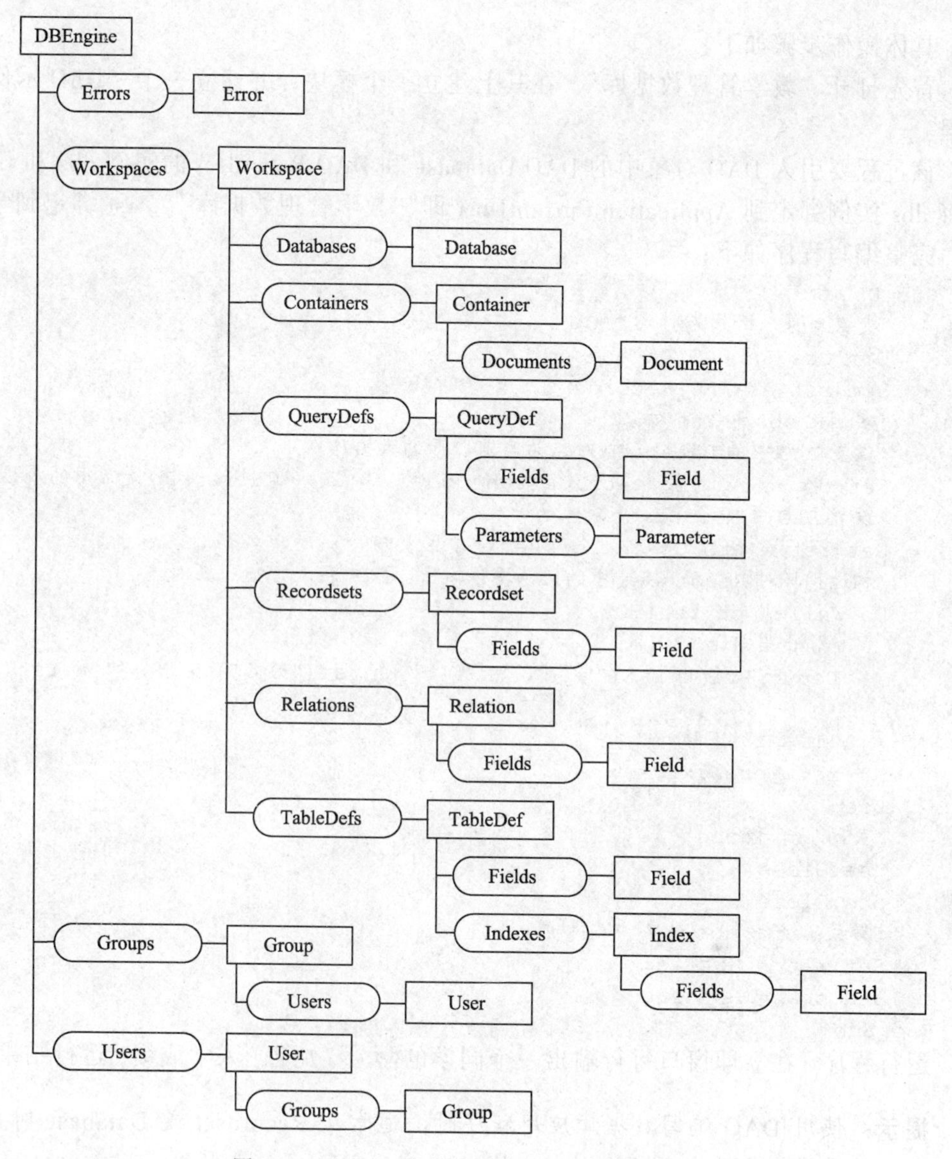

图 9-9　DAO 对象模型（对 Access 数据库）

引用 DAO 对象方法为：

```
DBEngine.父集合.子集合!对象实例.属性（或方法）
```

由于集合对象有三种引用方法，如果采用索引方法引用，其起始值从 0 开始。例如，打开一个数据库，则在立即窗口输入：

```
? Application.DBEngine.Workspaces(0).Databases(0).Name
```

结果返回打开数据库的路径和名称。可以看到，通过 Application，可以将 Access 对象模型和 DAO 对象模型整合到同一个层次结构下，这样同时实现对 Access 界面和 Access 数据的编程。

【例 9-4】编写一个程序在立即窗口逐行输出“学生表”的学号、姓名和入学成绩。

具体操作步骤如下：

首先打开“教学管理数据库”，在其上建立一个模块，并建立一个“DAO 示例”过程。

该过程要引入 DAO 对象中的 DAO.Database 和 DAO.Recordset 的实例 dbs 和 rst，并将 dbs 实例绑定到 Application.CurrentDb（即“教学管理数据库”），rst 绑定到学生表。完整编写程序如下：

```
Sub DAO示例()
    '定义对象，必须先引入DAO
    Dim dbs As DAO.Database
    Dim rst As DAO.Recordset
    '实例化dbs和rst对象
    '设置DAO中的Database对象为当前打开的数据库
    Set dbs = Application.CurrentDb           'CurrentDb是常用的属性。
    '设置DAO中Recordset对象为学生表
    Set rst = dbs.OpenRecordset("学生表")
    '构造循环对RecordSet中的记录逐条输出，EOF表示End of File。
    Do While Not rst.EOF
        '输出当前记录
        Debug.Print rst("学号") & "    " & rst("姓名") & "    " & rst("入
学成绩")
        '记录指针下移
        rst.MoveNext
    Loop
    '关闭rst和dbs
    rst.Close
    dbs.Close
    '释放rst和dbs对象
    Set rst = Nothing
    Set dbs = Nothing
End Sub
```

运行程序，在立即窗口每行输出一个同学的学号、姓名、入学成绩，运行结果略。

提示：使用 DAO 编写数据库应用程序时，通常从 Recordset 或 Database 对象来引用它们的属性和方法，而不会从 Application 或 DBEngine 来引用。

【例 9-5】实现组合框与列表框同步的示例。

具体操作步骤如下：

（1）打开包含“教学管理数据库”，并新建一个空白窗体。

（2）构造界面如图 9-10 所示。

（3）将窗体保存为“【例 9-5】组合框与列表框同步数据示例”。

（4）建立一个查询，其对应的 SQL 语句为：

```
SELECT 学生表.学号, 学生表.姓名, 学生表.入学成绩, 学生表.班号
FROM 学生表
WHERE (((学生表.班号)=Forms![【例 9-5】组合框与列表框同步数据示例]!Cbo 班级
名称))
ORDER BY 学生表.学号;
```

（5）将查询保存为“根据窗体值的查询”。

（6）控件名称如表9-6所示。

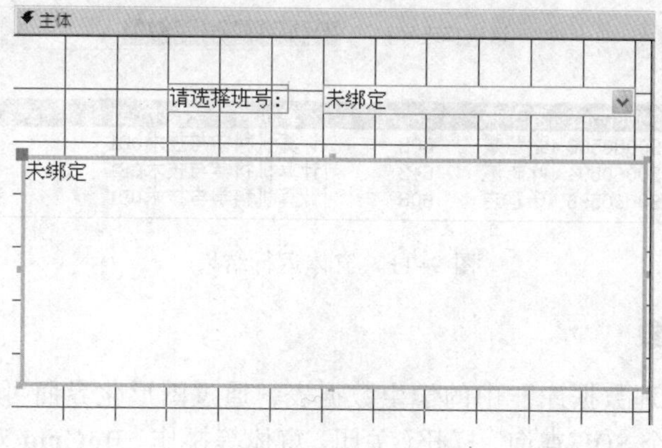

图9-10　窗体设计界面

表9-6　例9-5控件名称

界面元素	控件名称
组合框	Cbo班级名称
列表框	Lst班级名单

（7）控件属性设置如表9-7所示。

表9-7　控件属性设置

控件名称	属性	设置值	说明
Cbo班级名称	行来源类型	表/查询	本例中是从数据库检索数据，故取“表/查询”
	行来源	SELECT DISTINCT 学生表.班号 FROM 学生表;	去除重复记录，求学生表中的班号
Lst班级名单	行来源类型	表/查询	同上
	行来源	根据窗体值的查询	运行定义的查询
	列数	4	显示查询中的学号、姓名、入学成绩和班号
	列宽	2cm;2cm;2cm;2cm	对学号、姓名、入学成绩和班号指定宽度

（8）代码编写如下：

对组合框的“Updated（更新后）”事件编写代码。

```
Private Sub Cbo班级名称_AfterUpdate()
    '组合框与列表框同步的例子
    '将列表框中条目清除
    Me.Lst班级名单 = Null
    '调用Requery方法，再次查询
    Me.Lst班级名单.Requery
    '选择列表框第一条目
    Me.Lst班级名单 = Me.Lst班级名单.ItemData(0)
End Sub
```

（9）将窗体切换到窗体视图，结果如图 9-11 所示。更改组合框的班号，列表框同步变化。

请选择班号： 计算机科学与技术081

S0080567	蓝翠婷	580	计算机科学与技术081
S0080568	张慧媛	608	计算机科学与技术081
S0080594	叶志威	642	计算机科学与技术081
S0080596	杨意志	608	计算机科学与技术081

图 9-11　窗体运行结果

9.2.2　DoCmd 对象

对于“教学管理数据库”中的学生数据表，通过图形化界面可以移动当前记录、移动焦点、执行一个 SQL 查询、打开（关闭）窗体等操作。**DoCmd** 对象提供了从 VBA 代码完成上述操作的方法。例如，DoCmd.GoToRecord 方法用来移动当前记录，DoCmd.OpenQuery 方法用来打开一个 SQL 查询，DoCmd.OpenForm 方法用来打开一个窗体。

1. DoCmd.GoToRecord 方法

DoCmd.GoToRecord 方法的功能是移动当前记录指针。语法为：

```
DoCmd.GoToRecord(记录对象所属的类, 对象实例名称, 记录, 偏移值)
```

（1）记录对象所属的类：用来指定包含要成为当前记录的记录的对象类型。可以使用表 9-8 所示的 Access 预定义记录对象所属的类的常量来指定。

表 9-8　Access 预定义记录对象所属的类的常量

名　称	描　述
acActiveDataObject	该记录包含在活动对象中
acDataForm	该记录包含在窗体中
acDataQuery	该记录包含在查询中
acDataReport	该记录包含在报表中
acDataTable	该记录包含在表中

（2）对象实例名称：串类型，用来指出要成为当前记录的对象实例名称。

如果“记录对象所属的类”和“对象实例名称”均为空，则将采用活动对象来指定当前记录。

（3）记录：用来指定要使哪条记录成为当前记录。可以使用表 9-9 所示的 Access 预定义的常量来指定。

表 9-9　Access 预定义指定哪条记录成为当前记录的常量

名　称	描　述
acFirst	使第一条记录成为当前记录
acGoTo	使指定的记录成为当前记录
acLast	使最后一条记录成为当前记录
acNewRec	使新记录成为当前记录

续表

名　称	描　述
acNext	使下一条记录成为当前记录
acPrevious	使上一条记录成为当前记录

（4）偏移量：数值表达式，表示要前移或后移的记录数（如果对 record 参数指定 acNext 或 acPrevious）或者表示要移到的记录（如果对 record 参数指定 acGoTo）。表达式的结果必须是有效的记录数或记录编号。

2. DoCmd.OpenQuery 方法

DoCmd.OpenQuery 方法最常见的功能是：在数据表视图、设计视图或打印预览中打开选择（交叉表）查询。语法为：

```
DoCmd.OpenQuery(查询名 [, 视图] [, 数据模式])
```

（1）查询名：表示数据库中存放的查询名称。串类型。

（2）视图：指定在哪个视图中打开查询。Access 预定义的视图常量如表 9-10 所示。

表 9-10　Access 预定义的视图常量

名　称	含　义
acViewDesign	设计视图
acViewLayout	布局视图
acViewNormal	（默认值）普通视图
acViewPivotChart	数据透视图视图
acViewPivotTable	数据透视表视图
acViewPreview	打印预览
acViewReport	报表视图

（3）数据模式名称：字符串表达式，表示打开的查询是否可以输入数据操作。Access 预定义的数据模式常量如表 9-11 所示。

表 9-11　Access 预定义的数据模式常量

名　称	描　述
acAdd	用户可以添加新记录，但是不能查看或编辑现有记录
acEdit	用户可以查看或编辑现有记录，也可以添加新记录
acReadOnly	用户只能查看记录

3. DoCmd.OpenForm 方法

DoCmd.OpenForm 方法的功能是在“窗体”视图、窗体“设计”视图、打印预览或“数据表”视图中打开窗体。可以为窗体选择数据输入模式和窗口模式，并限制窗体所显示的记录。语法为：

```
DoCmd.OpenForm(窗体名, [视图,] [过滤器名称,] [Where 条件,]
                        [数据模式,] [窗体模式,] [打开参数])
```

（1）窗体名：表示数据库中存放的窗体名称。串类型。

（2）视图：指定在哪个视图中打开窗体。Access 预定义的视图常量如表 9-12 所示。

表 9-12　Access 预定义的视图常量

名　称	含　义
acDesign	在设计视图中打开窗体
acFormDS	在数据表视图中打开窗体
acFormPivotChart	在数据透视图视图中打开窗体
acFormPivotTable	在数据透视表视图中打开窗体
acLayout	在布局视图中打开窗体
acNormal	（默认值）在窗体视图中打开窗体
acPreview	在打印预览中打开窗体

（3）过滤器名称：字符串表达式，表示当前数据库中的查询的有效名称。

（4）Where 条件：字符串表达式，它是不包含 WHERE 关键字的有效 SQL WHERE 子句。我们重点使用 Where 条件来打开单个记录的窗体。

（5）数据模式：它指定窗体的数据输入模式。仅适用于在窗体视图或数据表视图中打开的窗体。Access 预定义的数据模式常量如表 9-13 所示，默认值为 acFormPropertySettings。

表 9-13　Access 预定义的数据模式常量

名　称	含　义
acFormAdd	用户可以添加新记录，但是不能编辑现有记录
acFormEdit	用户可以编辑现有记录和添加新记录
acFormPropertySettings	用户只能更改窗体的属性
acFormReadOnly	用户只能查看记录

（6）窗体模式：指定打开窗体时采用的窗口模式。使用 Access 预定义的窗体模式常量，默认值为 acWindowNormal。

（7）打开参数：字符串表达式。该表达式用于设置窗体的 OpenArgs 属性。然后可以通过代码在窗体模块中使用该设置。还可以在宏和表达式中引用 OpenArgs 属性。例如，假设打开的窗体是包含客户的连续窗体列表。如果希望当窗体打开时焦点移到特定的客户记录上，可以使用 OpenArgs 参数指定客户名称，然后使用 FindRecord 方法将焦点移到具有指定名称的客户的记录上。

【例 9-6】窗体“记录源”属性和文本框“控件来源”属性示例。

如果将第 4 章窗体设计的 4.2.1 节使用向导创建平面窗体的过程看成黑箱，那么本例则给出了创建平面窗体的白箱过程。

具体操作步骤如下：

（1）打开包含“教学管理数据库”。

（2）新建一个空白窗体，并打开“属性”窗体。将窗体的“记录源”属性设置为“学生表”，如图 9-12 所示。“记录源”属性设置完成表明新建的空白窗体已经与学生数据表间实现了绑定。

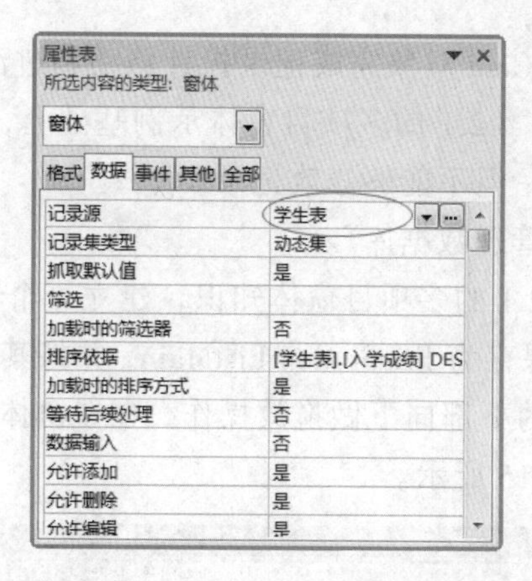

图 9-12　窗体的记录源属性设置

（3）将空白窗体切换到设计视图，然后单击“设计”选项卡中的文本框，并在空白窗体处单击，以便放置一个文本框。

（4）设置文本框的“名称”为“txt 学号”，设置“控件来源”属性为“学号”。由于窗体和学生数据表间已经存在绑定关系。因此，文本框也可以和数据表的字段进行绑定，如图 9-13 所示。

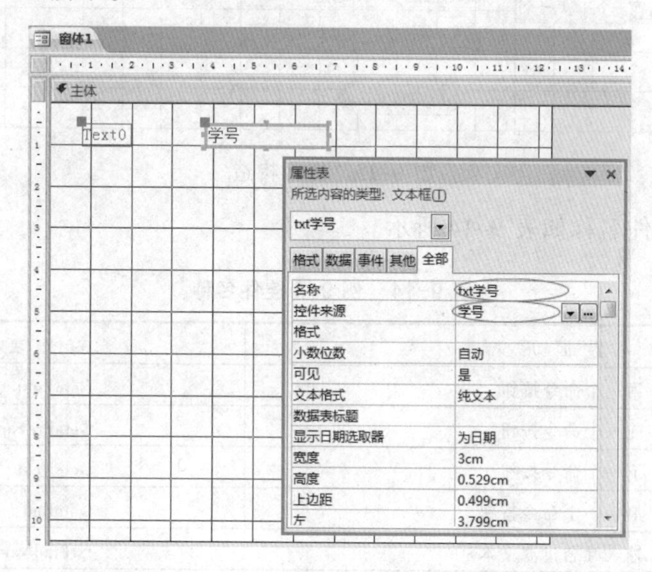

图 9-13　文本框的控件来源属性设置

（5）将设计好的窗体切换到窗体视图，即可查看设计效果。

回顾第 4 章的 4.2.1 的多项目窗体示例，我们知道其适合浏览数据表。同时在打开一个数据表时，其底部左侧有一个称为“导航按钮”的部件，如图 9-14 所示。单击导航按钮中的“下一条记录”按钮，可以将记录指针向下移动一条。

图 9-14　“导航按钮”示意图

下面的示例将使用 DoCmd 对象完成记录指针移动和过滤功能。

【例 9-7】在第 4 章的 4.2.1 的多项目窗体示例基础上，使用 DoCmd 对象完成对象浏览、过滤、删除功能，但不能够修改记录。

（1）打开包含“教学管理数据库”。

（2）利用第 4 章的 4.2.1 的多项目窗体知识，建立一个学生表的多项目窗体。

（3）将新建立的窗体保存为 FrmStudentListMain，并将其切换到“窗体设计”视图。

（4）将“窗体页脚”的下部向下做拖放操作，在“窗体页脚”下部的放置命令按钮等控件。其界面如图 9-15 所示。

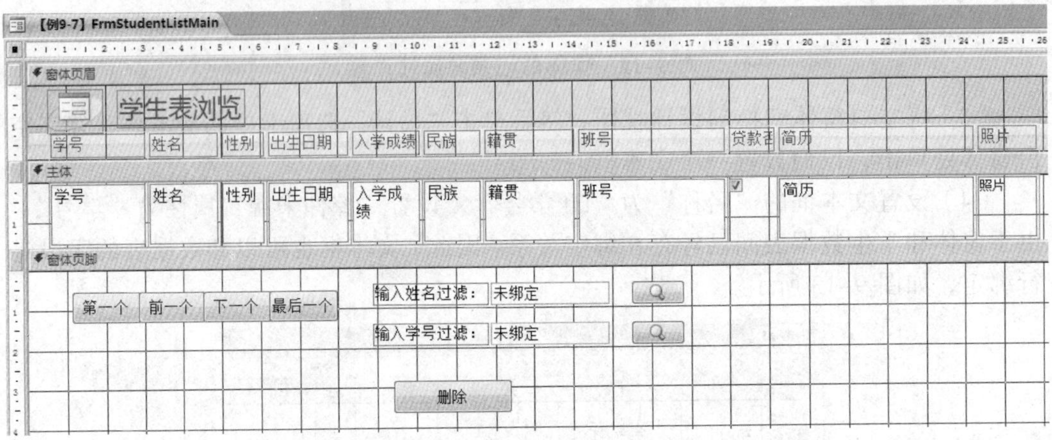

图 9-15　界面构造

（5）设置控件名称如表 9-14 所示。

表 9-14　例 9-7 控件名称

界 面 元 素	控 件 名 称
第一个命令按钮	GotoFirst
前一个命令按钮	GotoPrevious
下一个命令按钮	GotoNext
最后一个命令按钮	GotoEnd
输入姓名过滤文本框	txtFindName
输入姓名过滤命令按钮	cmdFindName
输入学号过滤文本框	txtFindNo
输入学号过滤命令按钮	cmdFindNo
删除命令按钮	cmd 删除

在“主体”上放置的学号、姓名文本框的名称为学号和姓名。由于编程未使用这些控件，在此不给出其对应的控件名称。

（6）设置窗体、控件属性如表 9-15 所示。其基本目的是对于多项目窗体只能够浏览、删除，但不能够修改、添加。

表 9-15 "学生浏览窗体"的窗体和控件属性设置

控件名称	属性	设置值	说明
窗体	记录源	学生表	
	标题	学生表浏览	
	弹出方式	是	
	默认视图	连续窗体	多项目窗体就是连续窗体
	自动居中	是	弹出窗体自动居中
	导航按钮	否	不显示系统提供的记录移动导航按钮
	允许添加	否	不允许添加
	允许删除	是	可以删除
	允许编辑	是	对于主体上的学号、姓名等控件是只能够查看，不能够修改。若将其设置为否，则"输入姓名过滤文本框"和"输入学号过滤文本框"都无法输入数据
学号、姓名等主体上的所有控件	是否锁定	是	锁定的控件只能够浏览，设置这些属性的目的是保证学生表只能够浏览，不能够修改
cmdFindName	图片	放大镜（搜索）	使命令按钮出现一个放大镜（搜索）图标，而不是文字
cmdFindNo	图片	放大镜（搜索）	使命令按钮出现一个放大镜（搜索）图标，而不是文字

（7）事件名称与功能说明如表 9-16 所示。

表 9-16 事件名称与功能说明

控件名称	事件	说明
GotoFirst	Click	使用 DoCmd.GoToRecord，将记录指针移到第一条。
GotoPrevious	Click	使用 DoCmd.GoToRecord，将记录指针向前移动一条，若已经在第一条则不动。
GotoNext	Click	使用 DoCmd.GoToRecord，将记录指针向后移动一条，若已经在最后一条则不动。
GotoEnd	Click	使用 DoCmd.GoToRecord，将记录指针移到最后一条。
txtFindName	AfterUpdate	在输入姓名过滤文本框输入姓名并按下回车后，调用 cmdFindName 命令按钮的 Click 事件。
cmdFindName	Click	使用 DoCmd.OpenForm 并指定包含的姓名字符重新打开窗体。
txtFindNo	AfterUpdate	在输入学号过滤文本框输入姓名并按下回车后，调用 cmdFindNo 命令按钮的 Click 事件。
cmdFindNo	Click	使用 DoCmd.OpenForm 并指定包含的学号字符重新打开窗体。
cmd 删除	Click	使用 DoCmd.RunCommand acCmdDeleteRecord 删除当期指针指向的记录。

（8）代码：

```
Option Compare Database
Option Explicit

'到头按钮
Private Sub GotoFirst_Click()
    DoCmd.GoToRecord , , acFirst
End Sub
'前一个按钮
```

```
    Private Sub GotoPrevious_Click()
        '需要判断是否已经到头，否则报 2046 错误
        If Me.CurrentRecord <> 1 Then
            DoCmd.GoToRecord , , acPrevious
        End If
    End Sub
    '下一个按钮
    Private Sub GotoNext_Click()
        If Me.CurrentRecord <> Me.RecordsetClone.RecordCount Then
            DoCmd.GoToRecord , , acNext
        End If
    End Sub
    '到尾按钮
    Private Sub GotoEnd_Click()
        DoCmd.GoToRecord , , acLast
    End Sub
    '姓名过滤实现
    Private Sub cmdFindName_Click()
        '指定 where 子句，实现过滤功能
        DoCmd.OpenForm "【例 9-7】FrmStudentListMain ", acNormal, , "[姓名]
like ""*" & txtFindName.Value & "*"""
        Me.Refresh
    End Sub
    Private Sub txtFindName_AfterUpdate()
        Call cmdFindName_Click
    End Sub
    '学号过滤实现
    Private Sub cmdFindNo_Click()
        'DoCmd.OpenForm 的窗体名称需要及时修改
        DoCmd.OpenForm "【例 9-7】FrmStudentListMain ", acNormal, , "[学号]
like ""*" & txtFindNo.Value & "*"""
        Me.Refresh
    End Sub
    Private Sub txtFindNo_AfterUpdate()
        Call cmdFindNo_Click
    End Sub

    '进入删除模式
    Private Sub cmd 删除_Click()
        DoCmd.SetWarnings False
        If  MsgBox(" 确 定 要 删 除 记 录 吗 ？ ",  vbQuestion  +  vbYesNo  +
vbDefaultButton2, "删除记录") = vbYes Then
            DoCmd.RunCommand acCmdSelectRecord
            DoCmd.RunCommand acCmdDeleteRecord
        End If
    End Sub
```

【例 9-8】在例 9-7 的基础上，添加“修改”和“新建”两个按钮，单击这两个按钮都将打开一个学生表的平面窗体。其分别用来修改学生记录和添加学生记录。

本例中是在一个窗体中打开另外一个窗体，即先通过多项目窗体浏览学生表，此

时可以删除记录，但不能够修改记录。当单击“修改”或“新建”按钮时，打开一个平面窗体，此时可以对学生记录进行修改操作。

具体操作步骤如下：

（1）打开“教学管理数据库”。

（2）在例9-7的界面上添加“修改”和“新建”两个按钮，如图9-16所示。

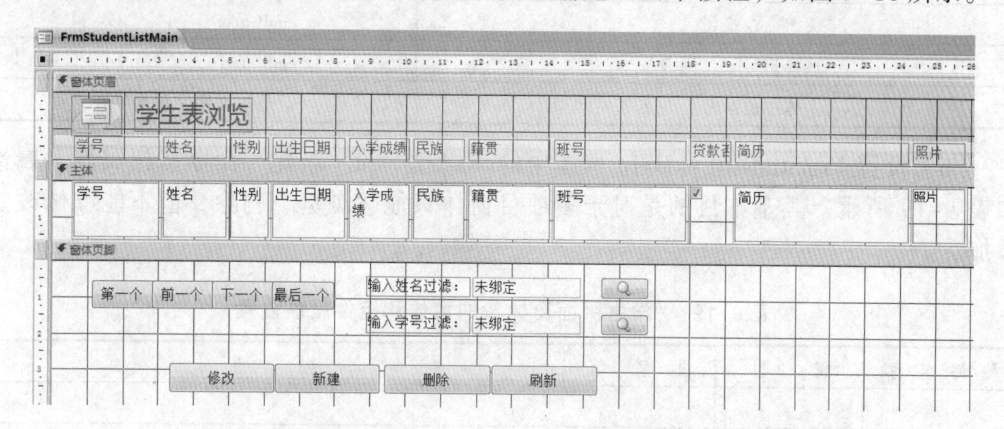

图9-16　FrmStudentListMain窗体添加的“修改”和“新建”按钮

（3）设置新加的控件名称如表9-17所示。

表9-17　例9-8新加的控件名称

界面元素	控件名称
修改命令按钮	cmd明细
新建命令按钮	cmdNew

（4）新建一个学生平面窗体，将其保存为FrmStudent，并在窗体页脚下方添加两个命令按钮，如图9-17所示。

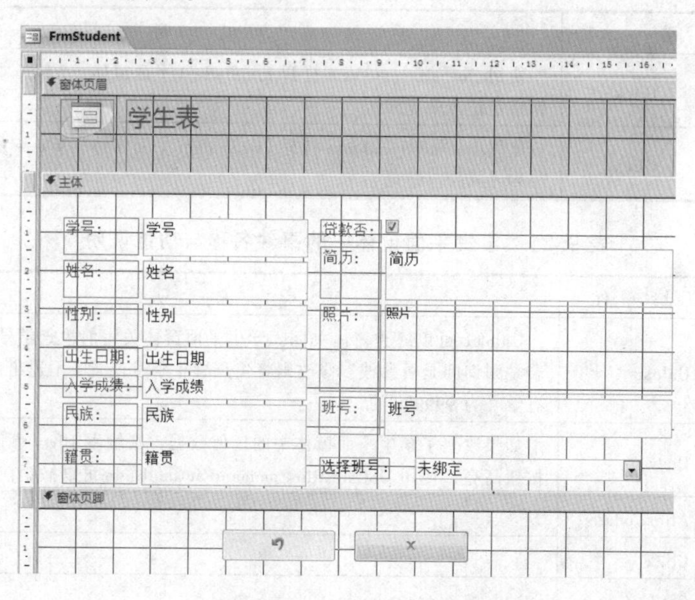

图9-17　学生平面窗体

（5）设置新加的控件名称如表 9-18 所示。

表 9-18　设置新加的控件名称

界面元素	控件名称
撤销命令按钮	cmdUndo
关闭命令按钮	cmdClose
选择班号下拉列表框	cmb 班号
主体中的学号、姓名等	就是数据库字段名字

（6）设置 FrmStudentListMain 窗体中的"修改"和"新建"命令按钮属性。属性如表 9-19 所示。其基本目的是对于多项目窗体只能够浏览、删除，但不能够修改、添加。

表 9-19 "学生平面窗体"的窗体和控件属性设置

控件名称	属性	设置值	说明
cmb 班号	行来源	班级表	将班号下拉列表框与班级表的班号绑定，这样学生平面表中的班号就不用输入，直接在班号下拉列表框中选取
	行来源类型	表/查询	从班级表得到班号数据
cmdUndo	图片	撤销	使命令按钮出现一个撤销图标，而不是文字
	可用	否	默认状态是不可以撤销的，只有修改数据后才需要撤销
cmdClose	图片	退出	使命令按钮出现一个退出图标，而不是文字

（7）事件功能说明如表 9-20 和表 9-21 所示。

表 9-20　FrmStudentListMain 窗体"修改"和"新建"命令按钮事件名称与功能说明

控件名称	事件	说明
cmd 明细	Click	使用 DoCmd.OpenForm 打开 FrmStudent 平面窗体。Where 参数定位在记录指针指定位置的记录
cmdNew	Click	使用 DoCmd.OpenForm 打开 FrmStudent 平面窗体。Where 参数定位在学号为"999999"的新记录

表 9-21　学生平面窗体中的事件名称与功能说明

控件名称	事件	说明
窗体	Unload	Unload 可以终止窗体关闭。学生平面窗体关闭前检查学号是否为 999999，若是则询问是否修改。修改则将焦点置于学号位置，不退出。不修改则删除所有学号为 999999 的记录
	Dirty	如果改变了学生平面窗体中的任何数据，则触发 Dirty 事件，此时 cmdUndo 按钮高亮，使用 DoCmd.RunCommand acCmdUndo 可以撤销前面的修改
cmb 班号	AfterUpdate	
cmdUndo	Click	
cmdClose	Click	

（8）代码。

学生多项目窗体的“修改”和“新建”两个命令按钮代码如下：

```
'进入修改模式
Private Sub cmd明细_Click()

    Dim stLinkCriteria As String
    If IsNull(Me!学号) Then
      Exit Sub
    End If

    '需要构成引号包含学号
    stLinkCriteria = "[学号]=""" & Me![学号] & """"
    DoCmd.OpenForm FormName:="FrmStudent", _
        wherecondition:=stLinkCriteria, WindowMode:=acDialog
End Sub

'添加新的学生记录
Private Sub cmdNew_Click()
    Dim db As Database
    Dim rec As Recordset
    '打开学生表
    Set db = CurrentDb
    Set rec = db.OpenRecordset("学生表")
    '删除所有学号为"999999"的记录
    'rec.FindFirst "学号=""" & "999999"""
    Do While Not rec.EOF
        If rec!学号 = "999999" Then  'rec("学号") = "999999"
            rec.Delete
        End If
        rec.MoveNext
    Loop
    '插入学号为"999999"的新记录
    rec.AddNew
    rec!学号 = "999999"
    rec!姓名 = "<请输入新姓名>"
    rec.Update
    rec.Close
    '释放rec对象
    Set rec = Nothing
    Dim rs As Recordset
    Dim strDocName As String
    Dim strLinkCriteria As String
    '重新载入,以便获得新添加到记录
    Me.Requery
    strDocName = "frmStudent"
    stLinkCriteria = "[学号]=""999999"""
    DoCmd.OpenForm FormName:=strDocName, _
        wherecondition:=strLinkCriteria, WindowMode:=acDialog
End Sub
```

学生平面窗体代码如下：

```
Option Compare Database

Private Sub cmdClose_Click()
    If mstrCallingForm <> "" Then
        Forms(mstrCallingForm).Visible = True
    End If
    DoCmd.Close
End Sub

'判断数据修改后，则高亮恢复按钮
Private Sub Form_Dirty(Cancel As Integer)
    Me.cmdUndo.Enabled = True
End Sub
'恢复按钮功能实现，等同于快捷按钮中的“撤销”按钮（Undo）
Private Sub cmdUndo_Click()
    DoCmd.RunCommand acCmdUndo
    Me.cmdUndo.Enabled = False
End Sub

Private Sub Form_Unload(Cancel As Integer)
    If Me![学号] = "999999" Then
        kk = MsgBox("学号为系统自动生成的学号，是否修改学号后再退出", 4 + 48
+ 0, "学号重复警告")
        If kk = vbYes Then
            Me.学号.SetFocus
            Cancel = True
        Else
            Dim dbsTeaching As DAO.Database
            Dim rstStudent As DAO.Recordset
            Set dbsTeaching = CurrentDb                  '绑定数据库
            strSQL = "SELECT * FROM 学生表"              '定义查询
            '将记录集绑定到前面查询定义的数据集
            Set    rstStudent    =    dbsTeaching.OpenRecordset(strSQL,
dbOpenDynaset)
            '删除所有学号为"999999"的记录
            Do Until rstStudent.EOF
                If rstStudent![学号] = "999999" Then
                    rstStudent.Delete
                End If
                rstStudent.MoveNext
            Loop
            Set dbsTeaching = Nothing                '释放数据库对象
            Set rstStudent = Nothing                 '释放记录集对象
        End If
    End If
  Me.Requery
  End Sub
```

至此，在第 4 章的 4.2.1 的多项目窗体示例基础上，使用 DoCmd 对象完成对象浏览、过滤、删除功能，但不能够修改记录。

9.3 面向对象编程综合示例

面向对象编程综合示例以住房贷款计算器为例。

1. 住房贷款背景说明

住房贷款有两种类型：等额本金还款和等额本息还款。

（1）等额本金还款方式是每月等额偿还本金，然后根据剩余本金计算利息，所以初期由于本金较多，将支付较多的利息，从而使还款额在初期较多，而在随后的时间每月递减，这种方式由于在初期偿还较大款项而减少利息的支出，比较适合还款能力较强的家庭。

等额本金还款方式每月还款金额计算公式为：

① 求还款期数，还款期数=贷款年限×12。

② 将贷款总金额除以还款期数，求得每月应还本金。

③ 计算第一个月还款利息。

第一个月还款利息=贷款总金额×月利率

第一个月还款本息=每月应还本金+第一个月还款利息

④ 计算第二个月还款利息。

第二个月还款利息=(贷款总金额−每月应还本金×1)×月利率

第二个月还款本息=每月应还本金+第二个月还款利息

⑤ 计算第 n 个月还款利息。

第 n 个月还款利息=(贷款总金额−每月应还本金×(n−1))×月利率

第 n 个月还款本息=每月应还本金+第 n 个月还款利息

至此，计算过程介绍完成。

（2）等额本息还款方式是在还款期内，每月偿还同等数额的贷款（包括本金和利息），这样由于每月的还款额固定，可以有计划地控制家庭收入的支出，也便于每个家庭根据自己的收入情况，确定还贷能力。

等额本息还款方式每月还款金额计算公式为

$$每月等额本息还款额=贷款本金\times\frac{月利率\times(1+月利率)^{还款期数}}{(1+月利率)^{还款期数}-1}$$

其中，还款期数=贷款年限×12。

设个人住房公积金贷款利率如表9-22所示。

表9-22 个人住房贷款基准利率

	年限	年利率		年限	年利率
住房公积金贷款	1～5年	2.75%	商业性住房贷款	1～5年	5.00%
	6～30年	3.25%		6～30年	5.15%

2. 等额本金住房贷款计算器编程过程

1）住房等额本金贷款计算器窗体界面

住房等额本金贷款计算器窗体界面如图 9-18 所示。

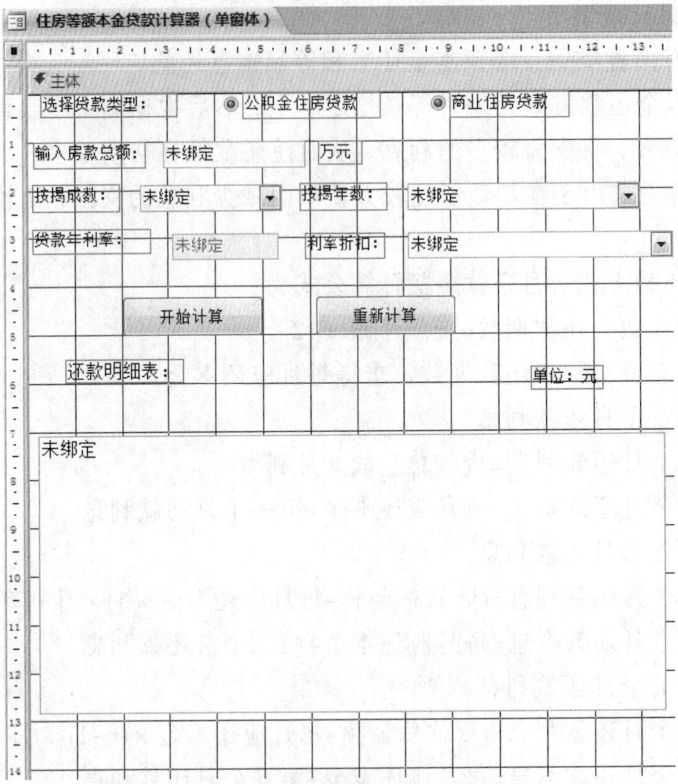

图 9-18　住房等额本金贷款计算器窗体设计界面

2）住房等额本金贷款计算器窗体控件名称

住房等额本金贷款计算器窗体控件名称如表 9-23 所示。

表 9-23　控件名称

界面元素	控件名称
单选按钮“公积金住房贷款”	Opt 公积金住房贷款
单选按钮“商业住房贷款”	Opt 商业住房贷款
文本框“输入房款总额”	Txt 输入房款总额
组合框“按揭成数”	Cbo 按揭成数
组合框“按揭年数”	Cbo 按揭年数
文本框“贷款年利率”	Txt 贷款年利率
组合框“利率折扣”	Cbo 利率折扣
命令按钮“开始计算”	Btn 开始计算
命令按钮“重新计算”	Btn 重新计算
列表框“还款明细表”	Lst 还款明细表

3）住房等额本金贷款计算器窗体控件属性设置

住房等额本金贷款计算器窗体控件属性设置如表 9-24 所示，没有设置属性的控件这里没有列出。

表 9-24　控件属性设置

控件名称	属　性	设置值	属性含义说明
Opt 公积金住房贷款	默认值	True	表示该单选按钮处于选中状态
Opt 商业住房贷款	默认值	False	
Cbo 按揭成数	列数	2	条目中有 2 列
	列宽	1.5cm;0cm	条目第 2 列不显示
	行来源类型	值列表	
	行来源	"全额";10;"9 成";9;"8 成";8;"7 成";7;"6 成";6;"5 成";5;"4 成";4;"3 成";3;"2 成";2	10 个条目的第 1 列为显示的内容，第 2 列为实际数值
	绑定列	2	实际数据为第 2 列
Cbo 按揭年数	列数	2	条目中有 2 列
	列宽	2.5cm;0cm	条目第 2 列不显示
	绑定列	2	实际数据为第 2 列
	行来源类型	值列表	
	行来源	属性设置如下所示，含义参见前面，知有 22 个条目，每个条目 2 列。"1 年（12 期）";1;"2 年（24 期）";2;"3 年（36 期）";3;"4 年（48 期）";4;"5 年（60 期）";5;"6 年（72 期）";6;"7 年（84 期）";7;"8 年（96 期）";8;"9 年（108 期）";9;"10 年（120 期）";10;"11 年（132 期）";11;"12 年（144 期）";12;"13 年（156 期）";13;"14 年（168 期）";14;"15 年（180 期）";15;"16 年（192 期）";16;"17 年（204 期）";17;"18 年（216 期）";18;"19 年（228 期）";19;"20 年（240 期）";20;"25 年（300 期）";25;"30 年（360 期）";30	
Txt 贷款年利率	可用	否	使文本框呈现灰色，用户不可输入数据，仅输出数据
Cbo 利率折扣	列数	2	条目中有 2 列
	列宽	4.5cm;0cm	条目第 2 列不显示
	绑定列	2	实际数据为第 2 列
	行来源类型	值列表	
	行来源	"基准利率";100;"基准利率 85 折";85;"基准利率 75 折";75; "基准利率 7 折";70; "基准利率上限 1.1 倍";110	
Btn 开始计算	标题	开始计算	
Btn 重新计算	标题	重新计算	
Lst 还款明细表	列数	4	条目中有 4 列
	绑定列	1	为默认值
	行来源类型	值列表	
	列宽	1.2cm;2.2cm;2.507cm;2.505cm	设置每个条目 4 列的宽度

4）住房等额本金贷款计算器事件说明

住房等额本金贷款计算器事件如表 9-25 所示。

表 9-25　控 件 名 称

控件名称	事　件	说　明
窗体	Load	当窗体被调入内存但还未打开之前，设置“按揭成数”“按揭成数”“利率折扣”等组合框和“贷款年利率”的默认值
Opt 公积金住房贷款	Click	单击将选中该单选按钮，并根据贷款类型和贷款年限重新计算贷款年利率
Opt 商业住房贷款	Click	单击将选中该单选按钮，并根据贷款类型和贷款年限重新计算贷款年利率
Cbo 按揭年数	Change	改变该值后，根据贷款类型和贷款年限重新计算贷款年利率，贷款年利率存放在程序中
Btn 开始计算	Click	按前面公式计算每期还款本金和利息，结果加入到“Lst 还款明细表”中
Btn 重新计算	Click	将 Lst 还款明细表中的结果等内容清除

5）住房等额本金贷款计算器代码

```
Option Compare Database
Option Explicit
Private Sub Cbo按揭年数_Change()
    '在知道贷款类型和贷款年限后，求贷款年利率
    'Me.Txt贷款年利率.Value = Me.Cbo按揭年数.Value
    If Opt公积金住房贷款 Then
        Select Case Cbo按揭年数.Value
            Case Is <= 5
                Me.Txt贷款年利率.Value = 2.75
            Case Is > 5
                Me.Txt贷款年利率.Value = 3.25
        End Select
    End If
    If Opt商业住房贷款 Then
        Select Case Cbo按揭年数.Value
            Case 1, 2, 3
                Me.Txt贷款年利率.Value = 5.00
            Case 4, 5
                Me.Txt贷款年利率.Value = 5.00
            Case Is > 5
                Me.Txt贷款年利率.Value = 5.15
        End Select
    End If
End Sub
Private Sub Btn开始计算_Click()
    Dim 房款总额, 贷款总额, 每期还本金额, p, 每月利息 As Single
    Dim n, i As Integer
    '先判断必要数据是否填写，例如各种组合框的选取
    '处理没有输入房款总额的情况
    If Me.Txt输入房款总额.Value = "" Then
        Me.Txt输入房款总额.Value = "0"
    End If
```

```
    '将列表框条目置空
    For i = Me.Lst 还款明细表.ListCount - 1 To 0 Step -1
       Me.Lst 还款明细表.RemoveItem (i)
    Next
    '计算房款总额
    房款总额 = Me.Txt 输入房款总额.Value * 10000
    '计算贷款总额
    贷款总额 = 房款总额 * Me.Cbo 按揭成数.Value / 10
    '计算还款期数
    n = Me.Cbo 按揭年数.Value * 12
    '求月利率
    p = (Me.Txt 贷款年利率 / 100) / 12 * (Me.Cbo 利率折扣.Value / 100)
    '计算每期还本金额
    每期还本金额 = 贷款总额 / n
    '输出表格的标题行
    Me.Lst 还款明细表.AddItem "期数" & ";" & "本金" & _
                               ";" & "利息" & ";" & "总额"
    '逐行输出每一期本金、利息和总金额
    For i = 0 To n - 1
       '多次使用续行符
       每月利息 = (贷款总额 - i * 每期还本金额) * p
       Me.Lst 还款明细表.AddItem (i + 1) & ";" & _
         Format(每期还本金额, "####.00") & ";" & _
         Format(每月利息, "####.00") & ";" & _
         Format(每期还本金额 + 每月利息, "####.00")
    Next
End Sub
Private Sub Btn 重新计算_Click()
    '将列表框条目置空
    Dim i As Integer
    '计算条目数，这里存在一个不明确的 Bug，递减的循环可以删除 Item。否则出错。
    For i = Me.Lst 还款明细表.ListCount - 1 To 1 Step -1
       Me.Lst 还款明细表.RemoveItem i
    Next
    Me.Txt 输入房款总额.Value = ""
    Me.Txt 输入房款总额.SetFocus
End Sub
Private Sub Form_Load()
    '设置按揭成数默认值为 8 成
    Me.Cbo 按揭成数.DefaultValue = Me.Cbo 按揭成数.ItemData(1)
    '设置按揭成数默认值为 20 年
    Me.Cbo 按揭年数.DefaultValue = Me.Cbo 按揭年数.ItemData(19)
    '设置利率折扣默认值为 75 折。注意第二列设置为小数时不能够选中
    Me.Cbo 利率折扣.DefaultValue = Me.Cbo 利率折扣.ItemData(2)
    '在知道贷款类型和贷款年限后，求贷款利率
    'Me.Txt 贷款年利率.Value = Me.Cbo 按揭年数.Value
    If Opt 公积金住房贷款 Then
       Select Case Cbo 按揭年数.Value
          Case Is <= 5
             Me.Txt 贷款年利率.Value = 2.75
```

```
            Case Is > 5
                Me.Txt 贷款年利率.Value = 3.25
        End Select
    End If
    If Opt 商业住房贷款 Then
        Select Case Cbo 按揭年数.Value
            Case 1, 2, 3, 4, 5
                Me.Txt 贷款年利率.Value = 5.00
            Case Is > 5
                Me.Txt 贷款年利率.Value = 5.15
        End Select
    End If
End Sub
Private Sub Opt 商业住房贷款_Click()
    '选中商业住房贷款单选框时，公积金贷款框未非选中状态
    If Me.Opt 商业住房贷款 Then
        Me.Opt 公积金住房贷款.Value = False
    End If
End Sub
Private Sub Opt 公积金住房贷款_Click()
    '选中公积金住房贷款单选框时，公积金贷款框未非选中状态
    If Me.Opt 公积金住房贷款 Then
        Me.Opt 商业住房贷款.Value = False
    End If
End Sub
```

6）运行界面

运行结果如图 9-19 所示。

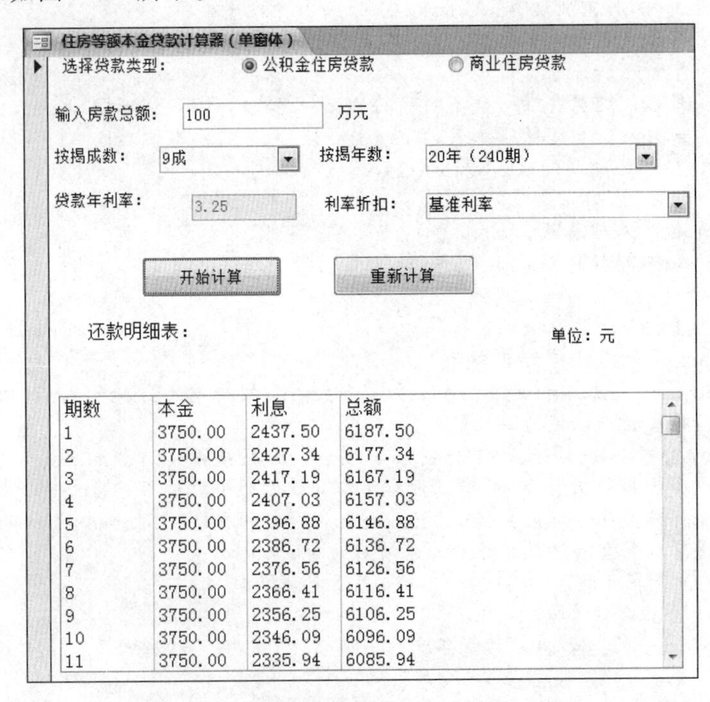

期数	本金	利息	总额
1	3750.00	2437.50	6187.50
2	3750.00	2427.34	6177.34
3	3750.00	2417.19	6167.19
4	3750.00	2407.03	6157.03
5	3750.00	2396.88	6146.88
6	3750.00	2386.72	6136.72
7	3750.00	2376.56	6126.56
8	3750.00	2366.41	6116.41
9	3750.00	2356.25	6106.25
10	3750.00	2346.09	6096.09
11	3750.00	2335.94	6085.94

图 9-19　等额本金住房贷款计算器运行结果

住房等额本金贷款计算器虽然实现了计算功能，但其不足之处在于贷款年利率是编写在程序中的，如果贷款年利率调整，则需要重新编写程序。

3. 等额本息住房贷款计算器编程过程

等额本息住房贷款计算器为克服前面的不足，采用一个数据表存放贷款年利率，然后根据用户贷款类型和贷款年限返回标准贷款年利率。

1）住房贷款年利率数据表

住房贷款年利率表部分内容如图 9-20 所示。

图 9-20 中，贷款类型中的 G 表示公积金贷款；S 表示商业贷款。住房贷款年利率表的主键是“贷款类型+贷款年限”。

2）住房等额本息贷款计算器窗体界面

住房等额本息贷款计算器窗体界面如图 9-21 所示。

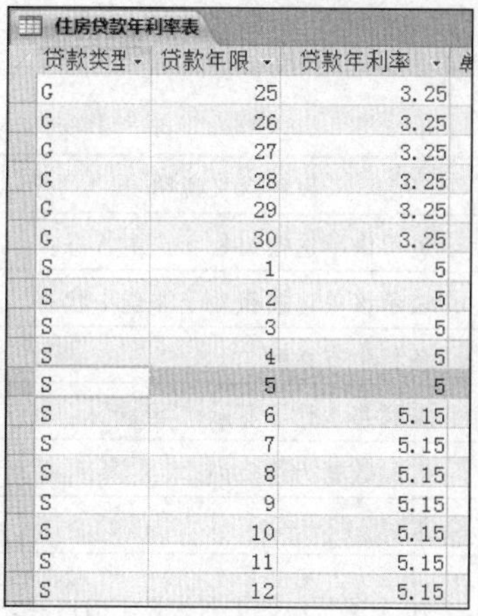

住房贷款年利率表

贷款类型	贷款年限	贷款年利率
G	25	3.25
G	26	3.25
G	27	3.25
G	28	3.25
G	29	3.25
G	30	3.25
S	1	5
S	2	5
S	3	5
S	4	5
S	5	5
S	6	5.15
S	7	5.15
S	8	5.15
S	9	5.15
S	10	5.15
S	11	5.15
S	12	5.15

图 9-20　贷款年利率表部分内容

图 9-21　住房等额本息贷款计算器窗体设计界面

3）住房等额本息贷款计算器窗体控件名称

住房等额本息贷款计算器窗体控件名称如表 9-26 所示。

表 9-26　控 件 名 称

界 面 元 素	控 件 名 称
单选按钮“公积金住房贷款”	Opt 公积金住房贷款
单选按钮“商业住房贷款”	Opt 商业住房贷款
文本框“输入房款总额”	Txt 输入房款总额
组合框“按揭成数”	Cbo 按揭成数
组合框“按揭年数”	Cbo 按揭年数
文本框“贷款年利率”	Txt 贷款年利率
组合框“利率折扣”	Cbo 利率折扣
命令按钮“开始计算”	Btn 开始计算
命令按钮“重新计算”	Btn 重新计算

续表

界 面 元 素	控 件 名 称
文本框“房款总额”	Txt 房款总额
文本框“贷款总额”	Txt 贷款总额
文本框“房款总额”	Txt 房款总额
文本框“还款总额”	Txt 还款总额
文本框“支付利息款”	Txt 支付利息款
文本框“首期付款”	Txt 首期付款
文本框“还贷月数”	Txt 还贷月数
文本框“月均还款”	Txt 月均还款

4）住房等额本息贷款计算器窗体控件属性设置

住房等额本息贷款计算器窗体控件属性设置如表 9-27 所示，没有更改属性的控件没有列出。

表 9-27　控件属性设置

控件名称	属性名称	设 置 值	属性含义说明
Opt 公积金住房贷款	默认值	True	表示该单选按钮处于选中状态
Opt 商业住房贷款	默认值	False	表示该单选按钮处于非选中状态
Cbo 按揭成数	列数	2	条目中有 2 列
	列宽	1.5cm;0cm	条目第 2 列不显示
	绑定列	2	实际数据为第 2 列
	行来源类型	值列表	
	行来源	"全额";10;"9 成";9;"8 成";8;"7 成";7;"6 成";6;"5 成";5;"4 成";4;"3 成";3;"2 成";2	10 个条目的第 1 列为显示的内容，第 2 列为实际数值
Cbo 按揭年数	列数	2	条目中有 2 列
	绑定列	2	条目第 2 列不显示
	列宽	2.5cm;0cm	仅显示提示信息，实际数据为不显示
Cbo 按揭年数	行来源类型	值列表	
	行来源	属性设置如下所示，含义参见前面，知有 22 个条目，每个条目 2 列。 "1 年（12 期）";1;"2 年（24 期）";2;"3 年（36 期）";3;"4 年（48 期）";4;"5 年（60 期）";5;"6 年（72 期）";6;"7 年（84 期）";7;"8 年（96 期）";8;"9 年（108 期）";9;"10 年（120 期）";10;"11 年（132 期）";11;"12 年（144 期）";12;"13 年（156 期）";13;"14 年（168 期）";14;"15 年（180 期）";15;"16 年（192 期）";16;"17 年（204 期）";17;"18 年（216 期）";18;"19 年（228 期）";19;"20 年（240 期）";20;"25 年（300 期）";25;"30 年（360 期）";30	
Txt 贷款年利率	可用	否	使文本框呈现灰色，用户不可输入数据，仅输出数据

续表

控件名称	属性名称	设置值	属性含义说明
Cbo 利率折扣	列数	2	条目中有 2 列
	列宽	4.5cm;0cm	条目第 2 列不显示
	绑定列	2	实际数据为第 2 列
	行来源类型	值列表	
	行来源	"基准利率";100;"基准利率 85 折";85;"基准利率 75 折";75; "基准利率 7 折";70; "基准利率上限";110	
Btn 开始计算	标题	Btn 开始计算	
Btn 重新计算	标题	Btn 重新计算	

5）住房等额本息贷款计算器事件

住房等额本息贷款计算器事件如表 9-28 所示。

表 9-28　住房等额本息贷款计算器事件

控件名称	事件	说明
窗体	Load	当窗体被调入内存但还未打开之前，设置“按揭成数”“按揭成数”“利率折扣”等组合框和“贷款年利率”的默认值。
Opt 公积金住房贷款	Click	单击将选中该单选按钮，并根据贷款类型和贷款年限重新计算贷款年利率
Opt 商业住房贷款	Click	单击将选中该单选按钮，并根据贷款类型和贷款年限重新计算贷款年利率
Cbo 按揭年数	Change	改变该值后，根据贷款类型和贷款年限重新计算贷款年利率，本例贷款年利率预先存放在数据表中
Txt 输入房款总额	AfterUpdate	输入新的房款总额后，首先清空所有输出，更新输出部分的房款总额；并根据按揭成数计算贷款总额
Cbo 按揭成数	Change	重新计算贷款总额
Btn 开始计算	Click	按前面公式计算每期还款本金和利息，结果加入到窗体下部多个“可用”属性为 False 的文本框中
Btn 重新计算	Click	将 Lst 还款明细表中的结果等内容清除

6）住房等额本息贷款计算器窗体代码

```
Option Compare Database
Option Explicit
Option Compare Database
Option Explicit

Private Sub Cbo 按揭年数_Change()
    '在知道贷款类型和贷款年限后，求贷款利率
    '使用 DAO 来检索住房贷款年利率
    '求住房贷款年利率的输入是贷款类型（公积金/商业）和贷款年限
    Dim fld As Field
    Dim rs As DAO.Recordset   'ADODB.Recordset
    Dim 贷款类型 As String
    '将住房贷款年利率表导入 rs 中，rs 为 RecordSet 对象。
    Set rs = Me.Recordset
```

```
        '根据界面的单选框求贷款类型
        If Opt公积金住房贷款 Then
            贷款类型 = "'G'"
        End If
        If Opt商业住房贷款 Then
            贷款类型 = "'S'"
        End If
        '求住房贷款年利率
        rs.FindFirst "贷款类型 = " & 贷款类型 & " and 贷款年限 =" & Me.Cbo按揭年数.Value
        '设置贷款年利率到窗体控件"Txt贷款年利率"
        Me.Txt贷款年利率.Value = rs.Fields(2).Value
    End Sub

    Private Sub Cmd开始计算_Click()
        Dim p, t, k, l As Double
        '先判必要数据是否填写，例如各种组合框的取值，如果输入房款总额没有填写，则退出计算过程
        If Me.Txt输入房款总额.Value = "" Or IsNull(Me.Txt贷款总额.Value) Then
            Me.Txt输入房款总额.SetFocus
            Exit Sub
        End If
        '计算各个文本框的值
        Me.Txt房款总额.Value = Me.Txt输入房款总额.Value * 10000
        Me.Txt贷款总额.Value = Me.Txt输入房款总额.Value * Me.Cbo按揭成数.Value / 10 * 10000
        Me.Txt首期付款.Value = Me.Txt输入房款总额.Value * (1 - Me.Cbo按揭成数.Value / 10) * 10000
        '求月利率
        p = (Me.Txt贷款年利率 / 1200) * (Me.Cbo利率折扣.Value / 100)
        '求还贷月数
        k = Me.Cbo按揭年数.Value * 12
        l = Me.Txt贷款总额.Value
        t = 计算本息还款函数(p, k, l)
        Me.Txt月均还款.Value = Format(t, "#,###.00")
        Me.Txt还贷月数.Value = k
        Me.Txt还款总额.Value = Me.Txt月均还款.Value * k
        Me.Txt支付利息款.Value = Me.Txt还款总额.Value - Me.Txt贷款总额.Value
    End Sub

    Private Sub Cmd重新计算_Click()
        '对输入清除数据
        Me.Txt输入房款总额.Value = ""
        '对输出清除数据
        Me.Txt房款总额.Value = ""
        Me.Txt还款总额.Value = ""
        Me.Txt贷款总额.Value = ""
        Me.Txt首期付款.Value = ""
        Me.Txt还贷月数.Value = ""
        Me.Txt月均还款.Value = ""
```

```
    Me.Txt 支付利息款.Value = ""
    Me.Txt 输入房款总额.SetFocus
End Sub

Private Sub Form_Load()

    '设置按揭成数默认值为 8 成
    Me.Cbo 按揭成数.DefaultValue = Me.Cbo 按揭成数.ItemData(1)
    '设置按揭年数默认值为 20 年
    Me.Cbo 按揭年数.DefaultValue = Me.Cbo 按揭年数.ItemData(19)
    '设置利率折扣默认值为 75 折。注意第二列设置为小数时不能够选中
    Me.Cbo 利率折扣.DefaultValue = Me.Cbo 利率折扣.ItemData(2)

    '在知道贷款类型和贷款年限后，求贷款利率
    'Me.Txt 贷款年利率.Value = Me.Cbo 按揭年数.Value

    '计算贷款年利率
    Call Cbo 按揭年数_Change
End Sub

Public Function 计算本息还款函数(ByVal 贷款月利率 As Single, ByVal 期数 As
Integer, ByVal 贷款额 As Single) As Double
    Dim i As Integer
    Dim t As Double
    t = 1
    For i = 1 To 期数
        t = t * (1 + 贷款月利率)
    Next
    计算本息还款函数 = 贷款月利率 * t / (t - 1) * 贷款额
End Function

Private Sub Opt 商业住房贷款_Click()
    '选中商业住房贷款单选框时，公积金贷款框未非选中状态
    If Me.Opt 商业住房贷款 Then
        Me.Opt 公积金住房贷款.Value = False
    End If
    Call Cbo 按揭年数_Change
End Sub

Private Sub Opt 公积金住房贷款_Click()
    '选中公积金住房贷款单选框时，公积金贷款框未非选中状态
    If Me.Opt 公积金住房贷款 Then
        Me.Opt 商业住房贷款.Value = False
    End If
    Call Cbo 按揭年数_Change
End Sub

Private Sub Txt 输入房款总额_AfterUpdate()
    '修改输入房款总额时，下面的房款总额和贷款总额变化
    Me.Txt 还款总额.Value = ""
```

```
    Me.Txt 贷款总额.Value = ""
    Me.Txt 首期付款.Value = ""
    Me.Txt 还贷月数.Value = ""
    Me.Txt 月均还款.Value = ""
    Me.Txt 支付利息款.Value = ""
    Me.Txt 房款总额.Value = Me.Txt 输入房款总额.Value * 10000
    Me.Txt 贷款总额.Value = Val(Me.Txt 房款总额) * Val(Me.Cbo 按揭成数.Value) / 10
End Sub

Private Sub Cbo 按揭成数_Change()
    Me.Txt 贷款总额.Value = Val(Me.Txt 房款总额) * Val(Me.Cbo 按揭成数.Value) / 10
End Sub
```

7）运行界面

等额本息住房贷款计算器运行界面如图 9-22 所示。

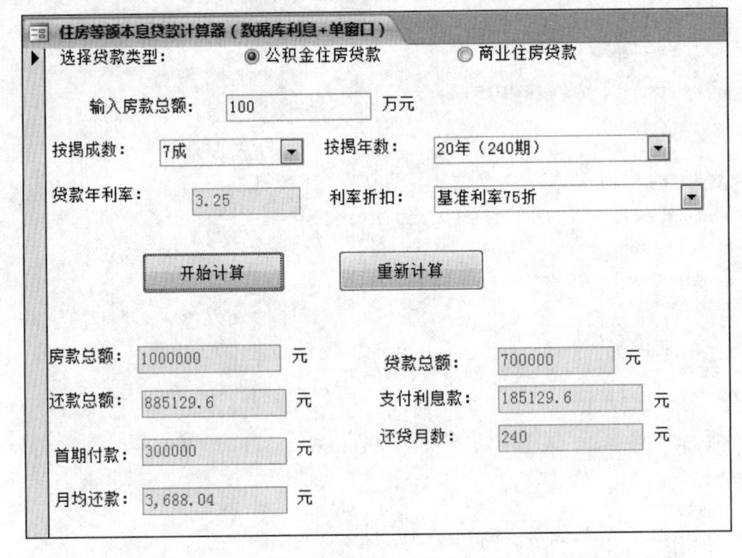

图 9-22　住房等额本息贷款计算器窗体运行结果

可以看到，住房贷款计算器针对公积金住房贷款和商业住房贷款分成了两个窗体分别设计。实际上，可以使用两个页面的选项卡来将两个窗体整合到一个窗体中。在整合过程中，要求前面两个例子的变量不能够同名，否则错误。

习　　题

1. 问答题

（1）描述使用 DAO 逐条访问数据表的一般程序结构。

（2）程序阅读是程序设计的基础。对一个含源码的窗体，试标识所有在窗体上的控件对象名称，并标识哪些控件的哪些事件编写了代码。如果采用逐步运行模式，试用设置断点的方式找到实现某种功能对应的程序代码。

2. 编程题

（1）如何将图形化界面上的文本框、单选按钮、复选框的 Value 属性取值赋值到一个变量。如何将一个（计算得到）数值通过文本框的 Value 属性输出到屏幕上。

（2）编写一个程序，要求两个组合框实现同步，其中一个选择学生姓名，另一个学生其家庭成员。

（3）综合编程题。

肥胖症是现代社会威胁人类健康的主要杀手，衡量肥胖症的指标之一是体脂肪率，它是将脂肪含量用其占总体重的百分比的形式表示。体脂肪率计算公式为：

$$体脂率（\%）=1.2\times\frac{体重（kg）}{身高^2(m)}+0.23\times年龄-5.4-10.8\times性别$$

其中，男性性别取值为 1，女性取值为 0。一般认为男性体脂>25%，女性>33%是诊断肥胖的标准。

试设计一个 VBA 窗体程序，计算体脂肪率。要求完成下列工作：

① 阅读问题，区分问题的输入与输出。

② 构造体脂肪率界面。

③ 对体脂肪率界面各个控件命名（要求所有控件名后面加入自己的姓名拼音缩写）。

④ 对控件的相关事件编写代码。

⑤ 针对不同性别和体重给出体脂肪率数据和健康建议。例如：

男性、18 岁、1.72 m、61 kg。输出：帅哥，您的体型正常，请保持。

男性、20 岁、1.70 m、41 kg。输出：Man，您的体型偏瘦，请加强营养。

男性、35 岁、1.78 m、161 kg。输出：先生，您的体型偏胖，请注意节食。

女性、20 岁、1.60 m、52 kg。输出：美女，您的体型正常，请保持。

女性、18 岁、1.62 m、41 kg。输出：Lady，您的体型偏瘦，请加强营养。

女性、38 岁、1.65 m、122 kg。输出：女士，您的体型偏胖，请注意节食。

附 录

附录 A　VBA 函数一览表

VBA 函数如表 A-1 所示。

表 A-1　VBA 函数

序号	函 数 名 称	函数功能描述
1	Abs	求绝对值
2	Asc	求字符串首字符的 ASCII 码值
3	Atn	求反正切值
4	Chr	求数值对应的字符
5	Cos	求余弦值
6	Date	求系统当前日期
7	DateAdd	求日期加（减）时间间隔后的日期
8	DateDiff	求两个指定日期间的时间间隔数目
9	DatePart	求日期的所在的季度、日数、周数等
10	DateSerial	将表示年、月、日的数值转换为日期类型
11	DateValue	求日期时间类型的日期
12	Day	求日期时间类型的日期整数
13	Exp	求自然对数 e 的指数
14	Fix	求整数，对负数 Fix 会返回大于或等于输入的最小负整数
15	Format	按指定格式输出字符串
16	Hour	求时间类型表示小时的整数
17	InputBox	对话框输入
18	InStr	字符串查找
19	Int	取整。若为负数，返回小于或等于输入的最小负整数
20	IRR	计算本质利率
21	LCase	字符串小写
22	Left	左截子串
23	Len	求字符串长度
24	Log	求自然数的对数值
25	LTrim	删除字符串前置空格

续表

序号	函数名称	函数功能描述
26	Mid	取中间子串
27	Minute	求时间类型表示分钟的整数
28	Month	求日期型表示月份的整数
29	MsgBox	消息提示
30	Now	求系统当前日期和时间
31	Right	右截子串
32	Rnd	求随机
33	RTrim	删除字符串尾部空格
34	Second	求时间类型表示秒的整数
35	Sgn	求表达式的符号
36	Sin	求正弦值
37	Space	输出指定个数的空格
38	Spc	输出多个空格，用来对输出进行定位
39	Sqr	求平方根
40	String	字符串的第一个字符重复函数
41	Tab	打印输出定位
42	Tan	求正切值
43	Time	设置或返回系统当前时间
44	Timer	求午夜开始经过的秒数
45	TimeSerial	将指定的时、分、秒转换为时间类型
46	TimeValue	求日期时间类型的时间
47	Trim	删除字符串空格
48	TypeName	求数据类型
49	UCase	字符串大写
50	Year	求日期类型的年份整数

附录B　VBA语言简明手册

1. VBA数据类型

VBA数据类型如表B-1所示。

表B-1　VBA部分数据类型

数据类型	数据类型中文名称	数据取值范围占用的存储空间大小
Byte	字节型	0～255，1个字节存储的单精度型、无符号整型
Boolean	布尔型	True或False，2个字节存储。当转换其他的数值类型为Boolean值时，0会转成False，而其他的值则变成True；当转换Boolean值为其他的数据类型时，False成为0，而True成为-1
Integer	整型	-32 768～32 767，2个字节存储的数值形式
Long	长整型	-2 147 483 648～2 147 483 647，4个字节存储的有符号数值形式

续表

数据类型	数据类型中文名称	数据取值范围占用的存储空间大小
Single	单精度浮点型	负数时为-3.402823E38～-1.401298E-45；正数时为 1.401298E-45～3.402823E38，4 个字节存储的浮点数值形式
Double	双精度浮点型	负数时为-1.79769313486231E308～-4.94065645841247E-324；正数时为 4.94065645841247E-324～1.79769313486232E308，8 个字节存储的浮点数值形式
Currency（变比整型）	货币型	为-922,337,203,685,477.5808～922,337,203,685,477.5807，8 个字节存储的整型数值形式，然后除以 10,000 给出一个定点数，其小数点左边有 15 位数字，右边有 4 位数字
Date	日期型	100 年 1 月 1 日 ～ 9999 年 12 月 31 日
String(变长)	串类型（变长）	0 ～大约 20 亿

2. VBA 常量描述

VBA 常量描述如表 B-2 所示。

表 B-2　VBA 不同数据类型的常量表示

数 据 类 型	常 量 例 子
Boolean	取值为 True 或 False，两者必取其一
Integer	255，255.00%（%是 Integer 类型声明字符）
Long	255&（&是 Long 类型声明字符）
Single	255!（!是 Single 类型声明字符）
Double	3.14159；2.16E-4；255#（#是 Double 类型声明字符）
Currency（变比整型）	255@（@是 Currency 类型声明字符）
Decimal	不能直接表示
Date	#2009-12-28#；#12/28/09#； #January 1, 2010#；#January 1, 2010 11:27.48#
String	"江西财经大学"

3. VBA 表达式运算符

表达式优先级如表 B-3 所示。

表 B-3　VBA 的运算符号和优先级

优 先 级	分　　类	运算符符号及优先次序						
表达式优先级（高→低）	算术运算符	() 圆括号	^ 乘方	+ - 正、负	* / 乘，除	\ 整除	Mod 求模	+ - 加，减
	字串运算符	& 字符串连接						
	关系运算符 (优先级相同)	< 小于	<= 小于等于	> 大于	>= 大于等于		<> 不等于	= 等于
	逻辑运算符	() 圆括号	Not 非	And 与	or 或	Xor 异或	Eqv 异同	Imp 蕴含

4. VBA 程序控制结构语句

（1）分支结构控制语句。分支结构语句如表 B-4 所示。

表 B-4　VBA 的分支结构控制语句

两分支	多重分支	多重分支

If <条件> Then
<语句块 1>
[Else
<语句块 2>]
End If
	If <条件 1> Then
	[<语句块 1>]
	[ElseIf <条件 2> Then
	[<语句块 2>]]
	...
	[ElseIf <条件 n> Then
	[<语句块 n>]]
	[Else
	[<语句块>]]
	End If
		Select Case <测试表达式>
		[Case <条件表达式 1>
		[<语句块 1>]]
		...
		[Case Else
		[<其他语句块>]]
		End Select

（2）循环结构语句。循环语句结构如表 B-5 所示。

表 B-5　VBA 的循环结构语句

Do While 循环	Do Until 循环	For 循环	While...Wend 循环
Do While <条件表达式> <语句块> [Exit Do] Loop	Do Until <条件表达式> <循环体> [Exit Do] Loop	For < 循环变量> = <初值> To <终值> _ [Step <步长>] <语句块> [Exit For] Next	While <循环条件> [<语句块>] Wend

5. VBA 常见语句

（1）注释符（Rem 或'）；续行符（ _）；立即窗使用输出语句（?）。

（2）数组定义语句

```
Dim <数组名>( [ <下限数值表达式 1> to ] <上限数值表达式 1>
        [ , [ <下限数值表达式 2> to ] <上限数值表达式 2>, ... ] ) As <类型>]
ReDim <数组名>( [ <下限数值表达式 1> to ] <上限数值表达式 1>
        [ , [ <下限数值表达式 2> to ] <上限数值表达式 2>, ... ] ) As <类型>]
```

6. VBA 过程与函数

（1）过程定义：

```
[Private | Public | Friend] [Static] Sub <过程名> [(<参数变量列表>)]
    [<语句块 1>]
    [Exit Sub]
    [<语句块 2>]
End Sub
```

（2）函数定义：

```
[Public | Private | Friend] [Static] Function 函数名 [(参数变量列表)] [As 类型]
    [语句块 1]
    [Exit Function]
    [语句块 2]
```

```
    [函数名 = 表达式]
End Function
```

（3）过程调用的两种形式：

```
子过程名 [参数列表]
Call 子过程名 [参数列表]
```

（4）函数调用格式：

```
变量名=函数名([参数列表])
```

（5）变量与函数作用域分别如表 B-6 和表 B-7 所示。

表 B-6　变量作用域

作用范围	局部变量	窗体/模块级变量	全局级	
			窗　体	标准模块
声明方式	Dim,Static	Dim,Static	Public	
声明位置	在过程中	窗体/模块的“通用声明”段	窗体/模块的“通用声明”段	
被本模块其他过程调用	不能	能	能	
被本程序其他模块调用	不能	不能	能，但必须在变量名前加窗体名	能

表 B-7　过程的作用域

作用范围	模块级		全局级	
	窗　体	标准模块	窗　体	标准模块
定义方式	过程名前加 Private 例：Private Sub sub1(形参表)		过程名前加 Public 或省略 例：Private Sub M1(形参表)	
被本模块其他过程调用	能	能	能，但必须在过程名前加窗体名，例：窗体名.M1	
被本程序其他模块调用	不能	不能	能，但过程名唯一，否则窗体名前加在标准模块名	

7. VBA 对象属性和方法引用

1）类实例化为对象方法和释放对象方法

类实例化为对象方法为：

（1）Dim 对象实例名 As New 类名

（2）Dim appAccess As Object : Set appAccess = CreateObject("Access.Application")

释放对象方法为：

（1）Me!对象实例名 = Null

（2）Set 对象实例名 = Nothing

2）对象属性、方法（或事件）引用方式

（1）使用集合对象引用窗体（控件）属性和方法。

对象属性设置一般格式为：

```
Application.<上一级（集合）对象>! <下一级（集合）对象>.属性名 = 值
```

对象方法（或事件）调用一般格式为：

```
Application.<上一级（集合）对象>! <下一级（集合）对象>.方法（或事件）
```

表 B-8 给出了以 Forms 集合为例的对象引用方式。

表 B-8　集合对象引用方式

引 用 方 式	引 用 含 义
Forms(0)	使用下标方式引用集合中的对象
Forms("Form_Name")	使用窗体名称方式引用集合中的对象。这里 Form_Name 可以使用[]括起
Forms!Form_Name	使用运算符!方式引用集合中的对象，这里 Form_Name 可以使用[]括起

（2）使用关键字 Me 引用窗体（控件）属性和方法。

VBA 窗体属性设置的格式一般形式：

```
Me.<属性名> = 值
```

VBA 控件属性设置的格式一般形式：

```
Me!<控件名>.<属性名> = 值
```

VBA 窗体方法（或事件）调用一般格式：

```
Me.<方法（或事件）>
```

VBA 控件方法（或事件）调用一般格式：

```
Me!<控件名>.<方法（或事件）>
```

索　引

参 考 文 献

[1] GROH M R, STOCKMAN J C, POWELL G, et al. Access 2007 Bible[M]. Indianapolis, In 46256: Wiley Publishing, Inc., 2007.

[2] 黎升洪. 函数式 F#语言程序设计[M]. 上海: 复旦大学出版社，2014.

[3] 黎升洪，杨波，沈波. Visual FoxPro 面向对象程序设计教程[M]. 2 版. 北京: 科学出版社，2007.

[4] 李雁翎. 数据库技术及应用: Access [M]. 北京: 高等教育出版社, 2010.

[5] 邵丽萍，王伟岭，朱红岩. Access 数据库技术与应用[M]. 北京: 清华大学出版社 ，2007.

[6] 沈祥玖. 数据库原理及应用: Access [M]. 2 版. 北京: 高等教育出版社, 2007.

[7] 凌传繁，骆斯文，沈波，等. 大学计算机基础[M]. 北京: 中国铁道出版社, 2009.

[8] 萨师煊，王珊. 数据库系统概论[M]. 3 版. 北京：高等教育出版社, 2000.

[9] 王珊. 数据库系统简明教程[M]. 北京: 高等教育出版社, 2004.

[10] 万常选. XML 数据库技术[M]. 北京: 清华大学出版社,2005.

[11] 万常选，舒尉，骆斯文，等. C 语言与程序设计方法[M]. 北京: 科学出版社, 2005.

[12] 万常选，凌传繁，曾雅琳，等. 数据库应用[M]. 北京: 中国商业出版社, 2000.